高等职业教育系列教材

过程控制技术及应用

主　编　贺代芳
参　编　叶晓燕　杜　群　李向江
主　审　刘祖其

机　械　工　业　出　版　社

本书按照由易到难、由单一到综合的职业教育认知规律，选取了储罐液位控制系统方案设计与实施、锅炉温度-流量串级控制系统方案设计与实施、蒸汽锅炉控制工程方案设计等工程项目，还对仪表识图、控制仪表选型与操作以及系统投运的相关知识进行理论讲解与实践指导。

本书可作为高职高专院校石油、化工、造纸、自动控制等相关专业的教材，也可供应用型本科院校使用，还可作为企业工程技术人员的参考用书。

为配合教学，本书配有电子课件，读者可以登录机械工业出版社教育服务网 www.cmpedu.com 免费注册后下载，或联系编辑索取（QQ：1239258369，电话（010）88379739）。

图书在版编目（CIP）数据

过程控制技术及应用/贺代芳主编．—北京：机械工业出版社，2016.12（2025.1 重印）
高等职业教育系列教材
ISBN 978-7-111-55386-1

Ⅰ.①过…　Ⅱ.①贺…　Ⅲ.①过程控制-高等职业教育-教材　Ⅳ.①TP273

中国版本图书馆 CIP 数据核字（2016）第 276410 号

机械工业出版社（北京市百万庄大街 22 号　邮政编码 100037）
策划编辑：刘闻雨　责任编辑：李文轶
责任校对：陈秀丽　责任印制：郜　敏
北京富资园科技发展有限公司印刷
2025 年 1 月第 1 版·第 7 次印刷
184mm×260mm·11 印张·262 千字
标准书号：ISBN 978-7-111-55386-1
定价：39.00 元

电话服务
客服电话：010-88361066
010-88379833
010-68326294

网络服务
机　工　官　网：www.cmpbook.com
机　工　官　博：weibo.com/cmp1952
金　　书　　网：www.golden-book.com
机工教育服务网：www.cmpedu.com

前　言

本书根据作者多年从事生产过程自动化工作及相关专业的教学与企业实践经验编写而成。依托生产过程自动化技术特色专业建设平台，校企合作共同确定本书内容。本书内容以工作任务和过程问题为核心，以“过程控制仿真实训系统”作为载体，按照由简单（简单控制系统）到复杂（复杂控制系统）、由单一（系统构成）到综合（系统投运）的职业教育认知规律序化教学情境，理论讲解和实践指导相互交织，随着任务和过程问题的复杂化，逐步提高学习专业知识和技能的深度和广度，掌握完成工作任务的过程规律和方法，培养职业人认真的工作态度与积极的价值取向。

本书共分四个工程项目，分别是储罐液位控制系统方案设计、储罐液位控制系统方案实施、锅炉温度-流量串级控制系统方案设计与实施、蒸汽锅炉控制工程方案设计。项目1以简单控制系统的认识为切入点，通过工艺流程图的识读、过程控制仪表的选型、简单控制系统方案的确定等任务，让学生能根据过程控制的性能指标要求，正确选择合理的控制方式、控制算法、控制仪表、执行机构，并能完成简单控制方案的设计。项目2由识读仪表自控工程图、仪表单体调校安装与维护、简单控制系统投运等任务构成，引导学生根据系统的设计要求完成过程控制系统的安装与调试并正确投运。项目3在简单控制系统学习的基础上，以电锅炉为控制对象，介绍构建串级控制系统、温度检测仪表的选择与安装、流量检测仪表的选型与安装、串级控制系统投运等相关知识。项目4以蒸汽锅炉控制为典型案例，分别介绍了前馈、比值、选择性、分程等复杂控制系统在蒸汽锅炉的过程控制方案设计中的应用。每项任务后都附有思考与讨论环节，便于拓展该任务相关知识的深度与广度。

本书根据岗位职业发展趋势及个人发展需求，选取智能仪表和最新控制技术作为课程教学内容，充分体现工学结合、任务驱动、项目导向课程的设计思想。对“过程控制技术”课程的一体化教学有着重要指导作用。

全书是机械工业出版社组织出版的“高等职业教育系列教材”之一，由贺代芳主编，刘祖其主审，参与本书编写的叶晓燕、杜群、李向江都是在高职院校从事自动化教学和研究的一线教学人员。限于编者水平，书中难免存在不妥之处，恳请读者批评指正。

编　者

目　录

项目 1　储罐液位控制系统方案设计

储罐液位控制系统是工业生产装置中最典型也最简单的控制系统。大检修期间仪表技术人员经常会遇到生产装置系统设计与改造的问题，而储罐液位控制系统需要经过储罐液位控制系统方案设计和储罐液位简单控制系统的调试与投运两个阶递型项目完成。简单控制方案设计好以后，就要将系统连接好，然后投入试运行。

任务 1.1　认识简单控制系统

任务描述

生产过程自动化，一般包括自动检测、自动保护、自动操纵和自动控制等方面的内容。本任务的目的主要是掌握自动控制系统的组成，学会简单控制系统框图的表达方式，理解控制系统的过渡过程和品质指标，了解控制系统的分类方法。

任务分析

1.1.1　生产过程自动化的主要内容

生产过程自动化的内容主要包括以下几个方面。

1. 自动检测系统

利用各种检测仪表对主要工艺参数进行测量、指示或记录的系统，称为自动检测系统。它代替操作人员对工艺参数进行不断的观察与记录，因此起到人眼的作用。

如图 1-1 所示的一个热交换器利用蒸汽加热冷液，冷液的流量用孔板流量计进行检测；蒸汽压力用压力计来指示，这些都是自动检测系统的一部分。

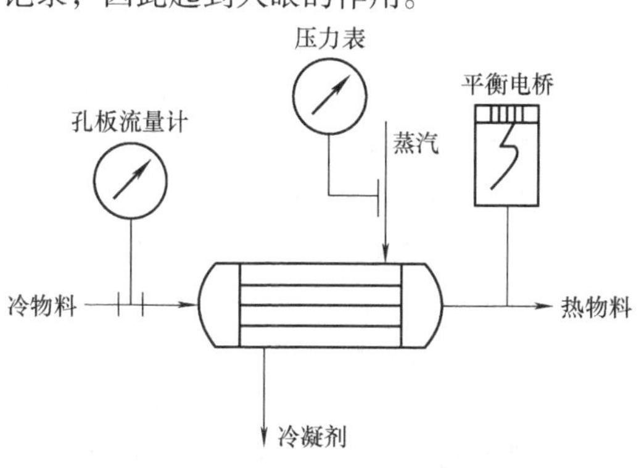

图 1-1　热交换器自动检测系统示意图

2. 自动信号和联锁保护系统

生产过程中，由于一些偶然因素的影响，导致工艺参数超出允许的变化范围而出现不正常情况时，就有引起事故的可能。为此，常对某些关键性参数设有自动信号联锁装置。当工艺参数超过了允许范围时，在事故即将发生以前，信号系统就自动地发出声光信号，告诫操作人员注意，并及时采取措施。如工况已到达危险状态，联锁系统立即自动采取紧急措施，打开安全阀或切断某些通路，必要时紧急停车，以防止事故的发生和扩大。它是生产过程中的一种安全装置。例如：某反应器的反应温度超过了允许极限值，自动信号系统就会发出声光信号，报警给工艺操作人员以及时处理生产事故。由于生产过程的强化，单纯靠操作人员处理事故已经不可能。当反应器的温度或压力进入危险限（引起事故的安全极限值）时，联锁系统可立即采取应急措施，加大冷却剂量或关闭进料阀门，减缓或停止反应，从而可避免爆炸等生产事故发生。

3. 自动操纵系统

自动操纵系统可以根据预先规定的步骤自动地对生产设备进行某种周期性操作。例如：合成氨造气车间的煤气发生炉，要求按照吹风、上吹、下吹制气、吹净等步骤周期性地接通空气和水蒸气，利用自动操纵机可以代替人工自动地按照一定的时间程序扳动空气和水蒸气的阀门，使它们交替地接通煤气发生炉，从而极大地减轻了操作人员的重复性体力劳动。

4. 自动控制系统

生产过程中各种工艺条件不可能是一成不变的，特别是化工生产，大多数是连续性生产，各设备相互关联，当其中某一设备的工艺条件发生变化时，都可能引起其他设备中某些参数或多或少的波动，偏离正常的工艺条件。为此，就需要用一些自动控制装置，对生产中某些关键性参数进行自动控制，使它们在受到外界干扰（扰动）的影响而偏离正常状态时，能自动地控制而回到规定的数值范围内，为此目的而设置的系统就是自动控制系统。

综上所述可以看出，自动检测系统只能完成“了解”生产过程进行情况的任务；信号联锁保护系统只能在工艺条件进入某种极限状态时，采取安全措施，以避免生产事故的发生；自动操纵系统只能按照预先规定好的步骤进行某种周期性操纵；只有自动控制系统才能自动地排除各种干扰因素对工艺参数的影响，使它们始终保持在预先规定的数值上，保证生产维持在正常或最佳的工艺操作状态。因此，自动控制系统是自动化生产中的核心部分。

1.1.2　自动控制系统的组成及框图

1. 自动控制系统的组成

图1-2所示为储槽液位自动控制示意图，自动控制过程简述如下。

液位测量变送器（LT）检测储槽液位的变化，并将液位高低这一物理量转换成仪表间的标准统一信号。控制器（LC）接收液位测量变送器输出的标准统一信号，与工艺控制要求的目标水位信号相比较（LC）得出偏差信号的大小和方向，并按一定的规律运算后输送一个对应的标准统一信号。控制阀接收控制器的输出信号后，根据信号的大小和方向控制阀门的开度，从而改变给水量，经过反复测量和控制使液位达到工艺控制要求。

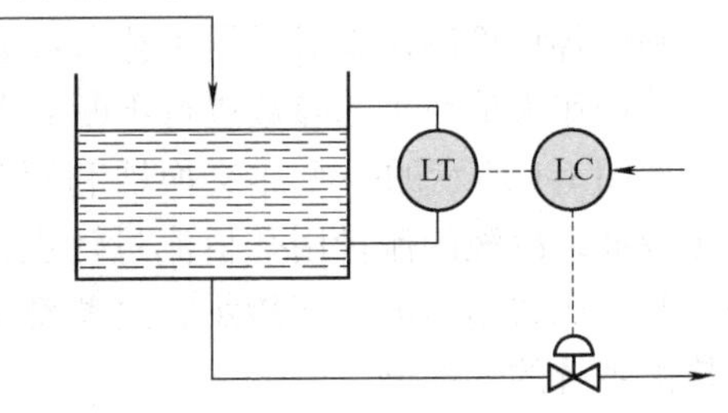

图1-2　储槽液位自动控制示意图

过程控制系统由被控对象、测量变送器、控制器和控制阀四个基本环节组成。

（1）被控对象　它是控制系统的主体。在自动控制系统中，将需要控制其工艺变量的生产设备或机器称为被控对象，如储槽、反应器、精馏塔、加热炉等。

（2）测量变送器　通常包括检测元件和变送器两部分。其作用是将被控制的物理量检测出来，并转换成工业仪表之间的标准统一信号。

（3）控制器　其作用是将测量值与给定值进行比较，得出偏差，按一定的规律运算后对执行机构发出相应的控制信号或指令。

（4）控制阀　又称为执行器。其作用是依据控制器发出的控制信号或指令，改变控制量，对被控对象产生直接的控制作用。

2. 控制系统的框图

在研究自动控制系统时，为了能更清楚地表示出一个自动控制系统中各个组成环节之间的相互影响和信号联系，便于对系统进行分析研究，一般都用框图来表示控制系统的组成。例如：图1-2所示的储槽液位控制系统可以用图1-3所示的框图来表示。每个环节表示组成系统的一个部分，称为“环节”。两个方框之间用一根带有箭头的线条连接，表示两环节之间信号的相互关系，箭头指向方框表示为这个环节的输入，箭头离开方框表示为这个环节的输出。线旁的字母表示相互间的作用信号。

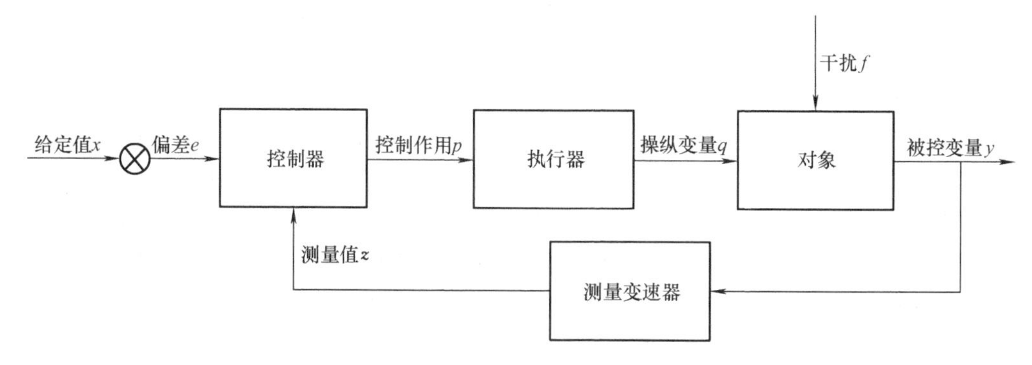

图1-3　简单控制系统框图

框图中各变量的名词术语解释如下。

（1）被控变量 y　被控变量表征了生产设备或过程运行状况，是需要加以控制的变量，也是控制系统的输出量。

（2）给定值（设定值）x　给定值是一个与被控变量的期望值相对应的信号值，也是控制系统的输入量。

（3）干扰 f　在生产过程中，除了给定值以外，凡是影响被控变量的各种外来因素都称为干扰。它也是控制系统的输入量。

（4）操纵变量 q　用以克服干扰变量的影响，具体实现控制作用使被控变量达到给定值的变量称为操纵变量。操纵变量一般是指控制阀所处管线中的流量。用来实现控制作用的物料一般称为操纵介质。

（5）测量值 z　测量值是检测元件与变送器的输出信号值。

（6）偏差 e　在控制系统中，规定偏差是给定值与测量值之差，即 $e=x-z$。

（7）控制作用 p　控制作用是指由控制器输出到执行器的信号。

（8）反馈　把系统的输出量通过变送器又引回到系统输入端的做法称为反馈。当系统输出端送回的信号与给定值相减时，属于负反馈；当反馈信号与给定值相加时，属于正反馈。自动控制系统要实现稳定，采用的是负反馈。

1.1.3　自动控制系统的分类

自动控制系统有多种分类方法，可以按被控变量来分类，如温度、压力、流量、液位、成分等控制系统；也可以按控制器具有的控制规律来分类，如比例、比例积分、比例微分、比例积分微分等控制系统。

在分析自动控制系统的特性时，最常遇到的是按照工艺过程需要控制的被控变量的给定值是否变化和如何变化来分类，可将自动控制系统分为三类，即定值控制系统、随动控制系统和程序控制系统。

（1）定值控制系统　所谓“定值”是指给定值为一个恒定值。工业生产中，如果要求控制系统的作用是使被控制的工艺参数保持在一个生产指标上不变，或者说要求被控变量的给定值不变，那么就需要采用定值控制系统。图 1-2 所示的储槽液位控制系统就是定值控制系统的一个例子，这个控制系统的作用是使储槽内的液位保持在给定值不变。化工生产中要求的大多是这种类型的控制系统，因此后面所讨论的，如果未加特别说明，都是指定值控制系统。

（2）随动控制系统（自动跟踪系统）　这类系统的特点是给定值不断地变化，而且这种变化不是预先规定好的，也就是说给定值是随机变化的。随动系统的作用就是使所控制的工艺参数准确而快速地跟随给定值的变化而变化。例如：航空上的导航雷达系统、电视台的天线接收系统，都是随动系统的典型例子。在化工生产中，有些比值控制系统就属于随动控制系统。例如：要求甲流体的流量与乙流体的流量保持一定的比值，当乙流体的流量变化时，要求甲流体的流量能快速而准确地随之变化。由于乙流体的流量变化在生产中可能是随机的，所以相当于甲流体的流量给定值也是随机的，故属于随动控制系统。

（3）程序控制系统（顺序控制系统）　这类系统的给定值也是变化的，但它是一个已知的时间函数，即生产技术指标需按一定的时间程序变化。这类系统在间歇生产过程中应用比较普遍。

此外，控制系统也可以按照有无闭环分为开环控制系统和闭环控制系统。凡是系统的输出信号对控制作用有直接影响的控制系统，称为闭环控制系统；若系统的输出信号不能影响控制作用，则称为开环控制系统。

蒸汽加热器开环控制系统如图 1-4 所示。图中 FC 为流量控制器，FT 为流量变送器。在蒸汽加热器中，如果负荷是主要干扰，则开环控制系统能使蒸汽流量与冷流体流量之间保持一定的函数关系。当冷流体流量变化时，通过控制蒸汽流量以保持热量平衡。图 1-5 所示是蒸汽加热器开环控制系统框图，显然，开环控制系统不是反馈控制系统。

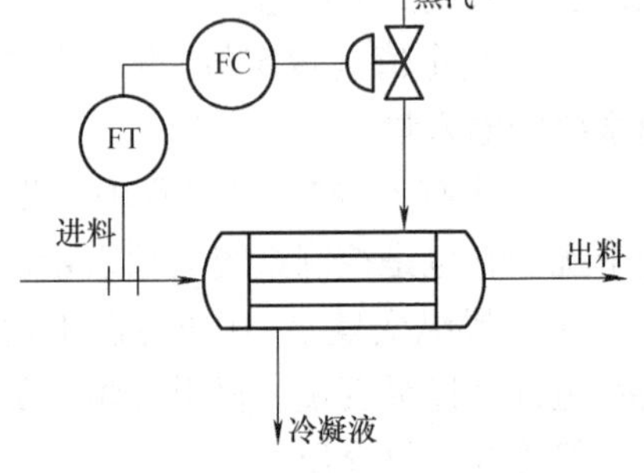

图 1-4　蒸汽加热器开环控制系统

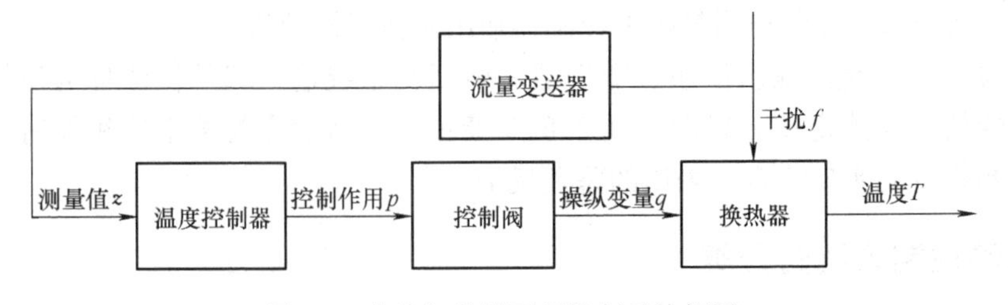

图 1-5　蒸汽加热器开环控制系统框图

由于闭环控制系统采用了负反馈，因而使系统的被控变量受外界干扰和内部参数变化的影响小，具有一定的抑制干扰、提高控制精度的特点，开环控制系统则不能做到这一点。但开环控制系统结构简单、使用便捷。

1.1.4　自动控制系统的过渡过程和品质指标

1. 自动控制系统的静态与动态

在定值控制系统中，将被控变量不随时间而变化的平衡状态称为系统的静态或稳态，而把被控变量随时间而变化的不平衡状态称为系统的动态或暂态。

当一个控制系统的输入（给定值与干扰）和输出（被控变量）均恒定不变时，整个系统就处于一种相对稳定的状态，系统各组成部分如变送器、控制器、执行器等都不改变其原先的状态，它们的输出信号都稳定不变，这种状态就是上面所说的静态。当然，自动控制领域中的这种静态与平时所说的“静止”是不同的。因为系统处于静态时，物料仍然在流动，能量也仍然在交换。

静态（平衡）是暂时的、相对的、有条件的，动态（不平衡）才是普遍的，无条件的。因为生产过程中，干扰是客观存在的，是无法避免的，它们会破坏系统的平衡状态，引起被控变量发生变化。所以系统在正常工作时总是处于波动不止的动态过程中。显然研究自动控制系统的重点是研究系统的动态。

2. 控制系统的过渡过程

假定一个系统原先处于平衡状态。某一时刻 t_0 有一干扰作用在被控对象上，系统的输出信号（被控变量 y）就要发生变化，系统即进入动态。由于自动控制系统的负反馈作用，经过一段时间以后，系统将恢复平衡。控制系统的过渡过程指的就是当给定值发生变化或系统受到干扰作用后，从原来的平衡状态进入新的平衡状态中间所经历的动态过程。系统的被控变量随时间的变化规律首先取决于干扰的形式。而在生产过程中出现的干扰形式都是随机的，没有固定的形式。为了便于分析研究和计算，常采用一些典型的定型干扰形式。其中最简单的是阶跃干扰，如图1-6所示。从图中可以看到，阶跃干扰就是在某一时刻 t_0 干扰突然施加到被控对象上，并保持不变。

图1-6　阶跃干扰

在阶跃干扰作用下，控制系统的被控变量随时间变化的过渡过程有图1-7所示的几种基本形式。图中 $y(t)$ 表示被控变量。

（1）单调发散过程　被控变量在给定值的某一侧，没有来回波动，而且幅值快速变大，即偏离给定值越来越远，如图1-7a所示。

（2）非周期衰减过程　被控变量在给定值的某一侧做缓慢变化，没有来回波动，最后稳定在某一数值上，如图1-7b所示。

（3）衰减振荡过程　被控变量在给定值上下波动，但幅值逐渐减小，最后稳定在某一数值上，如图1-7c所示。

（4）等幅振荡过程　被控变量在给定值上下波动，且幅值保持不变，如图1-7d所示。

（5）发散振荡过程　被控变量在给定值上下波动，且幅值逐渐变大，即偏离给定值越来越远，如图1-7e所示。

以上所述的五种过渡过程的基本形式可归纳为三类。

（1）稳定的过渡过程　非周期衰减过程和衰减振荡过程都属于这一类。被控变量能够经过一段时间后逐渐趋于原来的或新的平衡状态，这是我们所希望的过渡过程。

（2）介于稳定与不稳定之间的过渡过程　等幅振荡过程属于这一类，一般也认为是不稳定的过渡过程，生产上不建议采用，只是对于某些控制质量要求不高的场合，允许被控变量在工艺许可范围内振荡（通常在位式控制场合），这种过渡过程形式才可以采用。

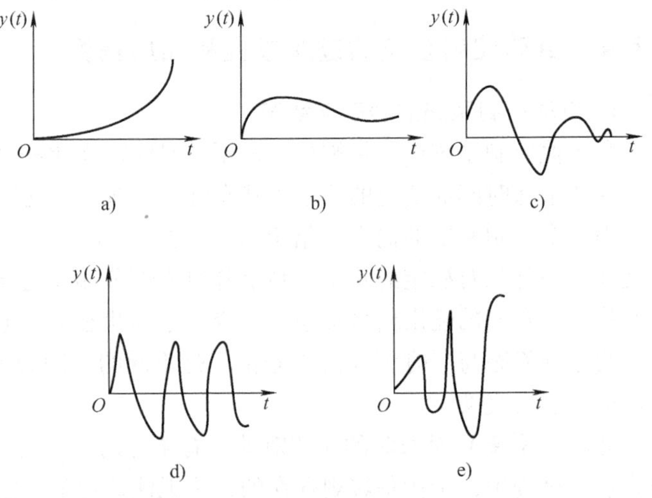

图 1-7　过渡过程的基本形式

（3）不稳定的过渡过程　单调发散过程和发散振荡过程都属于这一类。被控变量在动态过程中不仅不能达到平衡状态，而且逐渐偏离给定值，最终导致被控变量超过工艺允许范围，严重时引起事故。这是绝对不允许的，应竭力避免。

3. 过程控制系统的品质指标

宏观判断一个控制系统质量是否良好，主要看是否满足三方面基本技术性能要求。

1）稳定性：受到干扰作用时，系统经过一段时间后，过渡过程就会结束，最终恢复到稳定工作状态。稳定是系统能否正常工作的首要条件。

2）准确性：系统稳定时被控变量与给定值的差别程度。

3）快速性：系统的输出对输入作用的响应快慢程度，过渡过程时间要尽可能短。

微观上可根据过渡过程曲线，通过计算以下几个品质指标来衡量控制系统的好坏。因为衰减振荡过程满足上述三个性能要求，因此采用图 1-8 所示曲线中的各项数据进行计算。

（1）余差(C)　控制系统过渡过程终了时，被控变量新的稳态值$y(\infty)$与给定值 x 之差。或者说余差就是过渡过程终了时存在的残余偏差，在图 1-8 中用 C 表示，即：$C=y(\infty)-x$。

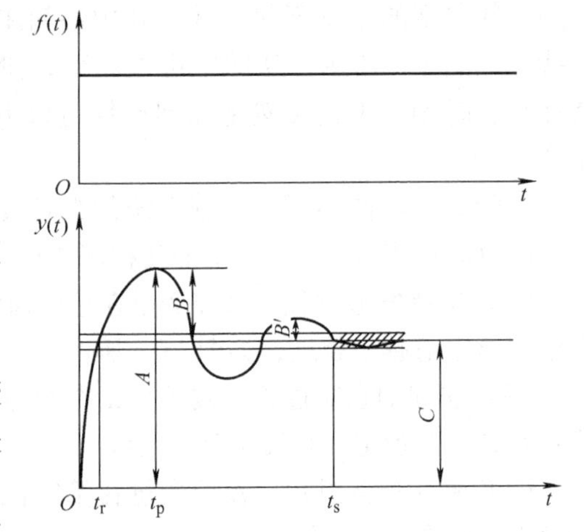

图 1-8　过渡过程质量指标示意图

（2）最大偏差(A)　在过渡过程中，被控变量偏离设定值的最大数值。最大偏差是一项表示系统瞬时偏离给定值的最大程度的品质指标。若偏离得越大，偏离时间越长，则表明系统离开工艺规定的指标越远，对于稳定生产运行是很不利的。对于一个衰减的过渡过程，最大偏差就是第一个波的峰值，即图中的 A 值。当然，被控变量偏离给定值的最大程度也可以用超调量(B)来衡量。超调量是指过渡过程曲线超出新稳态值的最大值，用 $B=A-y(\infty)$ 表示。对于有差控制系统，超调量习惯上用百分数 σ 来表示，即 $\sigma=\dfrac{A-y(\infty)}{y(\infty)}\times100\%$。

（3）峰值时间 t_p　过渡过程曲线达到第一个峰值所需要的时间。

（4）衰减比(n)　表示衰减快慢程度的指标。它是过渡过程曲线同方向的前后两个相邻峰值的比，用 $n=B/B'$ 表示，习惯上表示为 $n:1$。

（5）上升时间 t_r　被控变量第一次达到稳态值所需的时间。当为非震荡周期震荡过程时，定义为输出量从稳态值10%上升到90%所需的时间。

（6）过渡时间 t_s　过渡时间是指从干扰作用开始，到系统重新建立平衡为止，过渡过程所经历的时间。一般规定当被控变量进入到新稳态值的±5%这一小的范围，并不再越出时，就是系统已经达到新的平衡的时刻。图中以 t_s 来表示过渡时间。

（7）振荡周期(T)或频率(f)　过渡过程同向两个波峰(或波谷)之间的时间间隔称为振荡周期或工作周期。

4. 影响控制系统过渡过程品质的主要因素

一个过程控制系统包括两大部分，即工艺过程部分（被控对象）和自动化装置。前者是指与该控制系统有关的部分。自动化装置指的是为实现自动控制所必需的仪表设备，通常包括测量与变送、控制器和执行器三部分。对于一个控制系统，过渡过程品质的好坏，很大程度上取决于对象的性质。下面通过蒸汽加热器温度控制系统来说明影响对象性质的主要因素。从结构上分析可知，影响过程控制系统过渡过程品质的主要因素有：加热器的负荷的波动；加热器设备结构、尺寸和材料；加热器内的换热情况、散热情况及结垢程度等。对于已有的生产装置，对象特性一般是基本确定的。过程控制仪表应按对象性质加以选择和调校。仪表选择和调校不当及安装不当、操作不当、性能变化等，都将直接影响控制质量。比如孔板流量计装反或孔板边缘磨损，测量值会偏小；锅炉内胆温度测量热电偶表面结垢，测量滞后会增大；阀门失灵或动作迟缓等都会严重影响控制质量。

任务实施

本书以HIEE3000-2型过程控制实验装置作为情景教学实训装置。该套装置采用了工业上广泛使用并处于领先地位的AI智能仪表加组态软件控制系统、和利时DCS系统，功能多样，既能进行验证性、设计性实验，又能进行综合性实验，可以满足不同层次的教学和研究要求。

起动装置前，应注意对装置进行通电前的检查；不要随意修改仪表参数、触动端子排接线；切勿碰触控制盘柜220V电源；保证投入运行操作正确、规范，不能损坏设备或伤及自身。

试完成下列任务。

1）分析过程控制教学实训装置中都用到哪些自动化设备。

2）找出过程控制教学实训装置中，实现水箱水位控制需要用到哪些控制仪表及装置，它们具体在系统中起什么作用。通过查阅仪表使用说明书，了解该实训装置所用到仪表的功能及特点。

3）分析过程检测与控制实训装置中，可控制的参数有哪些，如何进行控制。

4）若一水池水位控制系统如图1-9所示，其中水位高度的给定值由电位计触头A设定，由浮子带动的电位计触头B的位置反映实际水位高度。A、B两点的电位差反映希望水位与实际水位的偏差。当实际水位低于希望水位时，放大器输出 >0，通过放大器驱使电动机转动，开大进水阀门，使进水量 q_1 增加，从而使水位上升。当实际水位上升到希望值时，A、B两个触头在同一位置，放大器输出 =0，电动机停转，进水阀门开度不变，这时进水量 q_1 和出水量 q_2 达到了新的平衡。若实际水位高于希望水位时，放大器输出 <0，则电动机使进水阀门关小，进水量减少，实际水位下降。请画出框图，说明被控变量、给定值、控制对象、干扰、操纵变量分别指的是哪些物理量和设备？

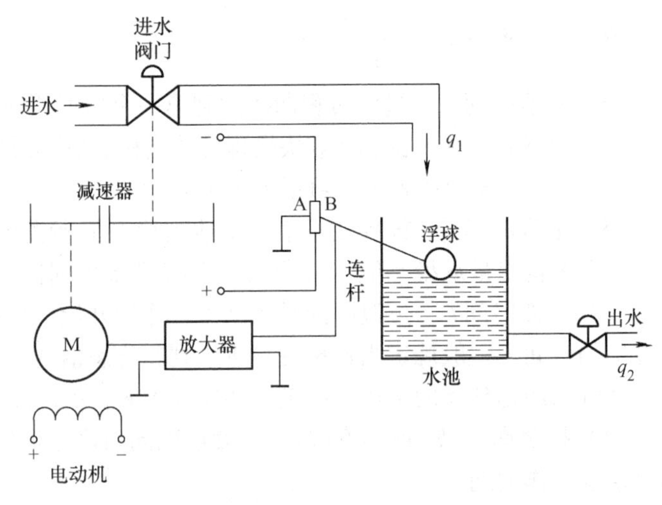

图1-9　水池水位控制系统

思考与讨论

1. 关于控制系统中干扰因素的概念的思考与讨论。

思考：如图1-10所示，自行车速度控制系统是生活中一个典型的控制系统。指出图中该系统的被控变量、给定值、控制对象、干扰因素。

扩展思考：生活中还有哪些例子说明“闭环控制系统中的干扰是存在的，是不可避免的”？

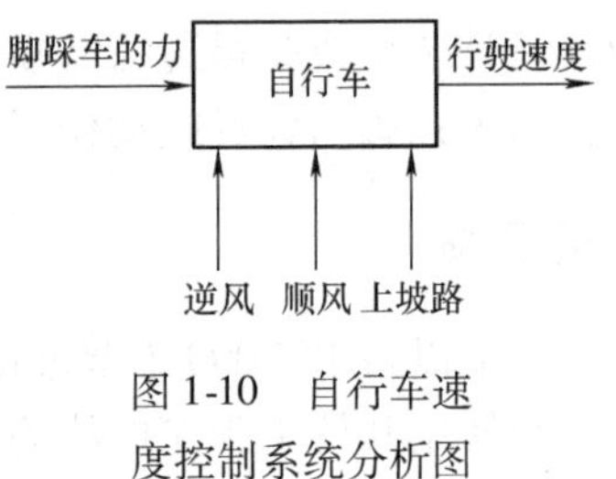

图1-10　自行车速度控制系统分析图

讨论：在电冰箱控制系统中：开电冰箱、电冰箱所在房间的温度从20℃调到30℃、把热菜放到电冰箱中、在电冰箱外放一盆冷水，哪种情况属于影响其温度控制的干扰因素？

扩展讨论：自动扶梯的升降控制系统、利用滑轮组重物提升控制系统及蔬菜大棚温度控制系统中，可能存在哪些干扰因素？

2. 关于控制系统的开环、闭环与反馈的概念的思考与讨论。

思考：在黑板上画着一张脸，没有眼睛，然后请一个同学上来“填”这两只眼睛。睁眼“填”左边的眼睛，闭眼“填”右边的眼睛。哪边的眼睛填得位置准还漂亮？分析一下原因。

扩展思考：分析“穿针引线”的工作过程，指出构成闭环控制系统的输入量、检测装置、输出量是什么？

讨论：水箱水位控制系统一般通过改变水泵出口的流量，也就是通过节流的方法来控制液位，如图1-11所示。这种方案结构简单，投入运行方便。这种方法有什么缺点？有没有更好的、更节能的方法？

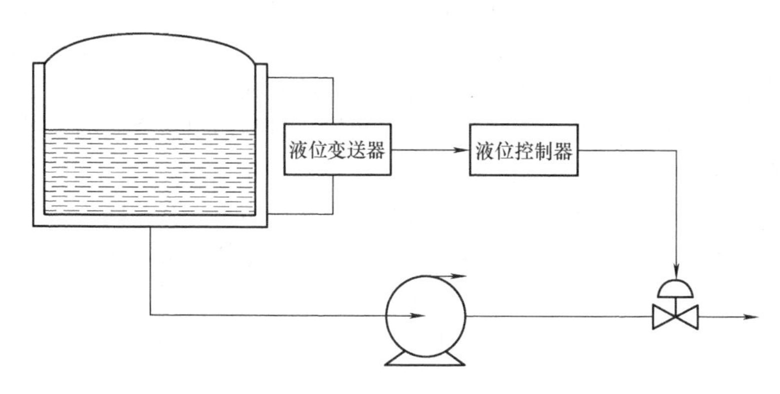

图1-11　水箱水位控制系统

3. 某石油裂解炉工艺要求的操作温度为（890±10)℃，为了保证设备的安全，在过程控制中，辐射管出口温度偏离设定值最高不得超过20℃。温度控制系统在单位阶跃干扰作用下的过渡过程曲线如图1-12所示。试分别求出最大偏差、余差、衰减比、振荡周期和过渡时间等过渡过程质量指标。

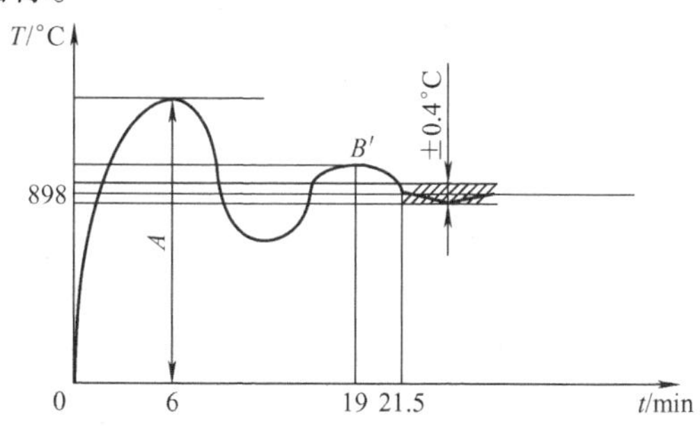

图1-12　裂解炉温度控制系统过渡过程曲线

任务1.2　被控对象的特性认识及建模

任务描述

被控对象是自动控制系统中一个重要的组成部分。其特性对系统的控制质量影响巨大，往往是确定控制方案的重要依据。本任务将分析典型工业对象的动态特性类型，了解被控对象的机理建模方法，学会被控对象动态特性的典型测试方法。

任务分析

1.2.1　被控对象的数学模型及其描述方法

1. 被控对象的数学模型

在过程自动化控制中，常见对象有各类反应器、换热器、泵、压缩机、塔类、锅炉等。

每个对象的结构、原理千差万别，特性也各不相同。只有充分熟悉这些对象的特性，才能使生产操作得心应手，得到高质、高产、低能耗的成果。在进行控制系统，特别是比值控制、模糊控制等复杂控制方案设计时，更离不开对象特性的研究。

研究对象的特性，就是用数学方法来描述对象输入量与输出量之间的关系。这种对象特性的数学描述就称为对象的数学模型。

用于控制的数学模型与用于工艺设计与分析的数学模型不完全相同。前者一般是在工艺流程和设备尺寸等都确定的情况下，研究对象的输入变量是如何影响输出变量的，研究的目的是使所设计的控制系统达到更好的控制效果。后者是在产品规格和产量已确定的情况下，通过模型计算，确定设备的结构、尺寸、工艺流程和某些工艺条件。

对象的数学模型有静态和动态之分。静态数学模型描述的是对象的输入变量和输出变量达到平衡时的相互关系。动态数学模型描述的是对象的输出变量在输入变量影响下的变化过程。

在研究对象的特性时，应该预先指明对象的输入变量和输出变量是什么，因为对于同一对象，输入变量和输出变量不同时，它们之间的关系也是不相同的。一般来说，被控变量是对象的输出变量，而干扰作用和控制作用（操纵变量）是它的输入变量。干扰作用和控制作用都是引起被控变量变化的因素，如图 1-13 所示。

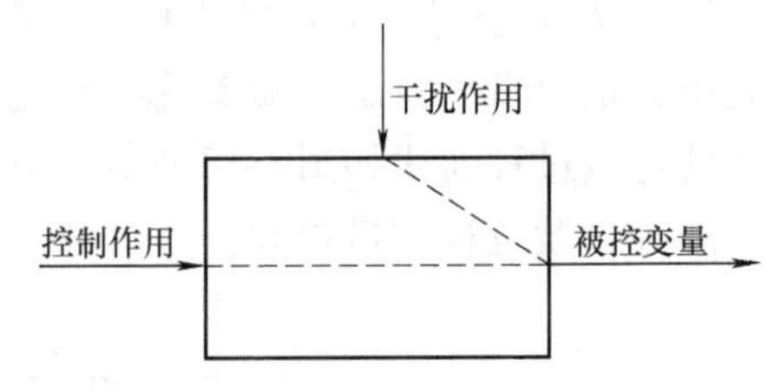

图 1-13　对象的输入、输出量

2. 数学模型的表示形式

数学模型主要有两种表示形式，一种是非参量形式，即采用一定形式输入作用下的输出曲线或数据表格来表示；另一种是参量形式，即采用数学方程式描述。

非参量模型可以通过记录实验结果来得到，有时也可以通过计算来得到。其特点是形象、清晰，比较容易看出其定性的特征，但是由于缺乏数学方程的解析性质，所以直接利用它们来进行系统的分析和设计往往比较困难。

参量模型的表示方法有多种。静态数学模型一般用代数方程式表示，动态数学模型可以用微分方程式、状态方程、差分方程等形式来表示。

1.2.2　对象的机理建模

建模的目的主要是为控制系统方案的设计、控制器参数的确定、工业过程操作优化方案的制订、新型控制算法的确定等提供依据。按建模的途径不同，可分为机理建模和实测建模，也可将两者结合起来。

所谓机理建模，就是从系统内在机理出发，根据对象或生产过程的内部机理，列出各种有关的平衡方程，如物料平衡方程、能量平衡方程、动量平衡方程、相平衡方程以及某些物性方程、设备的特性方程、化学反应定律、电路基本定律等，从而获取描述对象输入与输出变量之间的关系的数学模型。

机理建模可以在投产前，充分利用已知的过程控制知识，从本质上了解对象的特性。所建模型具有非常明确的物理意义，具有很强的适应性，便于对模型参数进行调整。但是对于一些复杂的对象，人们还难以写出它们的数学表达式，或难以判断数学模型的精确性，这时这种建模方法不能适用。

实测建模尽管可以不用分析系统的内在机理，但必须在设备投产后进行现场测试，实施也有一定的难度。

把两种途径结合起来可扬长避短，通过机理分析，得到模型的结构和函数形式，而对其中的部分参数通过实测获得，这样的建模方法称为混合建模。

1. 一阶对象

当对象的动态特性可以用一阶微分方程来描述时，一般称为一阶对象。

（1）一阶储槽　图1-14所示是一阶储槽，水经过阀门1不断流入储槽，储槽内的水又通过阀门2不断流出。工艺要求储槽液位 L 保持一定数值，如阀门2开度保持不变，则阀门1开度的变化是引起液位变化的原因。这时研究对象（水槽）的特性，就是研究当阀门1的开度变化，流入量 F_1 变化以后，液位 L 是如何变化的。下面推导出液位 L 和输入量 F_1 之间关系的数学模型。

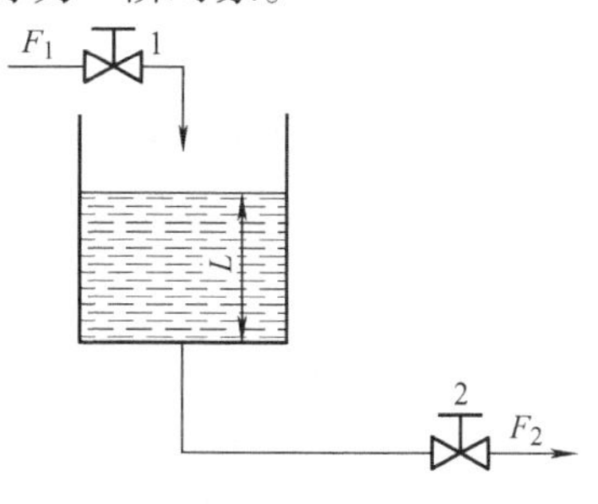

图1-14　一阶储槽

如很短一段时间 dt 内，由于 F_1 和 F_2 不相等，引起液位变化了 dL，此时，储槽内蓄水的变化量 AdL（A 为储槽横截面积）应该等于单位时间内流入和流出储槽的水量之差（F_1-F_2）dt，列出平衡方程

$$(F_1-F_2)\mathrm{d}t=A\mathrm{d}L \tag{1-1}$$

即

$$\frac{\mathrm{d}\Delta LA}{\mathrm{d}t}=\Delta F_1-\Delta F_2 \tag{1-2}$$

由于自控系统中，各个变量都在它们的额定值附近做微小的波动，为简化起见，可近似认为 F_2 和 L 成正比，与出水阀阻力系数 R 成反比。用式子表示为

$$\Delta F_2=\frac{\Delta L}{R} \tag{1-3}$$

将此关系式代入式（1-2）中，得到

$$\frac{\mathrm{d}\Delta LA}{\mathrm{d}t}=\Delta F_1-\frac{\Delta L}{R} \tag{1-4}$$

移项整理可得

$$AR\frac{\mathrm{d}\Delta L}{\mathrm{d}t}+\Delta L=R\Delta F_1 \tag{1-5}$$

令

$$T=AR \tag{1-6}$$

$$K=R \tag{1-7}$$

代入式（1-5）中，得到

$$T\frac{\mathrm{d}\Delta L}{\mathrm{d}t}+\Delta L=K\Delta F_1 \tag{1-8}$$

式（1-8）就是用来描述储槽对象特性的微分方程式。它是一阶常系数微分方程式，因此对象可称为一阶对象，式中 T 为时间常数，K 为放大倍数。

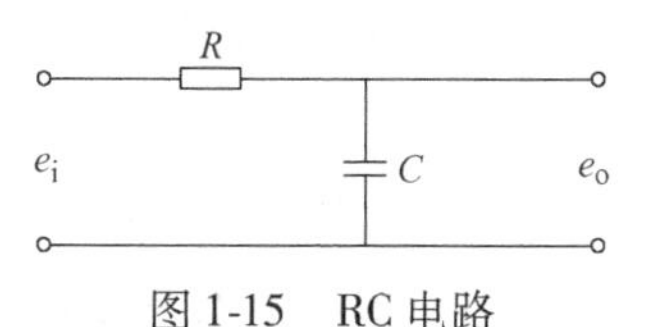

图1-15　RC电路

（2）RC 电路　如图1-15所示的 RC 电路，若取 e_i 为输入

参数，e_o 为输出参数，根据基尔霍夫定理，可得

$$e_i = iR + e_o \tag{1-9}$$

由于

$$i = C\frac{de_o}{dt} \tag{1-10}$$

消去 i 得

$$RC\frac{de_o}{dt} + e_o = e_i \tag{1-11}$$

或

$$T\frac{de_o}{dt} + e_o = e_i \tag{1-12}$$

式中，$T = RC$ 为时间常数。

因此可将一阶对象的微分方程式表示为一般形式

$$T\frac{d\Delta Y}{dt} + \Delta Y = K\Delta X \tag{1-13}$$

式中，T 为时间常数；K 为放大倍数；ΔY、ΔX 是对象的输出变量的增量和输入变量的增量。为了书写方便，可以将变量前的“Δ”省略，但其意义不变。这样，一阶对象的数学模型可写为

$$T\frac{dY}{dt} + Y = KX \tag{1-14}$$

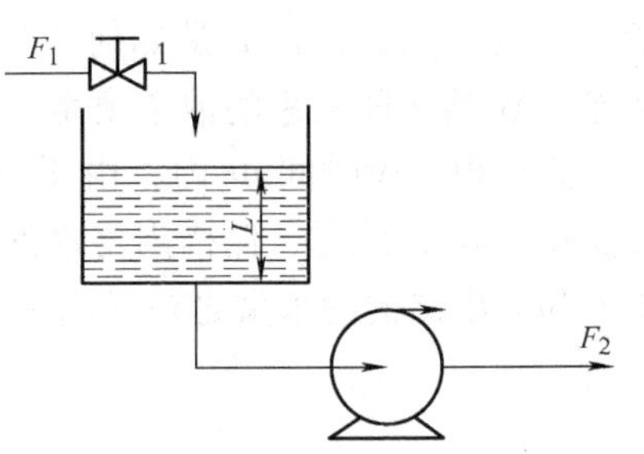

图 1-16　具有积分特性的液体储槽

2. 积分对象

当对象的输出参数与输入参数对时间的积分成比例关系时，称为积分对象。图 1-16 所示的液体储槽就有积分特性。当泵转速稳定、F_2 为常数、变化量为 0 时，如果以 L、F_1 分别表示液位和流入量的变化量，则有

$$dL = \frac{1}{A}F_1 dt \tag{1-15}$$

对式（1-15）积分，可得

$$L = \frac{1}{A}\int F_1 dt \tag{1-16}$$

式中，A 为储槽横截面积。

式（1-16）说明储槽具有积分特性。

3. 二阶对象

针对图 1-17 所示的串联储槽对象，研究当阀门 1 的开度变化，输入流量 F_i 变化以后，液位 L_2 是如何变化的。假定在输入、输出流量变化很小的情况下，储槽的液位与输出流量 F_0 具有线性关系。求出以输出变量为 L_2，输入变量为 F_i 的对象数学模型。

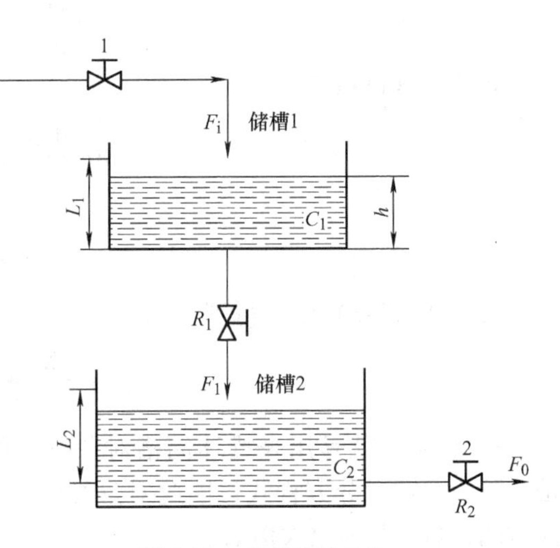

图 1-17　串联储槽对象

列出原始动态增量方程：

对储槽 1

$$C_1\frac{\mathrm{d}L_1}{\mathrm{d}t}=F_\mathrm{i}-F_1 \tag{1-17}$$

$$F_1=\frac{1}{R_1}L_1 \tag{1-18}$$

对储槽 2

$$C_2\frac{\mathrm{d}L_2}{\mathrm{d}t}=F_1-F_0 \tag{1-19}$$

$$F_0=\frac{1}{R_2}L_2 \tag{1-20}$$

消去中间变量得

$$R_1C_1R_2C_2\frac{\mathrm{d}^2L_2}{\mathrm{d}t^2}+(R_1C_1+R_2C_2)\frac{\mathrm{d}L_2}{\mathrm{d}t}+L_2=R_2F_\mathrm{i} \tag{1-21}$$

或

$$T_1T_2\frac{\mathrm{d}^2L_2}{\mathrm{d}t^2}+(T_1+T_2)\frac{\mathrm{d}L_2}{\mathrm{d}t}+L_2=R_2F_\mathrm{i} \tag{1-22}$$

式中，$T_1=R_1C_1$，$T_2=R_2C_2$，分别是储槽 1、2 的时间常数。

当输入流量 F_i 突然增加时，储槽 2 的液位 L_2 的变化曲线如图 1-18 所示，曲线说明输入量在做阶跃变化的瞬间，输出量变化的速度等于零，以后随着 t 的增加，变化速度慢慢增大，但当 t 大于某一个 t_1 值后，变化速度又慢慢减小，直至 $t\to\infty$ 时，变化速度减小为零。t_1 对应的点 A 为拐点。

对于这种对象，可做近似处理，即用一阶对象的特性（有滞后）来近似上述二阶对象。方法如下：在二阶对象阶跃反应曲线上，过反应曲线的拐点 A 做切线，与时间轴相交，交点与被控变量开始变化的起点之间的时间间隔 t_h 就为容量滞后时间。由切线与时间轴的交点到切线与稳定值线的交点之间的时间间隔为 T，如图 1-19 所示。这样，二阶对象就被近似为有滞后时间（容量滞后）$t=t_\mathrm{h}$，时间常数为 T 的一阶对象。

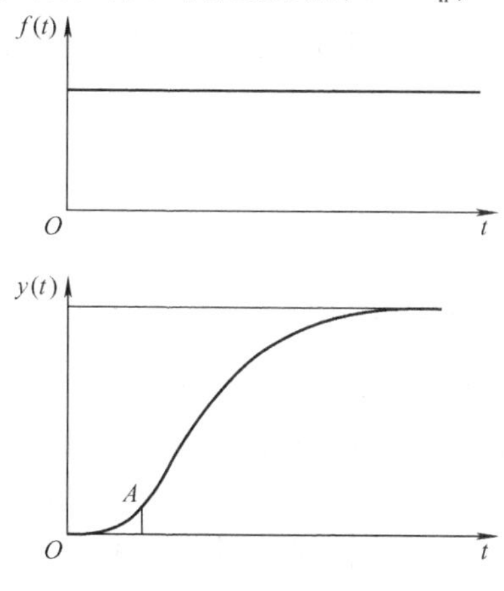

图 1-18　二阶对象阶跃响应曲线

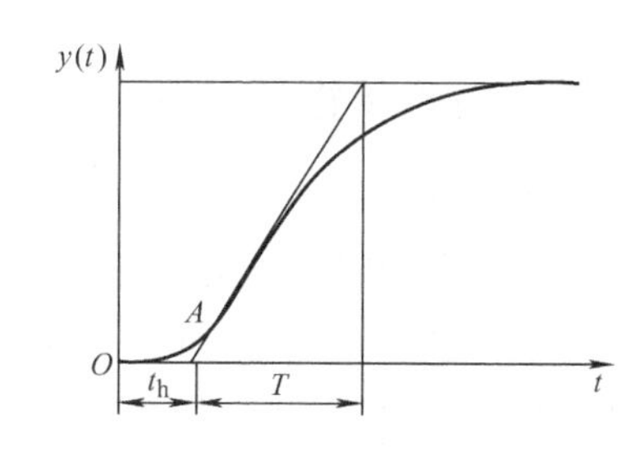

图 1-19　二阶对象阶跃响应曲线的处理

4. 滞后对象

这里仅介绍纯滞后环节的数学模型。不少对象在输入变化后，输出不是立即随之变化，而是需要间隔一段时间才发生变化，这种现象称为纯滞后（时滞）现象。

输送物料的传送带运输机可作为典型的纯滞后对象实例，如图 1-20 所示。当加料斗出料量变化时，需要经过纯滞后时间 $t = L/v$ 才进入反应器。L 越大，v 越小，则纯滞后时间 t_0 越大。

可见，纯滞后时间 t_0 是由于传输信息需要时间引起的。它可能起因于被控变量 $y(t)$ 至测量值 $z(t)$ 的检测通道，也可能起因于控制信号 $p(t)$ 至操纵变量 $q(t)$ 的一侧。图 1-21 中坐标原点至点 D 所相应的时间即为纯滞后时间 t_0。

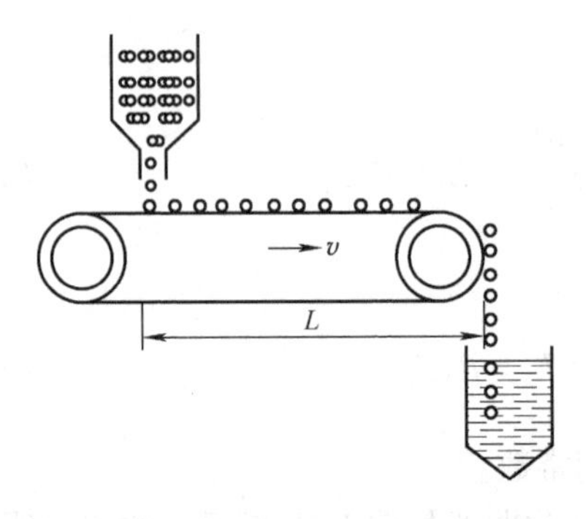

图 1-20　纯滞后对象传送带运输机

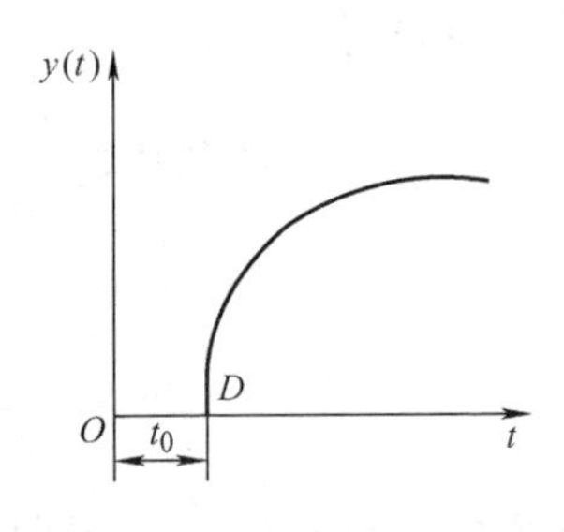

图 1-21　纯滞后对象的阶跃响应曲线

对象的另一种滞后现象是容量滞后。对象在受到阶跃输入作用 x 后，被控变量 y 开始变化很慢，后来才逐渐加快，最后又变慢直至逐渐接近稳定值。这种滞后就是容量滞后。它是多容量（如双容水箱）的固有属性，一般是因为物料或能量的传递需要通过一定的阻力而引起的。

多数过程都具有容量滞后。例如：在列管式换热器中，管外、管内及管子本身就是三个容量；在精馏塔中，每一块塔板就是一个容量。容量数目越多，容量滞后越显著。

实际工业过程中滞后时间往往是纯滞后与容量滞后时间之和，即 $t = t_0 + t_h$。自动控制系统中，滞后的存在是不利于控制的。所以，在设计和安装控制系统时，都应当尽量把滞后时间减到最小。

1.2.3　描述对象特性的参数

1. 放大系数 K

对于前面介绍的储槽对象，当输入流量 F_1 有一定的阶跃变化后，液位 L 也会有相应的变化，但最后会稳定在某一数值上。如果将流量 F_1 的变化 ΔF_1 看作对象的输入，而液位 L 的变化 ΔL 看作对象的输出，那么在稳定状态时，对象一定的输入就对应着一定的输出，这种特性称为对象的静态特性。

ΔF_1 就是输入流量 F_1 的变化量，一定的 ΔF_1 下，L 的变化情况如图 1-22 所示。用数学表达式表示，即

$$K=\frac{\Delta L}{\Delta F_1}$$

或

$$\Delta L=K\Delta F_1 \tag{1-23}$$

K 在数值上等于对象重新稳定后的输出变化量与输入变化量之比，称为对象的放大系数。K 值越大，就表示对象的输入量有一定变化时，对输出量的影响越大，即被控变量对这个量的变化越灵敏。

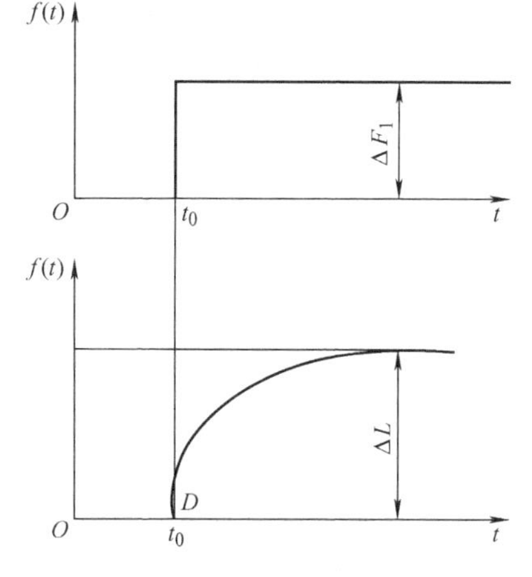

图 1-22　储槽液位的阶跃响应曲线

下面以制氢装置中的转换炉为例，说明各个量的变化对被控变量的影响，即放大系数 K 的差异。图 1-23 所示为制氢转化过程示意图。转化炉的作用是把天然气与蒸汽按比例混合，在催化剂作用下，发生反应，生成二氧化碳和氢气。生产过程中，要求一氧化碳的转化率高，蒸汽消耗量少，催化剂寿命长。通常用转化炉反应温度作为被控变量，并作为控制转换率的间接指标。

影响转化炉反应温度的因素非常复杂，其中主要因素有燃气流量、蒸汽流量和天然气流量。调整阀门 1、2、3 的开度就可以分别改变燃气、蒸汽和天然气流量的大小。从工艺上得知，燃气流量的变化对温度的影响最为显著，蒸汽次之，天然气最小。转化炉在这三个流量作用下的反应温度变化曲线如图 1-24 所示。这说明，燃气流量对温度的放大系数最大，蒸汽流量对温度的放大系数次之，天然气流量对温度的放大系数最小。

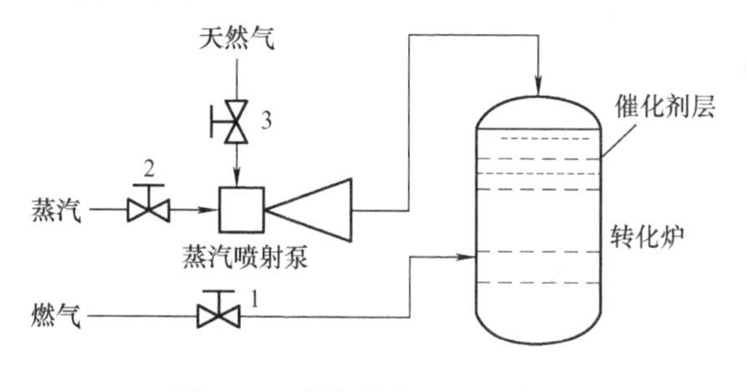

图 1-23　制氢转化过程示意图

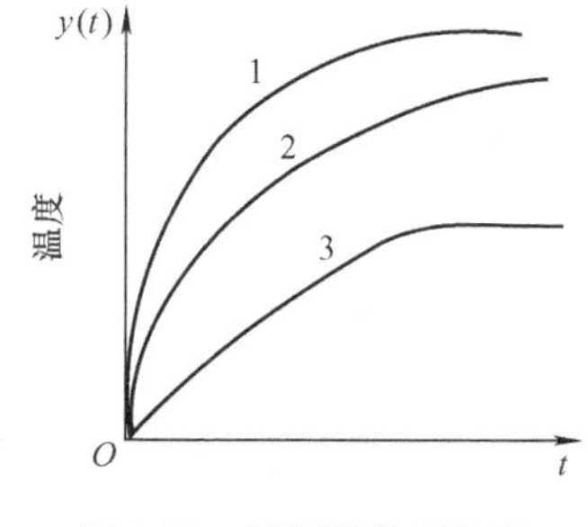

图 1-24　不同量作用下的被控变量变化曲线图

2. 时间常数 T

从大量的生产实践中发现，有的对象受到干扰后，被控变量变化很快，较迅速地达到了稳定值；有的对象在受到干扰后，惯性很大，被控变量要经过很长时间才能达到新的稳态值。这说明不同对象的惯性是不同的。

如图 1-25 所示的储槽，大容量的储槽与小容量的储槽比较，当进水流量相同时，小容量储槽液位变化快，且迅速达到新的稳态值；而大容量储槽的液位变化慢，需要长时间才能趋向于稳定。同样地，从图 1-26 可以看出，蒸汽直接加热的反应器比蒸汽通过夹套加热的反应器的温度变化要快得多。

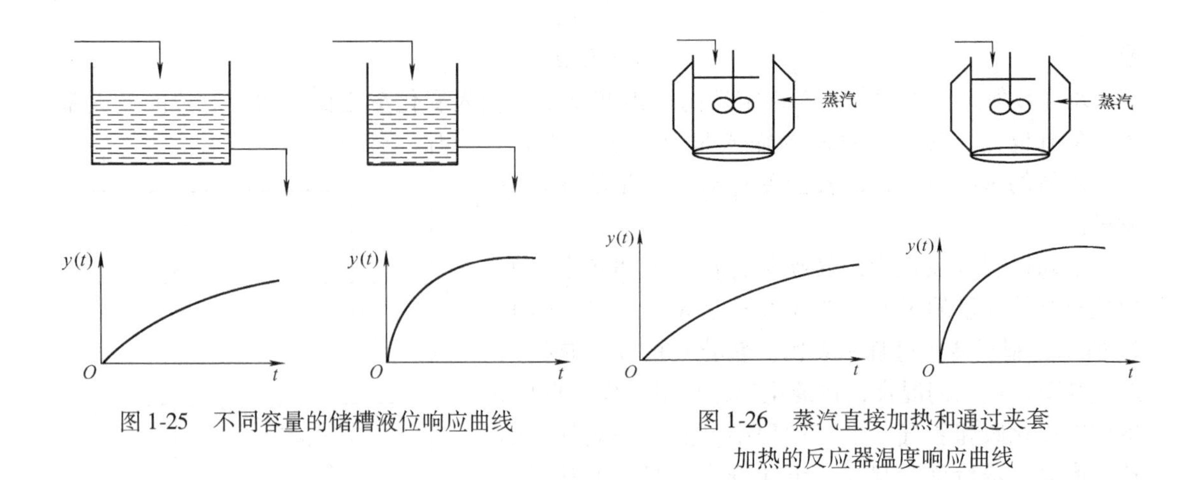

图 1-25　不同容量的储槽液位响应曲线

图 1-26　蒸汽直接加热和通过夹套加热的反应器温度响应曲线

那么应如何定量地表示对象受干扰后的这种特性呢？在自动化领域中，往往用时间常数 T 来表示。时间常数越大，表示对象受到干扰作用后，被控变量变化得越慢，到达新的稳定值所需的时间越长。

结合图 1-27 所示的简单储槽的阶跃响应的例子进一步说明 K 和 T 的物理意义。

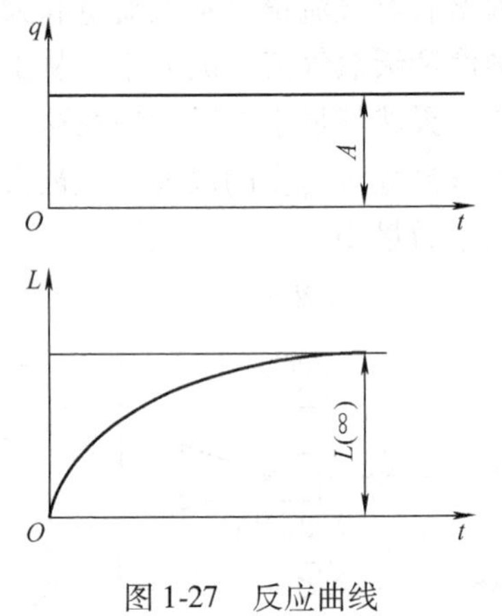

图 1-27　反应曲线

由前面的推导可知

$$T\frac{\mathrm{d}L}{\mathrm{d}t}+L=Kq$$

假定 q 为阶跃作用，$t<0$ 时，$q=0$；$t>0$ 或 $t=0$ 时，$q=A$，则函数表达式为

$$L(t)=KA(1-\mathrm{e}^{-t/T}) \tag{1-24}$$

从图中反应曲线可以看出，对象受到阶跃作用后，被控变量就发生变化，当 $t\to\infty$ 时，被控变量不再变化而达到了新的稳态值 $L(\infty)$，这时由上式可得

$$L(\infty)=KA \text{ 或 } K=\frac{L(\infty)}{A} \tag{1-25}$$

对于简单的一阶储槽对象，由式（1-7）可知，$K=R$，即放大系数只与出水阀的阻力有关，当阀的开度一定时，放大系数就是一个常数。

下面再讨论一下时间常数 T 的物理意义。将 $t=T$ 代入式（1-24）中，求得

$$L(T)=KA(1-\mathrm{e}^{-1})=0.632KA \tag{1-26}$$

将式（1-25）代入式（1-26）中，得

$$L(T)=0.632L(\infty) \tag{1-27}$$

这就是说，当对象受到阶跃输入作用后，被控变量达到新的稳态值的 63.2% 所需的时间，就是时间常数 T。实际工作中，常用这种方法求取时间常数。显然，时间常数越大，被控变量的变化也越慢，达到新的稳定值所需的时间也越长。

1.2.4　对象的实测建模

前面已经介绍了机理建模的方法，虽然这种方法在工业中具有普遍性，但是生产过程中对象特性往往比较复杂，很难得到对象特性的数学描述，即使得到也是高阶微分方程或偏微分方程，难以求解，因此常用实验方法来分析对象特性。

所谓对象特性的实验测取，就是在所研究的对象上人为地施加输入作用（输入量），用仪表测取并记录表征对象特性的物理量（输出量）随时间变化的规律，得到一系列实验数据或曲线（非参量模型），再加以必要的数据处理，得到参量模型，这通常称为系统辨识。

实验测试方法主要有时域法（如阶跃响应曲线法、矩形脉冲法）、频域法（如正弦波、梯形波）、统计相关法（施加随机信号，如白噪声），下面介绍时域法。

1. 阶跃响应曲线法

阶跃响应曲线法就是在被控对象上施加阶跃输入信号作用，测取其输出量随时间的变化规律。图1-28所示的储槽对象的动态特性可以采用这种方法。该方法简单，无需特殊的信号发生器，一般也无需增加特殊的记录仪表，数据处理也较方便。但是在阶跃信号作用下，对象由不稳定到稳定所需时间较长，受其他扰动因素影响，精度受到极大限制；若加大阶跃信号幅值，又会影响正常的生产。阶跃信号一般取额定值的5%～15%。

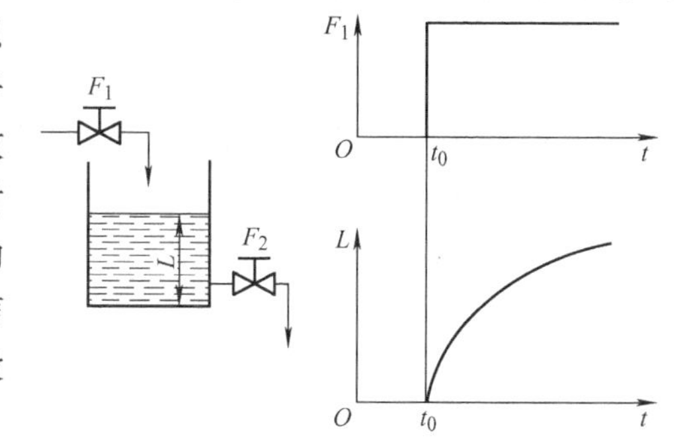

图1-28　储槽对象及其阶跃响应曲线

在测试过程中要注意以下几点。

1）加测试信号前，要求系统尽可能保持稳定状态，否则会影响测试结果。

2）合理选择阶跃信号值，一般阶跃变化为正常输入信号最大幅值的5%～15%，大多取10%。

3）对于具有时滞的对象，要在记录纸上标出输入量开始做阶跃信号变化时至反应曲线的起始点的时间，即滞后时间。

4）为保证测试精度，减小随机干扰因素的影响，测试曲线应是平滑而无突变的。在相同的条件下，重复测试2～3次，如几次所得曲线比较接近就认为可以了。

5）反应曲线测试过程中，要特别注意工作点的选取。因为多数工业对象是非线性的，放大系数是可变的。所以，作为测试对象特性的工作点，应该选择在正常的工作状态，也就是在额定负荷、被控变量在给定值的情况下，控制系统的控制过程可以在此工作点附近进行，测得的放大系数比较符合实际情况。

2. 矩形脉冲法

矩形脉冲法就是在t_0时刻突然在对象上加一阶跃干扰，到t_1时刻再突然除去阶跃干扰，测取输出量随时间的变化规律的方法。如图1-29所示，$x(t)$作为矩形脉冲干扰。此

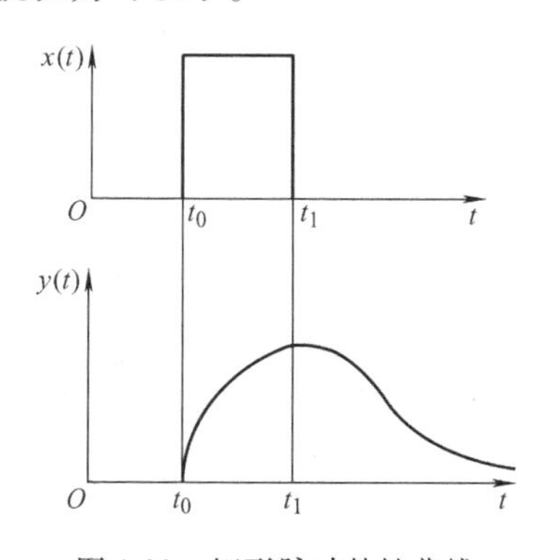

图1-29　矩形脉冲特性曲线

外还可施加矩形脉冲波和正弦波干扰信号，分别称为矩形脉冲波法和频率特性法。

由于加在对象上的干扰经过一段时间后被除去，干扰幅值可以取得比较大，以提高实验精度，而对象输出又不至于长期偏离给定值，对正常生产影响较小。测试结果具有较高的精度，但数据处理较为复杂，需要进行相应的转换。

3. 确定对象传递函数

可以采用阶跃响应曲线法测取对象的阶跃响应曲线。根据曲线的形状，并依照被控过程的先验知识和建立数学模型的目的及对模型的准确性要求，选用合适的传递函数形式。

一般在满足精度要求的情况下，尽量选用低阶传递函数的形式。大量的实际工业过程都采用一、二阶传递函数的形式来描述。

确定了传递函数形式之后，由阶跃响应曲线来求取被控对象动态特性的特征参数（即放大系数 K、时间常数 T、滞后时间 t 等），被控过程的数学模型（即传递函数）就可确定。

下面以一阶惯性环节为被控对象，由所测取的阶跃响应曲线来确定其特性参数。

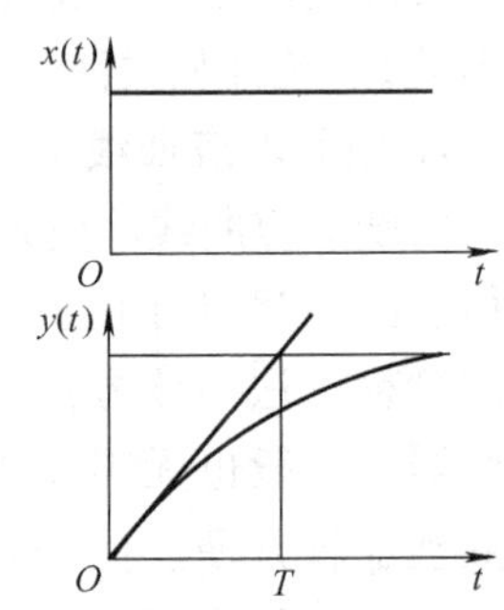

图 1-30　一阶惯性环节阶跃响应曲线

图 1-30 所示的阶跃响应曲线就可以近似为一阶惯性环节。其传递函数表示为

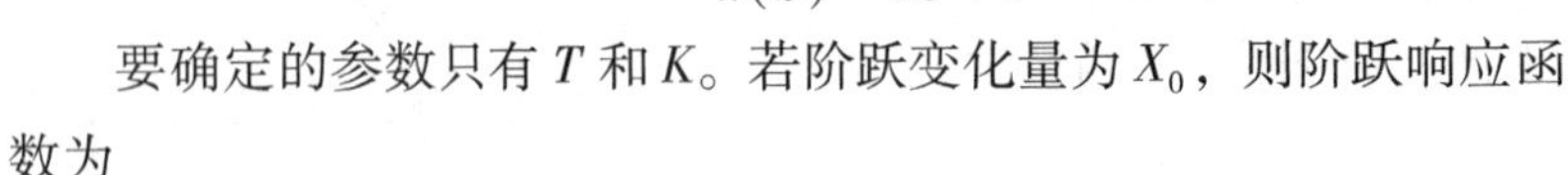

$$G(S)=\frac{y(S)}{x(S)}=\frac{K}{TS+1} \tag{1-28}$$

要确定的参数只有 T 和 K。若阶跃变化量为 X_0，则阶跃响应函数为

$$y(t)=KX_0(1-\mathrm{e}^{-\frac{t}{T}}) \tag{1-29}$$

$$y(\infty)=KX_0 \text{ 或 } K=\frac{y(\infty)}{X_0} \tag{1-30}$$

在阶跃响应曲线的起点处作切线，该切线与 $y(\infty)$ 的交点所对应的时间即为时间常数 T。

$t=T/2$ 时：$y(T/2)=39\%y(\infty)$

$t=T$ 时：$y(T)=63.2\%y(\infty)$

$t=2T$ 时：$y(2T)=86.5\%y(\infty)$

在阶跃响应曲线上找到上述几个数据所对应的时间点 t_1、t_2、t_3，则可计算出 T。如果由 t_1、t_2 和 t_3 分别求得的数值 T 有差异，可以用求平均值的方法对 T 加以修正。

任务实施

本任务是采用实验法通过测试被控对象的阶跃响应来确定它的参数及数学模型。以过程控制教学实训装置的下水箱（单容水箱）作为被测对象（也可选择上水箱或中水箱）。实验前先将储水箱中储足水量，再将图 1-31 所示的阀门 F1-1、F1-2、F1-8 全开，将下水箱出水阀门 F1-11 开至适当开度，其余阀门均关闭，然后按照下列步骤操作。

1）起动实训装置，将控制器置于“手动”状态，将其“手动输出”置于 50%，观察执行机构的位置，等待控制系统回到稳定状态。

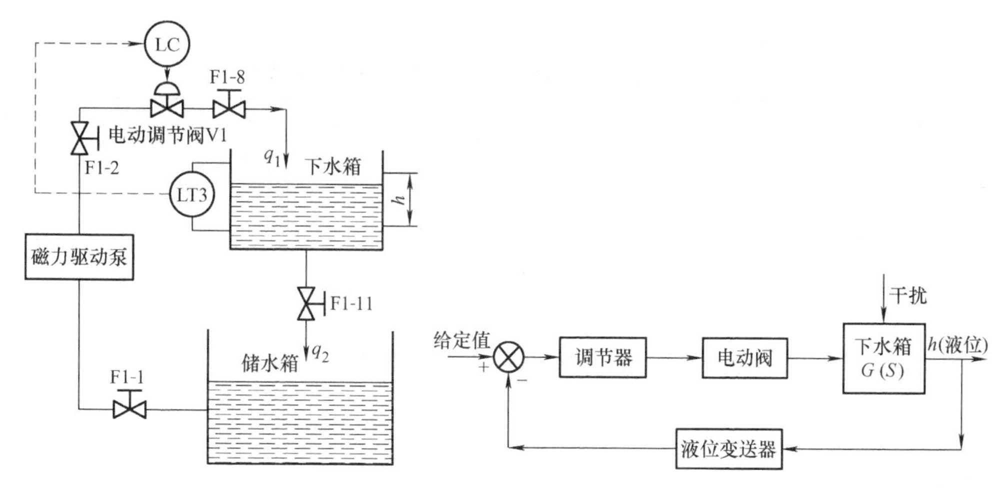

图1-31　任务实施图

2）将“手动输出”由50%改变到60%，观察系统的过渡过程，并记录过渡过程曲线，直到系统回到新的平衡为止。

3）将“手动输出”由60%改变到50%，观察系统的过渡过程，并记录过渡过程曲线，直到系统回到新的平衡为止。

4）根据前面记录的液位值和仪表输出值，按式（1-30）计算出K值，再根据实验曲线求得T值，最后写出下水箱对象的传递函数。

5）如果采用中水箱做实验，比较其响应曲线与下水箱的曲线有什么异同，并分析差异原因。

思考与讨论

1. 关于系统（对象）的自衡特性概念的思考与讨论。

一个系统（对象）受到干扰以后，即使不加控制，最终自身也会回到新的平衡状态，这种特性就称为自衡特性。图1-32a、b所示分别为两个原本处于平衡状态的水箱对象。其中图1-32a中出水量q_o由出水阀的开度控制，图1-32b中出水量则取决于泵速。当某一时刻进水量q_i增加（加入干扰），而出水阀位和泵速均不变时，不经控制它们能否自行达到新的平衡状态？可以通过描述它们的数学模型及阶跃响应表达式来说明（提示：图1-32a可参考流体力学原理，水箱出口流量q_o与高度H存在正比关系）。

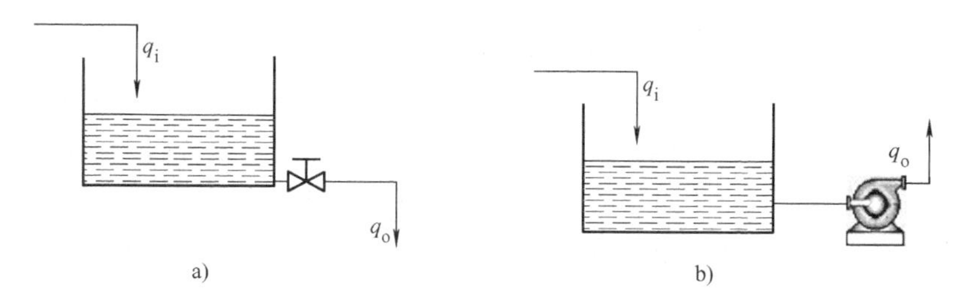

图1-32　水箱单容对象示意图

2. 实验测得某液位控制对象的阶跃响应数据见表 1-1。

表 1-1 实验测得某液位控制对象的阶跃响应数据

t/s	0	10	20	40	60	80	100	140	180	250	300	400
h/cm	0	0	0.2	0.8	2.0	3.6	5.4	8.8	11.8	14.4	16.6	18.4

近似画出液位的阶跃响应曲线，确定大致形状；用已知阶跃扰动 $\Delta u = 20\%$ 及一阶惯性环节加纯滞后近似描述该过程的动态特性，确定 K 与 T。

任务 1.3 识读流程图

任务描述

在控制方案确定后，根据工艺的流程图，按其流程顺序标注出相应的测量点、控制点、控制系统及自动信号与联锁保护系统等，便成了管道仪表流程图（P&ID）。正确识读管道仪表流程图，需要全面了解其中各种图例符号的意义和表达方法。该任务主要内容为识读管道仪表流程图并分析控制方案。

任务分析

1.3.1 工艺流程图

工艺流程图又称为流程示意图或流程简图，是用来表达整个装置生产流程的图样。它是一种示意性的展开图，即按工艺流程顺序，把设备和流程线自左至右都展开在同一平面上。其图面主要包括工艺设备和工艺流程线。

（1）设备的画法 工艺流程图中用细实线画出设备的示意结构，一般不按比例，但应保持各设备的相对大小。各设备之间的高低位置及设备上重要接管口的位置应大致符合实际情况。

（2）工艺流程线的画法 工艺流程图中一般只画出主要工艺流程线，其他辅助流程线则不必一一画出。用粗实线画出主要物料的流程线，在流程线上用箭头标明物料流向，并在流程线的起始处注明物料的名称、来源或去向。当流程线与设备之间发生交错或重叠而实际上并不相连时，其中的一条线断开或曲折绕过设备图形。

1.3.2 管道仪表流程图

管道仪表流程图（Piping and Instrumentation Diagram，P&ID）也称为带控制点的工艺流程图。该图借助统一规定的图形符号和文字代号，用图示的方法把建立化工工艺装置所需的全部设备、管道、阀门及主要管件，按其各自功能以及工艺要求组合起来。它不仅表达了部分或整个生产工艺物料流程，更重要的是体现了对该工艺过程所实施的控制方案。管道仪表流程图是自动化水平和自动化方案的全面体现，是自动化工程设计的依据，也可供施工安装和生产操作时参考，对工艺和仪表人员熟悉工艺过程，分析和解决生产中出现的问题很有帮助。

其主要内容如下。

1）设备示意图：带位号、名称和接管口的各种设备示意图。

2）管路流程线：带编号、规格、阀门、管件等及仪表控制点（压力、流量、液位、温度测量点及分析点）的各种管路流程线。

3）标注：设备位号、名称、管段编号、控制点符号、必要的尺寸及数据等。

4）图例：图形符号、字母代号及其他的标注、说明、索引等。

5）标题栏：注写图名、图号、设计项目、设计阶段、设计时间和会签栏等。

在绘制控制流程图时，图中所采用图例符号要按有关的技术规定进行。下面对其中一些常用的统一规定做一简要介绍。

1. 常规仪表及计算机控制系统的图形符号

（1）测量点（包括检出元件、取样点）　测量点是由工艺设备轮廓线或工艺管线引到仪表圆圈的连接线的起点，一般与检出元件或仪表画在一起，如图 1-33 所示。

（2）仪表的各种连接线　通用的仪表信号线以细实线表示。就地仪表与控制室仪表的连接线、控制仪表之间的连接线、DCS 系统内部的连接线采用图 1-34 所示的图形符号对气信号、电信号、导压毛细管等加以区别表达。另外，在复杂系统中有必要表明信息的流向时，应该在信号线上加箭头表示信号的方向，信号交叉线采用断线，信号线相接不打点。

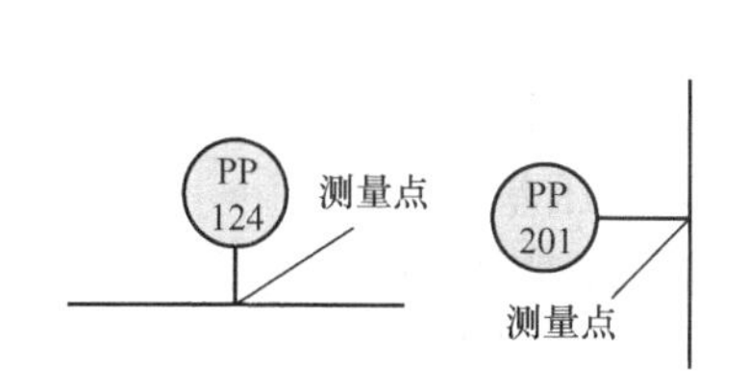

图 1-33　测量点

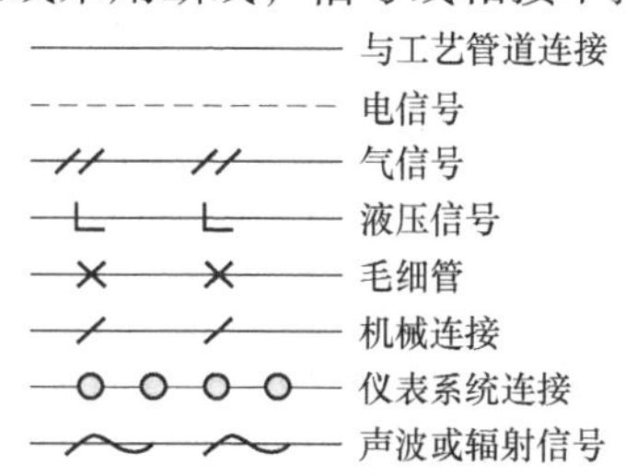

图 1-34　仪表信号连接表示方法

（3）仪表（包括检测、显示、控制）的图形符号　仪表种类繁多，既有现场安装仪表，又有架装、盘面安装仪表，还有 DCS（分布式控制系统）类、PLC（可编程序控制器）等。仪表的图形符号是一个细实线圆圈，直径约 10mm，不同的仪表安装位置的图形符号如图 1-35 所示。

2. 仪表功能标志字母代号

在控制流程图中，用来表示仪表的小圆圈的上半圆内，一般写有两位（或两位以上）大写英文字母，表示对某个变量的操作要求。第一位字母表示被测变量，其余后继字母表示仪表的功能及对该变量的操作要求。

理解功能标志时应注意如下几个方面。

1）功能标志只表示仪表的功能，不表示仪表的结构。这对于仪表的选用至关重要。例如：要实现 FR（流量记录）功能，可选流量变送器或差压变送器及记录仪。

2）功能标志的首位字母选择应与被测变量（即被控变量）相对应，可以不与被处理变量相符。例如：某液位控制系统中控制阀，其被测变量为液位，而操纵变量是流量，其功能标志应该为 LV，而不是 FV。

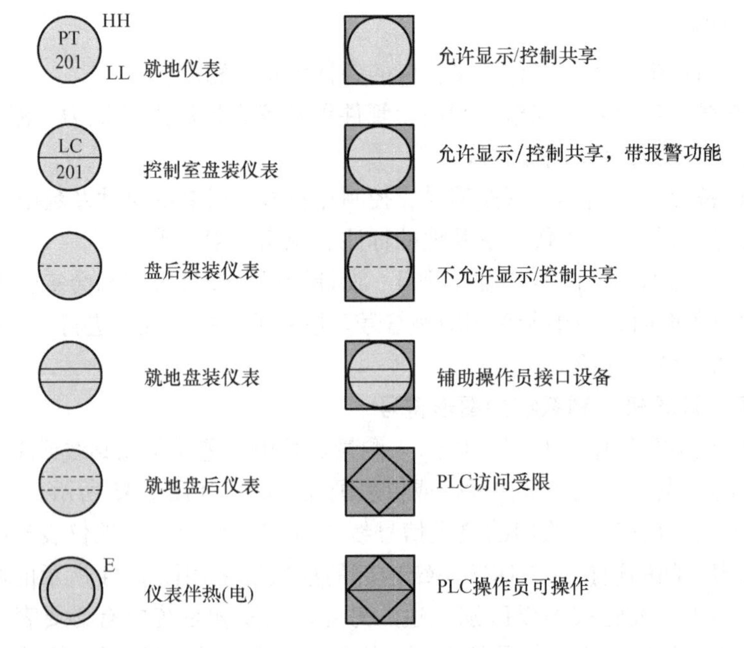

图 1-35　不同仪表安装位置的图形符号

3）功能标志的首位字母后面附加一个修饰字母，使原来的被测变量变成一个新变量。例如：在首位字母 P、T 后面加 D，变成 PD、TD，分别表示压差、温差。

4）功能标志后继字母可以附加一个或两个修饰字母，以对其功能进行修饰。例如：功能标志 PAH 中，后继字母 A 后面加 H，表示压力的报警为高限报警。

常用仪表功能标志字母代号见表 1-2。

表 1-2　常用仪表功能标志字母代号

字母	首位字母		后继字母
	被测变量	修饰词	功能
A	分析		报警
C	电导率		控制（调节）
D	密度	差	
E	电压		检测元件
F	流量	比（分数）	
I	电流		指示
K	时间或时间程序		自动-手动操作器
L	物位		
M	水分或湿度		
P	压力或真空		
Q	数量或件数	积分、累积	积分、累积
R	放射性		记录或打印
S	速度或频率	安全	开关、联锁
T	温度		传送

（续）

字母	首位字母		后继字母
	被测变量	修饰词	功能
V	黏度		阀、挡板、百叶窗
W	力		套管
Y	供选用		继动器或计算器
Z	位置		驱动、执行或未分类的终端执行机构

3. 仪表位号

在检测、控制系统中，构成一个回路的每个仪表（或元件）都应有自己的仪表位号。仪表位号是由字母代号组合和阿拉伯数字编号两部分组成的。字母代号的意义前面已经解释过。阿拉伯数字编号写在圆圈的下半部，第一位数字表示工段号，后续数字（二位或三位数字）表示仪表序号。通过管道仪表流程图，可以看出图中每台仪表的测量点位置、被测变量、仪表功能、工段号、仪表序号、安装位置等。

以附图1乙烯精馏塔管道仪表流程图说明如何以字母代号的组合来表示被测变量和仪表功能。乙烯精馏塔塔顶的一块仪表位号为PDT-120，其中第一位字母P表示压力，第二位字母D为后继字母，合起来表示被测变量为差压。第三位字母T表示具有变送功能，因此，PDT的组合就表示一台安装在现场的差压变送器。乙烯精馏塔塔釜液位控制系统中的LRA-110是一台具有记录功能的液位报警器，该报警器并非可见的仪表，而是组态在DCS中的虚拟报警仪表。

1.3.3　管道仪表流程图识读步骤

识读管道仪表流程图时，可参考下列步骤进行。

（1）了解流程概况　了解流程概况包括如下两个方面的含义。

1）从左到右依次识读各类设备，分清动设备和静设备，理解各设备的功能，如精馏塔用于组分分离、锅炉用于产生蒸汽、加热炉用于原油裂解等。

2）在熟悉工艺设备的基础上，根据管道中标注的介质名称和流向分析流程。

（2）熟悉控制方案　一般典型工艺的控制方案是特定的，现举例如下。

例1-1：精馏工艺控制方案。

对于精馏工艺，其控制方案中包括提馏段温度控制系统或精馏段温度控制系统、塔压控制系统、塔顶冷凝器液位控制系统、回流罐液位控制系统、塔釜液位控制系统、回流量控制系统及进料流量控制系统等。

例1-2：加热炉工艺控制方案。

加热炉主要用于原油裂解，它是利用燃料燃烧所产生的高热量对加热管内的介质加热的一种典型工艺，其控制方案中包括加热炉出口温度与燃料流量的控制系统、原油流量控制系统、加热炉炉膛负压控制系统、燃料油与雾化蒸汽及空气的比值控制系统等。

例1-3：锅炉工艺控制方案。

锅炉工艺用于生产蒸汽，它主要包括燃烧工艺、蒸汽发生和汽水分离工艺。控制方案中包括锅炉汽包水位控制系统、蒸汽压力控制系统、过热蒸汽温度控制系统、燃烧过程控制系统和炉膛压力控制系统等。

1.3.4　识图案例：乙烯精馏塔管道仪表流程图

乙烯是基本有机化学工业最重要的产品，它的发展带动着其他基本有机产品的发展，因此乙烯产量往往标志着一个国家基本有机化学工业发展的水平。以乙烯为原料可以生产许多重要的基本有机化学工业产品，诸如高压聚乙烯、高密度聚乙烯、低密度聚乙烯等。近 20 年来，世界范围内的乙烯产量增长了近 10 倍，足以证明各国对乙烯生产的重视程度。

乙烯生产的主要方法是将天然气、原油等基本高分子原料进行裂解，使其碳链断裂后逐级分离。其中基本的分离方法就是精馏，即在精馏塔中利用各组分相对挥发度的不同进行物料分离。现以乙烯精馏塔为例，对其基本工艺和典型控制方案进行分析。

乙烯精馏塔是深冷分离流程中的一个基本生产单元，其前期部分工艺流程如图 1-36 所示。裂解气经过离心式压缩机压缩，压强达到 1.0MPa 后送入碱洗塔，脱去 H_2S、CO_2 等酸性气体，再次压缩后压强达到 1.0MPa，送入干燥器脱水后，进入冷箱冷凝。在冷箱中分出富氢和四股馏分，这四股馏分进入脱甲烷塔的不同塔板进行分离，脱去甲烷馏分，塔釜液为 C_2 以上馏分并被进入脱乙烷塔，由其塔顶分离出 C_2 馏分；塔釜液为 C_3 以上馏分并被送往下步工序再加工和利用。

由脱乙烷塔塔顶分离出来的 C_2 馏分含有乙烷、乙烯、乙炔等组分，它们经过换热升温，进入加氢脱炔反应器进行加氢脱乙炔，并经绿油塔用来自乙烯塔的侧线馏分洗去绿油后，成为只包含乙烯和乙烷两种组分的混合流体（因脱甲烷过程中不可能做到完全分离，因此其中含有少量甲烷）。这些混合流体被送入乙烯塔分离，在乙烯塔的顶部第 8 块塔板侧线可得到纯度为 99.9% 的乙烯产品，塔釜液为乙烷馏分，送回裂解炉作为裂解原料，塔顶分离出少量的甲烷馏分。

乙烯精馏塔进料中乙烯和乙烷占有 99.5%（体积分数）以上，其余组分为甲烷。就相对挥发度而言，甲烷最低，乙烯次之，乙烷最高。对于三种组分的分离，乙烯精馏塔采用了深冷分离流程，用带有中间再沸器和侧线出产品的乙烯塔。其工艺流程如图 1-37 所示，基本工艺分析如下。

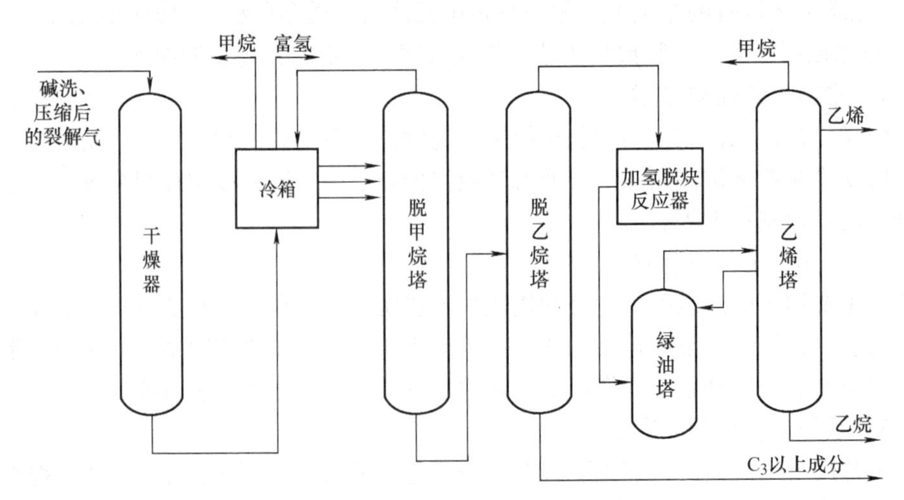

图 1-36　乙烯精馏塔前期部分工艺流程

1）由绿油塔来的C_2组分从第98块塔板以气液两相混合进料，由于精馏塔提供了分离空间，实现了气液两相分离，气相（乙烯及少量甲烷）上升，液相（乙烷）下降。

2）液相在向下流动过程中，在每块塔板上与自提馏段的上升蒸气接触，使其中的轻组分（乙烯及少量甲烷）汽化上升，重组分继续以液相下降。越向下，重组分的纯度越高。

3）被汽化上升的轻组分中含有部分气相甲烷，在经过精馏段的每块塔板时与向下流动的乙烯回流液接触，使这一部分甲烷变为液相下降。越向上，轻组分的纯度越高。

4）上升至塔顶的轻组分中为气相的乙烯及少量甲烷，它们经塔顶冷凝器将乙烯冷凝为液相，在分离器中实现气液分离，甲烷以气相采出，乙烯作为回流液从第1块塔板处流入精馏塔，流至第8块塔板时侧线采出，进入乙烯分离器分离后，以液相产品乙烯采出，分离器上部的气相再次进入精馏塔冷凝分离。

5）塔釜得到产品甲烷，一部分作为液相产品采出，另一部分由塔釜再沸器加热汽化后作为上升蒸气，用以提供精馏所需能量。

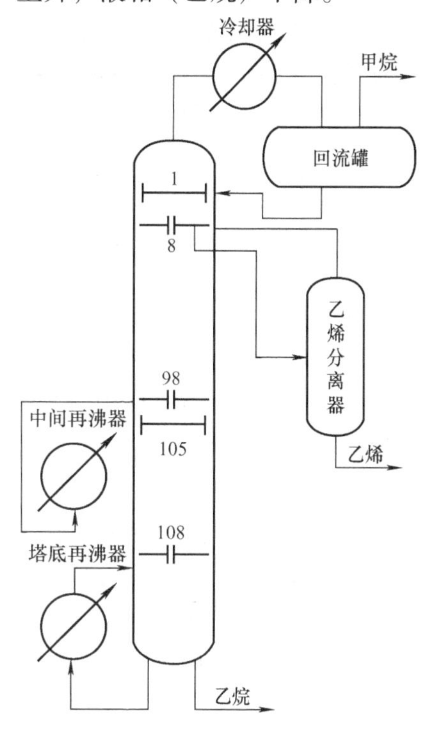

图1-37　乙烯塔深冷分离流程

6）为了提高乙烯产品的纯度，在乙烯精馏塔的精馏段工艺上采用了较大的回流比，这一做法对于精馏段是有好处的，但对于提馏段并非必要，故乙烯塔中大多采用中间再沸器回收冷量，以提高上升蒸气量，从而达到提高负荷的目的。

一般进料中，乙烯及乙烷占有99.5%（体积分数）以上，乙烯精馏塔理论上仍为二元体系。该乙烯乙烷二元系统的自由度为2，因此在实际工艺中压力和温度是相互联系的。控制其中一个变量，即可实现对质量指标的控制，这是设计和实施控制方案的基本依据之一。

总之，管道及仪表流程图是自控设计中设备选型和相关设计的基础，正确地识读管道及仪表流程图有助于对工艺机理的理解和控制方案的认识，这也是从事仪表专业人员的基本技能之一。

任务实施

教师起动过程控制教学实训装置，打通储水箱—上水箱（或下水箱、中水箱）—电锅炉夹套—电锅炉内胆整个流程，向同学们演示储槽液位控制系统和锅炉内胆温度控制系统的运行。同学们完成以下任务。

1）指出该装置的主要设备有哪些，并说明它们的作用。

2）画出设备的大致轮廓示意图并注写设备名称与位号，绘制主要物料的工艺流程线，用箭头标明物料的流向。

3）在工艺流程图上画出所有用到的设备、阀门和仪表控制点，标出阀门位号和仪表位号，完成储槽液位控制系统和锅炉内胆温度控制系统的信号连接。

思考与讨论

1. 关于如何识读和绘制流程图的思考与讨论。

思考：图 1-38 所示为一换热器温度控制系统的流程图。由图中可见，冷物料进入换热器由蒸汽加热后变成热物料输出。通过改变进入换热器的蒸汽量来使出口温度恒定。该系统中的被控对象、被控变量、操纵变量分别是什么？可能影响被控变量变化的干扰因素有哪些？画出该控制系统的框图。

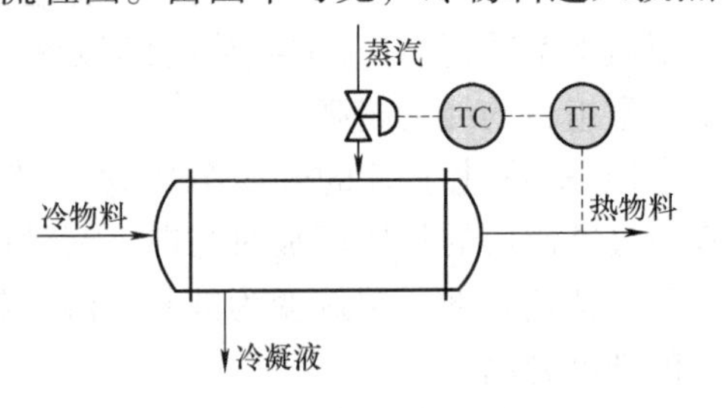

图 1-38　换热器温度控制系统流程图

扩展思考：参见附图 1 乙烯精馏塔管道及仪表流程图，分析一下要实现乙烯精馏的控制要求，应该控制哪几个量，以及可能影响被控变量变化的扰动分别有哪些，并绘制乙烯精馏塔的工艺流程图。标出工艺设备名称与对应的图形符号、管道中的介质名称、流入流出介质。

2. 关于识读管道及仪表流程图并进行控制方案分析的讨论。

讨论：参见附图 1 乙烯精馏塔管道及仪表流程图，图中有哪些主要的控制系统？为什么在工艺中采用了中间再沸器？为什么要控制中间再沸器的液位？

扩展讨论：乙烯回流量与乙烯采出量比值控制系统中的重要指标是回流比。讨论一下为什么要保证较大的回流比。

任务 1.4　物位检测仪表选型

任务描述

仪表的选型是控制系统设计过程中非常重要的一个环节，它要求设计人员了解工艺、熟悉仪表。在本任务中要对储罐液位进行精确控制，就需要对物位检测仪表、调节阀、控制器等仪表进行选型。物位检测仪表可确定储罐物料位置，对它的上下极限位置进行报警，以保证生产安全、正常进行。物位检测仪表作为储罐液位控制系统中获取液位信息的主要装置，也是系统进行控制的依据，要求它能正确、及时地反映被控变量的状况。检测仪表规格性能的选择直接影响控制质量。本任务要了解液位检测仪表的类型，掌握常见液位检测仪表的选型原则与方法。

任务分析

1.4.1　仪表的品质指标

要选择仪表，必须熟悉仪表的性能（品质）指标，即评价仪表的优劣指标。

（1）仪表的准确度（精度）　仪表的准确度是仪表选择时的一项重要指标，它的由来与仪表的误差有关。

为了客观地反映仪表的准确度，工业上常将仪表的绝对误差折合成仪表标尺范围的百分

数表示，称为相对百分比误差 δ，即

$$\delta = \frac{\text{绝对误差}}{\text{标尺上限值} - \text{标尺下限值}} \times 100\% \tag{1-31}$$

仪表的标尺上限值与下限值之差，一般称为仪表的量程。根据仪表的使用要求，规定一个在正常情况下允许的最大误差，这个允许的最大误差称为允许误差。允许误差一般用相对百分误差来表示，即某一台仪表的允许误差是指在规定的正常情况下允许的相对百分误差的最大值，即：

$$\delta_{允} = \frac{\text{绝对误差最大允许值}}{\text{标尺上限值} - \text{标尺下限值}} \times 100\% \tag{1-32}$$

仪表的 $\delta_{允}$ 越大，表示它的准确度越低；反之，仪表的 $\delta_{允}$ 越小，表示仪表的准确度越高。

事实上，国家就是利用这一方法来统一规定仪表的准确度（精度）等级的。将仪表的允许相对百分误差去掉“±”号及“%”号，便可以用来确定仪表的准确度等级。目前，我国生产的仪表常用的准确度等级有 0.005、0.02、0.05、0.1、0.2、0.4、0.5、1.0、1.5、2.5、4.0 等。如果某台仪表的允许误差为 ±1.5%，则认为该仪表的准确度等级符合 1.5 级。

必须指出的是，在工业应用上，对仪表精度的要求，应根据生产操作的实际情况和该参数对整个工艺过程的影响程度所提供的误差允许范围来确定，这样才能保证生产的经济性和合理性。工业实际应用的仪表精度大多在 0.5 级以下。

（2）仪表的变差（回差）　测量仪表的变差是仪表性能的另一重要指标。它是指在外界条件不变的情况下，用同一仪表对某一参数值进行正、反行程测量时，仪表正、反行程指示值之间存在的差值，如图 1-39 所示。

变差的大小，用仪表测量同一参数值，正、反行程指示值间的最大绝对差值与仪表标尺范围之比的百分数表示。必须注意，仪表的变差不能超出仪表的允许误差，否则应及时检修。

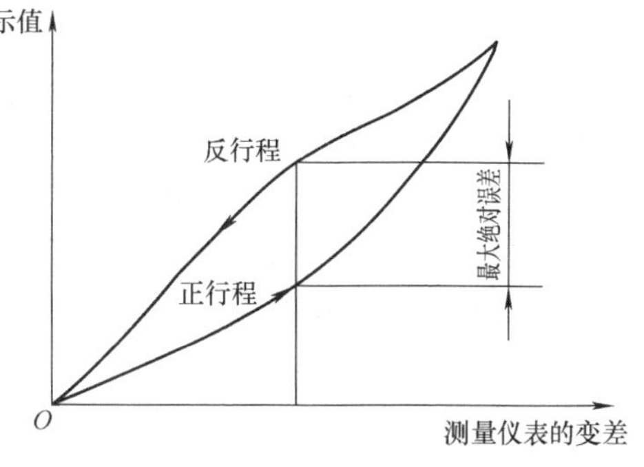

图 1-39　仪表的变差

（3）灵敏度　仪表指针的线位移或角位移，与引起这个位移的被测参数变化量的比值称为仪表的灵敏度，用公式表示如下

$$S = \frac{\Delta\alpha}{\Delta x} \tag{1-33}$$

式中，S 为仪表的灵敏度；$\Delta\alpha$ 为指针的线位移或角位移；Δx 为引起 $\Delta\alpha$ 所需的被测参数变化量。

所以，仪表的灵敏度在数值上就等于单位被测参数变化量所引起的仪表指针移动的距离（或转角）。例如：一台测量范围为 0 ~ 100℃ 的测温仪表，其标尺长度为 20mm，则其灵敏度 S 为 0.2mm/℃，即温度每变化 1℃，指针移动 0.2mm。

（4）线性度　线性度用来说明输出量与输入量的实际关系曲线偏离直线的程度。通常

总是希望仪表的输出与输入之间成线性关系。因为在线性情况下，模拟式仪表的刻度就可以做成均匀的，而数字式仪表就可以不必采取线性化措施。此外，当线性的仪表作为控制系统的一个组成部分时，往往可以使整个系统的分析设计得到简化。

以上介绍的品质指标在实际仪表的技术性能指标中都要列出，对照所列的技术指标就可知仪表优劣，并为仪表选择提供依据。仪表的品质指标还有灵敏限、重复度等，这里不再一一介绍。

1.4.2 物位检测的方法与分类

物位检测的技术和方法有很多，如直读法、浮力法、静压法、电容法、超声波法、微波法以及激光法等。根据不同检测方法可以将仪表分为以下几类。

（1）直读式物位仪表　其中应用最普遍的是玻璃液位计。它的特点是结构简单、价廉、直观，适于现场使用，但易破损，玻璃内表面容易沾污，造成读数困难，不便于远传和调节。

（2）浮力式物位仪表　包括恒浮力式和变浮力式两种。前者（浮子液位计）是依据浮标或浮子浮在液体中的高度随液面变化而升降来测量液位，特点是结构简单，适于各种储罐的测量；后者（浮筒液位计）是利用阿基米德定理，即部分浸没于液体中的浮筒所受的浮力随液位的变化而成比例地变化，来测量液位，能实现远传和自动调节。

（3）静压式物位仪表

1）吹泡式液位计测量敞口容器液位。吹泡式液位计测量液位的基本原理是：压缩空气经过过滤减压阀和定值器后输出一定的压力，由节流元件分为两路。其中一路进入安装在容器内的导管，由容器底部吹出；另一路进入压力计进行指示。当液位最低时，气泡吹出没有阻力，背压力为零，压力计指示为零；当液位增高时，气泡吹出要克服液柱的静压力，背压力增加，压力计指示增大。因此，背压力就是压力计指示的压力大小，反映出液位的高低。

吹泡式液位计结构简单、价廉，适用于测量具有腐蚀性、黏度大和含有悬浮颗粒的敞口容器的液位，但精度较低。

2）差压变送器测量敞口或密闭容器液位。如图 1-40 所示，将差压变送器的下端接液相取压口，上端接气相取压口。气相取压口处压力为设备内气相压力；液相取压口处除受气相压力作用外，还受液柱静压力的作用，该处压力为液相和气相压力之差，即

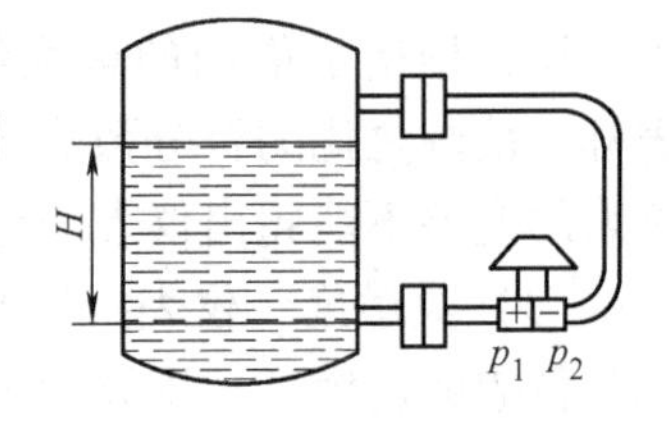

图 1-40　差压变送器原理图

$$\Delta p = p_1 - p_2 = H\rho g \tag{1-34}$$

液柱所产生的静压力与液位成正比。

以下几种情况下，可选用双法兰式差压变送器：过程介质温度超出变送器的正常工作温度范围，并且用引压管也不能将温度降至变送器的正常工作温度范围内；过程介质有腐蚀性，需要经常更换或需要使用特殊的防腐蚀材料；过程介质中有很多固体颗粒或过程介质凝固点为常温，无法用引压管引出；进行密度或界面测量。作为敏感元件的金属膜盒通过铠装毛细管与变送器的测量室相连接，在膜盒、铠装毛细管和测量室所组成的封闭系统内充有密封液体（一般用硅油）作为传压介质。为使毛细管经久耐用，其外部均套有金属蛇皮管保护。

利用差压变送器测量液位时，差压变送器将由液位形成的差压 Δp 转换成相应的统一标

准电信号输出。然而，由于安装位置条件不同，往往存在着仪表零点迁移问题。这方面的知识在本书中不再介绍。

（4）电容式液位计　电容式液位计是通过测量电容的变化来测量液面高低的。如图1-41所示，一根金属棒插入盛液容器内，金属棒作为电容的一个极，容器壁作为电容的另一极，两电极间的介质即为液体及其上面的气体。由于液体的介电常数 ε_1 和气体的介电常数 ε_2 不同，比如 $\varepsilon_1 > \varepsilon_2$，则当液位升高时，两电极间总的介电常数值随之加大，因而电容量增大。反之当液位下降时，总的介电常数值减小，电容量也减小。

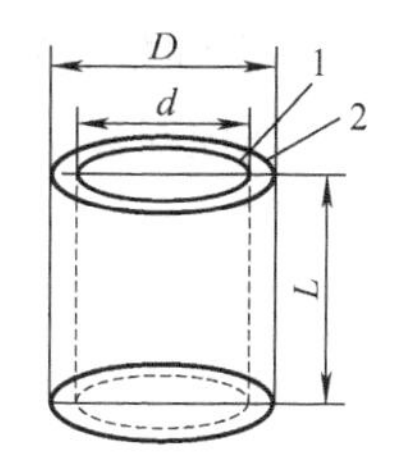

图1-41　电容器的组成
1—内电极　2—外电极

所以，可通过两电极间电容量的变化来测量液位的高低。电容式液位计的灵敏度主要取决于两个介电常数的差值，而且，只有 ε_1 和 ε_2 恒定才能保证液位测量准确。因被测介质具有导电性，所以金属棒电极都由绝缘层覆盖。电容式液位计体积小，容易实现远传和调节，适用于具有腐蚀性和高压介质的液位测量。

（5）超声波式物位仪表　超声波式物位仪表适用于测量两种不同介质的界位。由于声波在气体、液体、固体中传播的速度是不同的，当声波从一种介质向另一种介质传播时，在两种密度、声速不同的介质的分界面上，传播方向便会发生改变。一部分被反射，还有一部分折射进入相邻的介质内。当声波从液体或固体传播到气体，或从气体或液体传播到固体时，由于两种介质的密度相差较大，声波几乎全部被反射。超声波式物位仪表安装于容器顶部，超声波探头向被测物体发射一束超声波脉冲，在两种介质的分界面上，部分反射回波经过时间 t 后，便可由探头接收到。电子单元检测到该时间 t，并根据已知声速 v 及探头位置到容器底部的距离 l，利用公式

$$h = l - \frac{vt}{2} \tag{1-35}$$

可以测得物位值 h。

该类仪表准确度高、反应快，但成本高、维护维修困难，多用于要求测量精度较高的场合。

（6）放射式物位仪表　放射式物位仪表是利用物位的高低对放射性同位素的射线吸收程度不同来检测物位的。它的测量范围宽，可用于低温、高温、高压容器中的高黏度、高腐蚀性、易燃易爆介质的物位测量。但此类仪表成本高，使用维护不方便，射线对人体危害大。

1.4.3　物位检测仪表的选型

1. 检测仪表选型方法

检测仪表的选用应根据工艺生产过程对仪表的要求，并结合其他各方面的情况，加以全面的考虑和具体的分析。一般应从以下几个方面进行选择。

（1）仪表的类型　仪表类型的选择必须以保证仪表正常工作及安全生产为前提。需要考虑的有：

1）被测介质的物理化学性质是否对仪表有特殊要求，如腐蚀性、温度高低、黏度大小、脏污程度、易燃易爆、强酸、强碱、易凝固结晶和气化等。

2）现场环境条件是否对仪表类型有特殊要求，如高温、电磁场、振动、爆炸危险气氛

的存在及现场安装条件等。

3）操作条件的变化是否对仪表类型有特殊要求，如介质温度、压力、浓度的变化。有时还要考虑到从装置开车到各项参数达到正常值时，气相或液相浓度和密度的变化。

4）被控对象的特性，如容器的结构、形状、尺寸，容器内的设备附件及各种进出料管口等。

（2）仪表的测量范围　仪表的测量范围是指被测量可按规定精度进行测量的范围，它是根据操作中需要测量的参数大小来确定的。具体遵循下列几项原则：

1）最大测量值不应超过仪表量程的2/3。

2）仪表的量程不宜太大，被测量的最小值以不低于仪表满量程的1/3为宜。

3）根据相应产品的目录，选择最接近的仪表量程规格。

（3）仪表的准确度等级　仪表准确度是根据工艺生产上所允许的最大测量误差来确定的。一般来说，在满足工艺要求的前提下，应尽可能选用精度较低、价廉耐用的仪表。

2. 物位检测仪表的选型方法

如前所述，物位检测的方法和仪表类型很多，选择合适的物位检测仪表能准确获取物位信息。通常从实际的工艺情况出发选择仪表类型与量程。

1）考虑被测对象属于哪一类设备，以选择适当的测量范围。例如：储槽的容积较小，测量范围不会太大；而储罐的容积较大，测量范围可能较大。

2）考虑被测介质的物理化学性质及洁净程度。首先选择常规的差压式物位变送器及浮筒式液位变送器，然后选择与介质相接触部分的材质。对有些悬浮物、泡沫等介质，可用单法兰式差压变送器；对有些易析出、易结晶的介质，可用插入式双法兰式差压变送器；对高黏度的介质的液位及高压设备的液位，由于设备无法开孔，可选用放射式物位仪表来测量；对不相容的两介质界位、储藏料位的测量，可选用超声波式物位仪表。

任务实施

以过程控制教学实训装置的上水箱为载体，对压力变送器进行零点和量程校调，并正确设置智能单回路调节器AI519的内部参数，使其正确显示液位值的大小。

图1-42所示为压力变送器检测的液位信号转换成1～5V电信号，接至AI519的17、18端子显示液位的信号转换流程。查看控制柜内线路情况，绘制出从压力变送器到AI519间的接线图。

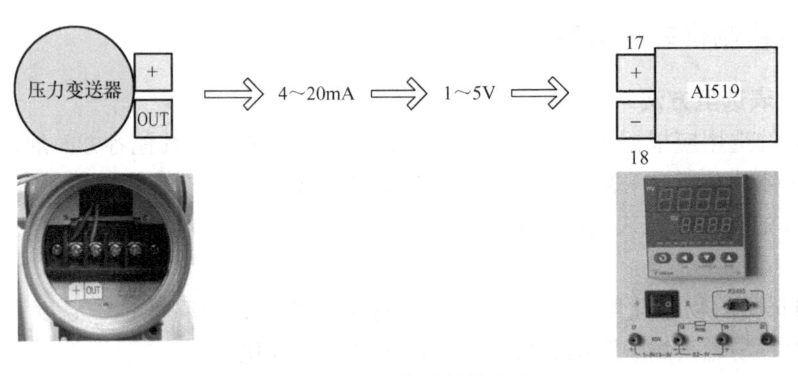

图1-42　压力信号转换流程

外部接线完成后，根据AI519说明书设置相应参数，使其能正确接收并显示液位值。AI519显示要求无报警输出，输入为1～5V信号，输出为4～20mA，显示值保留一位小数。参数值见表1-3。将变频器设置为内给定状态，在0～100mm范围内反复三次手动打水入上水箱、放水。反复校调压力变送器零点和量程。零点、量程螺钉位于图1-43所示压力变送器的表头背面，右边的“Z”为调零电位器，左边的“G”为量程电位器。

图1-43　压力变送器表头的零点、量程螺钉

讨论以下问题：

1）压力变送器安装为与上水箱底部平齐，且测量范围为0～10kPa，怎么设置AI519的SCL（信号刻度下限）、SCH（信号刻度上限）参数？

表1-3　AI519显示液位值参数设置表

参　数	参数含义	取值要求	取　值
AdIS	报警指示	无报警	OFF
InP	输入规格	1～5V	33
dPt	小数点位置	显示值保留1位小数	0.0
SCL	信号刻度下限	0kPa	0
SCH	信号刻度上限	10kPa	1000

2）如果水位没有显示，应如何排除故障？如果有水位显示，但是偏差很大，是哪些原因造成的？如何解决？

思考与讨论

1. 关于仪表测量方法与准确度等级计算的思考。

思考：某台具有线性关系的温度变送器，其测温范围为0～200℃，变送器的输出为4～20mA。对这台温度变送器进行校验，得到表1-4所列数据。

表1-4　温度变送器校验数据

输入信号	标准温度/℃	0	50	100	150	200
输出信号/mA	正行程读数$\chi_{正}$	4	8	12.01	16.01	20
	反行程读数$\chi_{反}$	4.02	8.10	12.10	16.09	20.01

如何根据以上校验数据来确定该仪表的变差、准确度等级。

扩展思考：某台往复式压缩机的出口压力范围为25～28MPa，测量误差不得大于1MPa。工艺上要求就地观察，并能高低限报警，试选择一台压力表，指出其型号、准确度与测量范围。

2. 讨论：某储罐内储存了水，液位变化范围为6～10m，要求远传显示，试选择一台压力变送器（包括准确度等级和量程）。如果液位由6m变化到12m，讨论一下这时压力变送器的输出变化了多少。如果附加迁移机构，是否可以提高仪表的准确度和灵敏度？试通过计算说明。

扩展讨论：现有一块压力表，测量范围是0～0.16MPa，准确度等级为0.25级，如果每一大格为10kPa，将其分为4格，每格又分为5个阶梯，则该表分辨力为多少千帕？如果一块被校表测量范围为0～25kPa，能否用这块压力表校验？

任务1.5　控制器基本控制规律的认识与选型

任务描述

控制器的控制规律是指控制器接收输入的偏差信号后，其输出随输入的变化规律。基本控制规律有位式控制、比例控制（P）、积分控制（I）和微分控制（D）等。控制规律的正确选择及控制器参数值的选取对控制系统质量影响很大。本任务是在深刻理解控制器的调节规律及δ、T_i、T_D参数值对系统影响的基础上，选择正确的控制规律与控制作用方向，并学会参数整定的方法。

任务分析

1.5.1　控制器的基本控制规律

由自动控制系统框图可知，控制器接收偏差信号e，按一定的控制规律输出相应控制作用信号p，使执行器产生相应动作，以消除干扰对被控变量的影响，从而使被控变量回到给定值上。

所谓控制器的控制规律，就是控制器输出p随输入e的变化规律。用数学式子来表示，即为

$$p=f(e) \tag{1-36}$$

各种控制规律是为了适应不同生产要求而设计的。因此，必须根据生产的要求选用适当的控制规律。如果选择不当，不但不能起到控制作用，反而会造成控制过程的剧烈振荡，甚至形成发散振荡而造成严重的生产事故。

控制器可以有不用的工作原理和各种各样的结构形式，但是它们的动作规律不外乎几种类型。在自动控制系统中最基本的控制规律有：位式控制、比例控制（P）、积分控制（I）和微分控制（D）四种。下面分别介绍这几种基本控制规律的工作特点及其对过渡过程的影响。

1. 位式控制

双位控制是位式控制中最简单的形式。偏差e与控制器输出p的关系为

$$p=\begin{cases}p_{max} & e>0(\text{或 } e<0)\\ p_{min} & e<0(\text{或 } e>0)\end{cases} \tag{1-37}$$

双位控制只有两个输出值，相应的控制机构也只有两个极限位置，不是开就是关，理想的双位控制特性如图1-44所示。

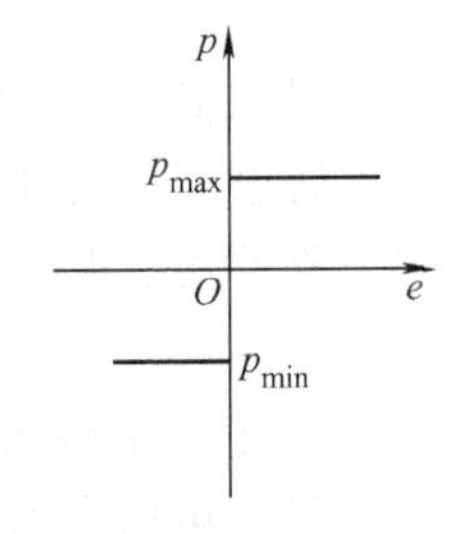

图1-44　理想的双位控制特性

图1-45所示为一个典型的双位控制系统。此系统中流体是导电介质，槽内装有一个电极，作为液位的测量装置。电极的一端与继电器的

线圈J相接；另一端正好处于液位给定值的位置。导电流体经装有电磁阀LY的管线进入储槽，再由出料管流出。

当$H>H_0$时，继电器接通，阀关闭，$q_入=0$，H下降；当$H<H_0$时，继电器断开，阀打开，$q_入>q_出$，H上升。

实际的自动控制系统中，双位式控制器如果按照图1-44所示的理想控制规律动作是很难完成且没有必要的。从上例中双位控制器的动作来看，继电器频繁通断，电磁阀频繁开关，极易导致损坏。这就很难保证双位控制系统安全、可靠地工作。因此，实际应用的双位式控制器都有一个中间区。

所谓带中间区的双位控制，就是当被控变量上升时，必须在测量值高于给定值的某一数值后，阀门才关闭（或打开）。当被控变量下降时，必须在测量值低于给定值的某一数值后，阀门才打开（或关闭）。在中间区域，阀门是不动作的。这样就可以大大降低调节机构开关阀门的频繁程度。

只要将图1-45中的测量装置及继电器线路稍加改动，就可成为一个带中间区的双位控制系统。如图1-46所示，被控变量在上限值与下限值之间等幅振荡。衡量双位控制过程的质量，不能采用衡量衰减振荡过程的品质指标，一般采用振幅与周期（或频率）。

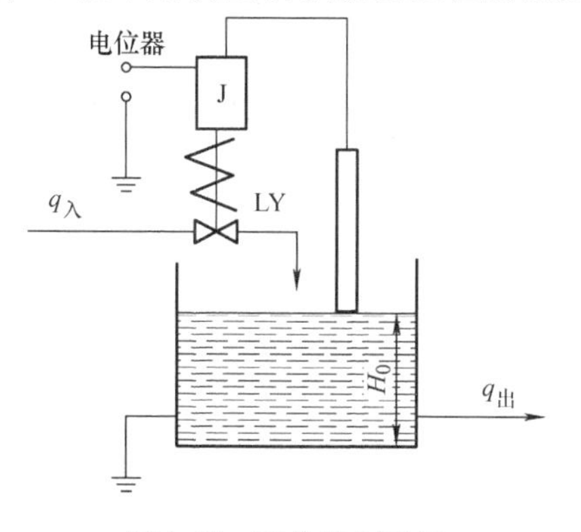

图1-45　双位控制系统

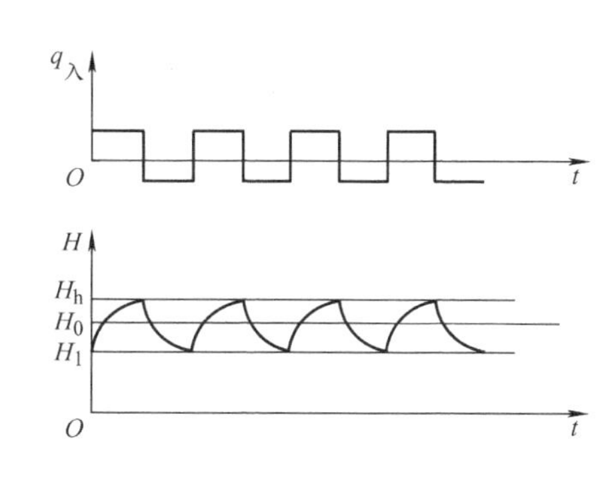

图1-46　有中间区的双位控制过程

双位控制器的特点是结构简单、成本较低、易于实现，因此应用很普遍，如恒温箱、电烘箱的温度控制等。

2. 比例控制（P）

在双位控制系统中，被控变量不可避免地会产生持续的等幅振荡。为了避免这种情况，应该使控制阀的开度与被控变量的偏差成比例。根据偏差的大小，控制阀可以处于不同的位置，这样就有可能获得与对象负荷相适应的操纵变量，从而使被控变量趋于稳定，达到平衡状态。

对于比例控制器，比例控制规律用如下数学式来表示

$$\Delta p=K_c e \tag{1-38}$$

式中，Δp为控制器的输出变量；e为控制器输入，即偏差；K_c为比例控制器的放大倍数。

比例控制器的放大倍数K_c是一个重要的参数，它的大小决定了比例控制作用的强弱。不过比例控制的强弱一般用比例度表示。

举个简单的液位比例控制系统的例子。如图1-47所示，被控变量是储槽的液位，O为

杠杆的支点，杠杆的一端与浮球相连，另一端与控制阀的阀杆连接，浮球随液位的波动而升降。浮球的升降通过阀杆带动阀芯上下动作，改变阀门的开度，使输入流量发生变化。假设，原来液位稳定在一定高度，进入储槽的流量和排出储槽的流量相等。当某个时刻排出量突然增加一个数值以后，液位会下降，浮球随之下降，阀门开大，输入流量增加。当进水量增加到与新的排出量相等时，液位也就不再变化而达到的平衡状态。可见杠杆就是一个比例可调的控制器，其控制规律用数学式表示为

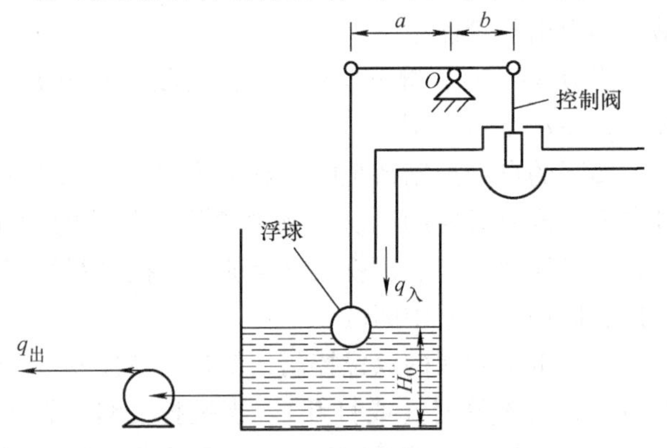

图 1-47　简单的液位比例控制系统

$$\Delta p=\frac{b}{a}e \tag{1-39}$$

可见，$K_c=\frac{b}{a}$，其数值可以通过改变支点 O 的位置加以调整。

（1）比例度　所谓比例度就是指控制器输入的相对变化量与相应的输出相对变化量之比的百分数。用等式可表示为

$$\delta=\frac{\dfrac{e}{x_{max}-x_{min}}}{\dfrac{\Delta p}{p_{max}-p_{min}}}\times 100\% \tag{1-40}$$

式中，$x_{max}-x_{min}$ 为仪表的量程；$p_{max}-p_{min}$ 为控制器输出的工作范围。

那么比例度 δ 和放大倍数 K_c 是什么关系呢？可将上式改写一下，写成

$$\delta=e/\Delta p\left(\frac{p_{max}-p_{min}}{x_{max}-x_{min}}\right)\times 100\%$$

所以得到

$$\delta=\frac{K}{K_c} \tag{1-41}$$

这说明控制器的比例度与放大倍数 K_c 成反比关系。比例度 δ 越小，放大倍数 K_c 越大，比例控制作用越强，在单元组合仪表中，比例度 δ 与放大倍数 K_c 互为倒数关系。

（2）比例控制的特点　比例控制是依据“偏差的大小”工作的，偏差越大，控制作用越强。比例控制规律具有反应快、控制及时的优点，但是却存在余差。

比例控制为什么会存在余差呢？这是由于比例控制规律其偏差的大小与阀门的开度是一一对应的。有一个阀门开度就有一个对应的偏差值。从图 1-47 所示的液位比例控制系统来分析，在负荷变化前，要克服干扰对被控变量的影响，进水量与排出量相等，此时阀门有一定的开度。而某一刻出水量有一个阶跃增加，液位下降，阀杆另一端的阀芯上升，阀门开大，使进水量增加，进水量必须与新的出水量再次相等，才能建立新的平衡。这时阀门开度比初始稳定状态要大，那么浮球所在位置（即液位）比初始稳定状态要低，这个差值就是

余差。

产生余差的原因也可以用比例控制规律本身的特性来说明。由于 $\Delta p = K_c e$，控制器的输出必须改变，才能使控制阀动作，即偏差 $e \neq 0$。所以在比例控制系统中，当负荷改变以后，控制阀动作的信号 Δp 的获得是以存在偏差为代价的。因此，比例控制系统是有差控制系统。

（3）比例度对系统过渡过程的影响　一个比例控制系统，由于对象特性的不同或比例控制器的比例度不同，往往会得到各种不同的过渡过程。而对象特性因设备的限制，是不能随意改变的。那么如何通过改变比例度来获得我们所希望的过渡过程形式呢？下面就分析一下比例度 δ 的大小对过渡过程的影响。

如前所述，比例度对余差的影响是：比例度越大，则放大倍数 K_c 越小。由 $\Delta p = K_c e$ 可知，要获得同样的控制作用，所需的偏差就越大。因此，在同样的负荷变化大小下，控制过程的余差就越大；反之，减小比例度，余差也随之减小。

比例度对系统稳定性的影响是：比例度越大，过渡过程曲线越平稳；比例度越小，则过渡过程曲线越振荡；比例度过小时，就可能出现发散振荡的情况，如图1-48所示。

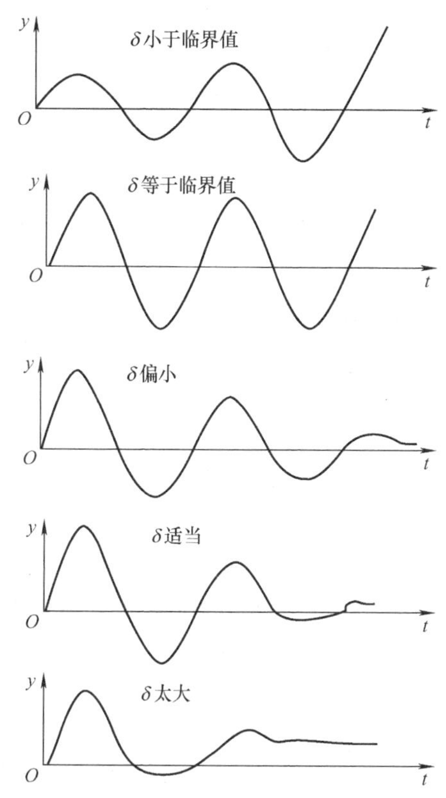

图1-48　比例度对过渡过程的影响

为什么比例度对过渡过程会有这样的影响呢？这是因为当比例度大时，控制器放大倍数小，控制作用就弱，系统受到扰动后，控制器的输出变化较小，因而控制阀开度变化也小，这样被控变量的变化就很缓慢。当比例度减小时，控制作用增强，在同样的扰动下，控制阀开度变化加大，被控变量变化也更迅速，开始有些振荡。当比例度再减小时，被控变量的变化就会出现剧烈的振荡，在比例度小到一定值时，系统产生等幅振荡。这时的比例度称为临界比例度 δ_k。当比例度小于临界比例度 δ_k 时，系统将产生不稳定的发散振荡过程。这是非常危险的，甚至会造成严重的事故。所以要想让控制器发挥控制作用，必须正确使用控制器。对于比例控制器来说，需要充分了解比例度对过渡过程的影响，适当选取比例度值，才能使控制器最大限度地发挥控制作用，使系统过渡过程达到最佳状态。

一般来说，当对象的滞后较小、时间常数较大以及放大倍数较小时，控制器的比例度可以选得小些，以提高系统的灵敏度，使反应快些，从而使过渡过程曲线的形状较好。反之，比例度就要选大些以保证稳定。

总之，比例控制规律比较简单，控制比较及时，一旦有偏差出现，马上就有相应的控制作用。它是一种最基本的控制规律，适合于干扰较小、对象滞后较小、工艺上控制精度要求不高的场合。

3. 积分控制（I）

比例控制比较及时，但是被控变量无法回归到给定值而存在余差，控制精度不高。所以可把比例控制比作“粗调”。当对控制质量有更高要求时，就需要在比例控制的基础上，再加上能消除余差的积分控制作用。

（1）积分控制的特点　积分控制作用的输出变化量 Δp 与输入偏差 e 的积分成正比，用数学式子表示为

$$\Delta p = K_{\mathrm{i}}\int e\mathrm{d}t \tag{1-42}$$

式中，K_{i} 为积分速度。

从式（1-42）可以看出，积分控制作用输出信号的大小不仅取决于偏差信号的大小，而且主要取决于偏差存在的时间长短。只要有偏差，尽管偏差可能很小，但它只要存在，控制器的输出信号就会随着时间不断增大，控制阀的开度就在不断变化，系统不可能稳定下来。只有当偏差消除时，控制器输出信号才不再变化，控制阀才能停止动作，系统才能稳定下来。也就是说，积分作用在最后达到稳定时，偏差是等于零的。这就是积分控制的一个显著特点。

从式（1-42）还可看出，当被控变量因外界干扰而产生偏差时，虽然可能偏差很大，但是控制器输出不会立刻产生很大的控制作用去克服这个干扰，而是随着偏差存在时间的增加，控制作用慢慢增强。这就说明，积分控制并不及时，而是有延迟的，它总是落后于偏差的变化而发生控制作用。而如果偏差存在的时间越长，则控制器输出作用就会变得越强，这就是积分控制过渡过程振荡幅度大，不易稳定的主要原因。

与比例控制规律相比较，积分控制的特点是能消除余差。这是它的一大优势。其过渡过程缓慢，有延迟；波动大，不易稳定。这是它的致命缺点，因此积分控制一般不能单独使用。

（2）比例积分控制规律（PI）及积分时间对系统过渡过程的影响　在积分控制器中，常用积分时间 T_{i} 表示积分速度，数值上 $T_{\mathrm{i}}=1/K_{\mathrm{i}}$。积分控制作用表示为

$$\Delta p = \frac{1}{T_{\mathrm{i}}}\int e\mathrm{d}t \tag{1-43}$$

从前面分析可以看出，当偏差开始存在时，积分控制并不起作用，只有随着偏差存在时间增长，作用慢慢增强，这就说明积分控制作用不及时，而且有可能使系统不稳定。因此，积分控制作用不能单独使用，必须将比例与积分组合起来，这样控制既及时，又能消除余差。

比例积分控制规律可用下式表示

$$\Delta p = K_{\mathrm{c}}\left(e + \frac{1}{T_{\mathrm{i}}}\int e\mathrm{d}t\right) \tag{1-44}$$

如图 1-49 所示，若偏差是幅值为 A 的阶跃干扰，控制作用输出是比例和积分作用之和，即

$$p = K_{\mathrm{c}}A + \frac{K_{\mathrm{c}}}{T_{1}}At$$

比例积分控制器中，比例度和积分时间都是可调的。比例度大小对过渡过程的影响前面已经分析过，这里着重分析在比例度不变的情况下，积分时间对过渡过程的影响。

积分时间对控制系统过渡过程的影响具有两重性。若缩短积分时间，会加强积分控制作

用，使消除余差的能力增强，这是有利的一面。但另一方面会使过渡过程振荡加剧，稳定性降低。积分时间越短，振荡倾向越强烈，甚至会成为不稳定的发散振荡，这是不利的一面。

如图1-50所示，积分时间过长，积分作用太弱，余差消除很慢；当 $T_i \to \infty$ 时，成为纯比例控制器，不能消除余差；积分时间太短，过渡过程振荡太剧烈；只有当 T_i 适当时，过渡过程能较快地衰减而且没有余差。

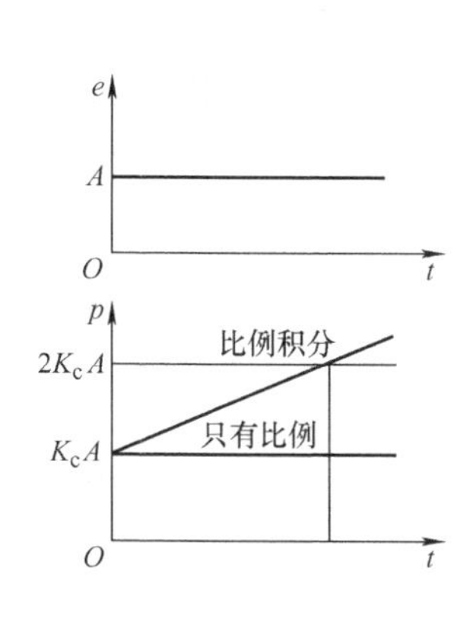

图1-49　比例积分控制器特性

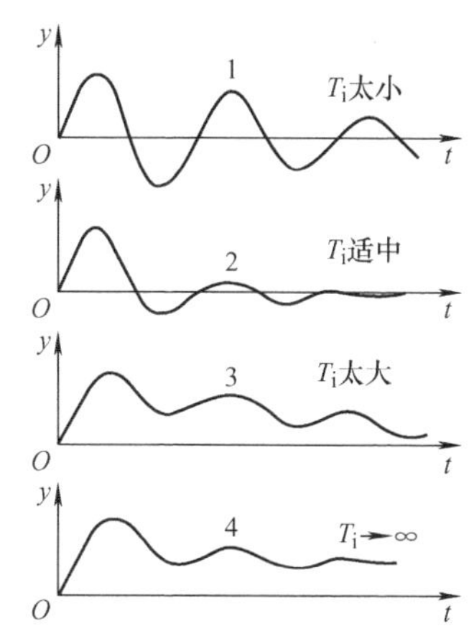

图1-50　积分时间对过渡过程的影响

因为积分作用会加剧振荡，这种振荡对于滞后大的对象更为明显。所以，控制器的积分时间应按控制对象的特性来选择。对于管道压力、流量等滞后不大的对象，T_i 可选得小些；温度对象一般滞后较大，T_i 可选得大些。

4. 微分控制（D）

比例积分控制器控制及时又能消除余差，比例度和积分时间两个参数均可调整，因此适用范围较宽，工业上多数系统都可采用。但是当对象滞后很大时，可能控制时间较长，最大偏差较大；当对象负荷变化过于剧烈时，由于积分控制的延迟特性，使控制作用不及时，而且系统的稳定性较差，此时应增加微分作用，以提高系统的反应速度。

（1）微分控制的特点　具有微分控制规律的控制器，其输出 Δp 与偏差 e 的关系可用下式表示

$$\Delta p = T_d \frac{de}{dt} \tag{1-45}$$

式中，T_d 为微分时间；$\frac{de}{dt}$为偏差对时间的导数，即偏差信号的变化速度。

由式（1-45）可知，偏差变化的速度越大，则控制器的输出变化也越大，即微分作用的输出大小与偏差变化的速度成正比，因此微分控制具有超前调节的作用。但是对于一个固定不变的偏差，无论这个偏差有多大，微分作用的输出总是为零，这是微分作用的特点。

（2）比例微分控制规律（PD）及微分时间对系统过渡过程的影响　从上述分析中可知，微分作用对不变化的偏差不起作用，也就是说对纯滞后不起作用。由此不能单独使用微分作用，必须加入比例作用。当比例作用和微分作用结合时，构成比例微分控制规律。

理想的比例微分控制规律，可用下式表示

$$\Delta p = \Delta p_{\mathrm{p}} + \Delta p_{\mathrm{d}} = K_{\mathrm{c}}\left(e + T_{\mathrm{d}}\frac{\mathrm{d}e}{\mathrm{d}t}\right)$$

式中，Δp_{p} 是比例控制作用；Δp_{d} 是微分控制作用；Δp 等于两者的叠加。

比例微分控制器特性如图 1-51 所示。微分作用具有抑制振荡的效果，所以在控制系统中，在比例作用大小不变的情况下，适当地增强微分作用后，可以提高系统的稳定性，减小被控变量的波动幅度。如图 1-52 所示，控制系统如果适当地增强微分作用后，保持系统稳定性不变，系统的余差减小。但是 T_{d} 不能过大，否则由于微分控制作用过强，控制器的输出剧烈变化，不仅不能提高系统的稳定性，反而会引起被控变量大幅度的振荡。

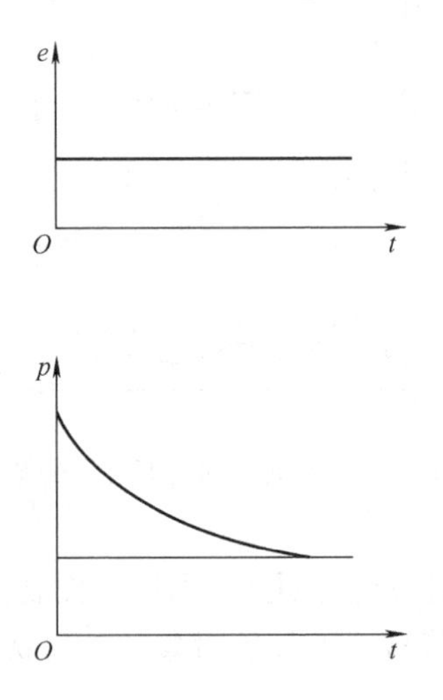

图 1-51　比例微分控制器特性图

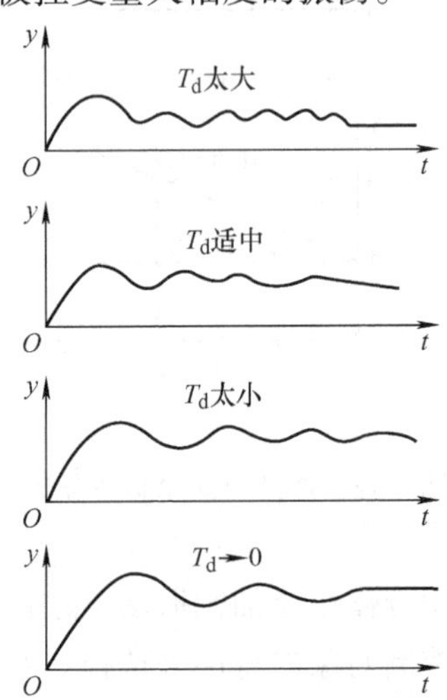

图 1-52　微分时间对过渡过程的影响

（3）比例积分微分控制　同时具有比例、积分、微分三种控制作用的控制器称为比例积分微分控制器，简称为三作用控制器，习惯上常用 PID 表示。PID 控制器中，有三个可以调整的参数，就是比例度 δ、积分时间 T_{i} 和微分时间 T_{d}。适当选取这三个参数的数值，可以获得良好的控制质量。

由于三作用控制规律综合了三种控制规律的优点，因此具有较好的控制性能。但这并不意味着在任何条件下，采用这种控制规律都是最合适的。一般来说，在对象滞后较大、负荷变化较快、不允许有余差的情况下，可以采用三作用控制规律。如果采用比较简单的控制规律已能满足生产要求，那就不需要采用三作用控制规律了。

对于一台具有比例积分微分规律的控制器，如果把微分时间调到零，就成为比例积分控制器；如果把积分时间放到最大，就成为比例微分控制器；如果把微分时间调到零，同时把积分时间放到最大，就成为纯比例控制器了。

1.5.2　控制器的选型

控制器的选型主要包括两方面内容：控制规律的选择和控制作用方向的确定。

1. 控制规律的选择

选择控制器控制规律时，应根据对象的特性、负荷变化、主要干扰和系统控制要求等具体情况，同时还要考虑系统的经济性以及系统投入运行方便等。可参考表 1-5 进行选择。

表1-5　各种控制规律的特点及使用场合

控制规律	输入 e 与输出 P（或 ΔP）的关系式	优缺点	适用场合
位式	$P=P_{max}$（$e>0$） $P=P_{min}$（$e<0$）	结构简单，价格便宜；控制质量不高，被控变量会振荡	对象容量大，负荷变化小，控制质量要求不高，允许等幅振荡
比例（P）	$\Delta p=K_c e$	结构简单，控制及时，参数整定方便；控制结果有余差	对象容量大，负荷变化不大，纯滞后小，允许有余差存在，常用于塔釜液位、储槽液位、冷凝液位和次要的蒸汽压力等控制系统
比例积分（PI）	$\Delta p = K_c\left(e+\frac{1}{T_i}\int e\mathrm{d}t\right)$	能消除余差；积分作用控制慢，会使系统稳定性变差	对象滞后较大，负荷变化较大，但变化缓慢，要求控制结果无余差。广泛用于压力、流量、液位和那些没有大的时间滞后的具体对象
比例微分（PD）	$\Delta p=K_c\left(e+T_d\frac{\mathrm{d}e}{\mathrm{d}t}\right)$	响应快、偏差小、能增加系统稳定性，有超前控制作用，可以克服对象的惯性；但控制结果有余差	对象滞后大，负荷变化不大，被控变量变化不频繁，控制结果允许有余差存在
比例积分微分（PID）	$\Delta p = K_c\left(e+\frac{1}{T_i}\int e\mathrm{d}t+T_d\frac{\mathrm{d}e}{\mathrm{d}t}\right)$	控制质量最高，无余差；但参数整定较麻烦	对象滞后大，负荷变化较大，但不甚频繁；对控制质量要求高。常用于精馏塔、反应器、加热炉等温度控制系统及某些成分控制系统

2. 控制器控制作用方向的选择

控制器的控制作用方向是关系到控制系统能否正常运行与安全操作的重要问题。必须正确选择控制器的正、反作用，以保证整个控制系统构成一个具有负反馈性质的闭环控制系统，能正常运行，发挥控制作用。

控制器的作用方向指的是输入变化后，输出的变化方向。当被控变量的测量值增加时，控制器输出增加，称为“正作用”方向；反之，如果测量值增加时，控制器的输出减小，称为“反作用”方向。

控制器的正、反作用形式取决于控制系统中被控对象、执行器、变送器这几个相关环节的放大系数的符号（又称为正负极性）。下面讨论控制系统各环节放大系数符号的确定方法。

（1）对象的极性　当对象的输入量即操纵变量增加（或减小）时，其输出量即被控变量增加（或减小），则为正极性；反之，当对象的输入量即操纵变量增加（或减小）时，其输出量即被控变量减小（或增加），则为负极性。

（2）执行器的极性　执行器如果是气开阀，则为正极性；如果是气关阀，则为负极性。

（3）测量元件及变送器的极性　一般来说，测量元件及变送器的极性一般是“正”的。

控制系统要构成负反馈系统，其四个组成部分即被控对象、执行器、变送器、控制器的放大系数的符号相乘必须为负极性。

下面举一个简单的加热炉出口温度控制系统（图 1-53）的例子，分析控制器正、反作用如何选择。

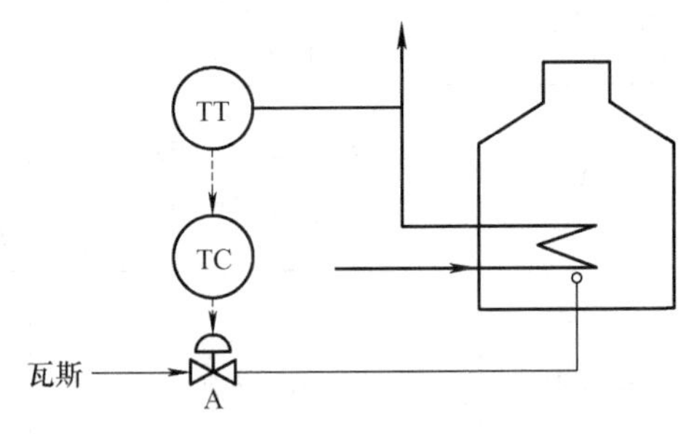

图 1-53 加热炉出口温度控制系统

当瓦斯气流量（操纵变量）增加时，加热炉出口温度（被控变量）也增加，故加热炉（被控对象）的极性是“正”的。因为从工艺安全条件出发，选定执行器是气开阀（停气时关闭），以免当气源突然断气时，控制阀大开而烧坏炉子。那么执行器的极性是“正”的。为了保证由对象、执行器与控制器所组成的系统是负反馈的，控制器就应该选为“反”作用。

任务实施

本任务是以过程控制教学实训装置的上水箱液位控制为载体，通过对控制器的正反作用和控制器规律的不同选择，以及对控制器的 PID 参数值的选取，熟悉控制器的操作及其参数设置的意义。

1）将单容水箱液位控制系统投入运行。在教师指导下上电，按正确步骤投用仪表。设置好控制器 AI519 的参数，见表 1-6。将控制器预设为纯比例控制器，选择为手动控制方式，手动操作 PID 调节器的输出，通过调节阀给上水箱打水，待其液位达到给定值，且基本稳定不变时，将调节器由手动切换到自动，使系统投入自动运行状态，观察并记录液位变量的过渡过程曲线，直到系统稳定。

表 1-6 单容水箱液位控制器 AI519 参数设置表

参数	参数含义	取值要求	取值
AdIS	报警指示	无报警	OFF
InP	输入规格	1～5V	33
dPt	小数点位置	显示值保留 1 位小数	0.0
SCL	信号刻度下限	0kPa	0
SCH	信号刻度上限	10 量程	1000
Act	正/反作用方向	反作用	re
A-M	自动/手动控制选择	初设为手动	MAn
CtrL	控制方式	标准 PID	nPid
OPt	主输出类型	4～20mA	4～20mA
OPL	输出下限	全关 0%	0
OPH	输出上限	全开 100%	100
P	比例带（单位同 PV）	比例作用较强（10～30）	12
I	积分时间（单位为 s）	取消积分作用	0
D	微分时间（单位为 0.1s）	取消微分作用	0

2）修改控制器AI519正反作用参数（Act）为正作用（dr），当系统稳定运行后，突加阶跃扰动，要求扰动量为控制量的5%～15%，干扰过大可能造成水箱中水溢出或系统不稳定。观察液位变量的过渡过程，思考为什么会出现这种现象（控制器AI519正反作用参数Act必须改回反作用re）。

3）修改控制器AI519比例度参数（P）值的大小。先增大P值为100，突加阶跃扰动后，观察液位变量的过渡过程。再减小P值至2，突加阶跃扰动后，观察液位变量的过渡过程。比较这两个过渡过程曲线和步骤1）中的曲线，计算出余差、过渡时间、最大偏差，分析P值应选取多大的值较为合适。注意：每改变一次P值，必须待系统稳定后再做下一次试验。

4）在纯比例控制器的基础上，待被调量平稳后，加入积分作用，把比例带扩宽为P=18，预设积分时间参数I=2，观察加入扰动后液位的过渡过程曲线，验证系统有无余差，并计算过渡时间、最大偏差。

5）固定比例P值，改变PI调节器的积分时间参数I，然后观察加入阶跃扰动后被调量的输出波形，并记录不同I值时的超调量σ_p。

思考与讨论

1. 对比例度、积分时间的概念认识与计算。

1）一台DDZ-Ⅲ型液位比例控制器，其液位的测量范围为0～1.2m，若指示值从0.4m增大到0.6m，比例控制器的输出相应从5mA增大到7mA，试求比例控制器的比例度及放大系数。

2）一台DDZ-Ⅲ型温度比例控制器，测量的全量程为0～1000℃。当指示值变化100℃时，控制器比例度为80%，相应的控制器输出将变化多少？

2. 有一台PI调节器，比例度$\delta=100\%$，$T_i=1\text{min}$，若将δ改为200%，问：

1）控制系统稳定程度是提高还是降低了？为什么？

2）偏差增大还是减小？为什么？

3）静差能否消除？为什么？调节时间增长还是缩短？为什么？

任务1.6　执行器的选型

任务描述

执行器又称为控制阀，是控制系统中的重要环节。本任务的重点是明确流量特性的意义，会可调比的计算，并在理解工艺条件对控制阀选型的影响基础上，能够正确选取调节阀的结构形式、材料、流量特性、口径尺寸等。

任务分析

执行器根据调节器的输出，成比例地转换为直线位移或角位移，带动阀门、风门直接调节能量或物料等被调介质的输送量。按其能源形式，执行器可分为气动、电动、液动三大类。气动执行器结构简单、动作可靠、维护方便、具有本安特性、价格较低，因此广泛应用于石油化工生产过程控制中。电动执行器能源取用方便，信号传递无滞后，无需辅助装置。但是由于其结构复杂，防爆性能差，在石油生产中应用不是很普遍。液动执行器应用很少，在此不做专门介绍。

1.6.1　气动执行器的分类

气动执行器以0.3～1.0MPa压缩空气作为能源，由执行机构和调节机构两部分组成，其结构和外形如图1-54、图1-55所示。其中气动执行机构是执行器的推动部分，它按控制信号压力的大小产生相应的推力，推动控制机构动作，所以它是将信号压力的大小转换为阀杆位移的装置。调节机构是执行器的控制部分，它直接与被控介质接触，控制流体的流量。所以它是将阀杆的位移转换为流过阀的流量的装置。

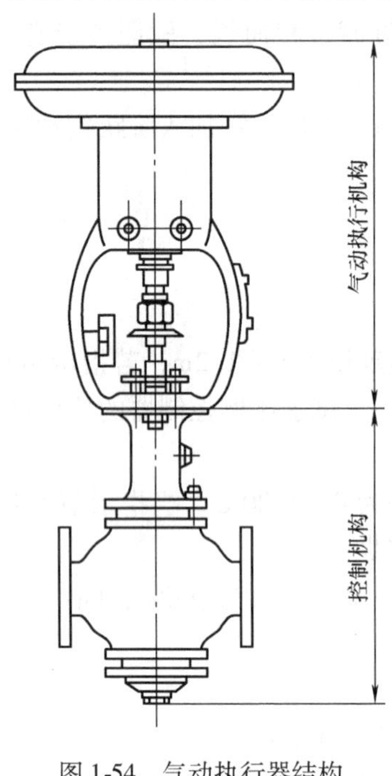

图1-54　气动执行器结构

图1-55　气动执行器外形

1. 执行机构分类

执行机构主要有薄膜式和活塞式两种。

薄膜式执行机构，有正作用和反作用两种结构形式。信号压力增大时，推杆向下移动，这种结构称为正作用形式；相反，信号压力增大时，推杆向上移动，称为反作用形式。图1-56所示为正作用薄膜式执行机构。薄膜式执行机构结构简单、价格便宜、维修方便、应用广泛。活塞式执行机构结构如图1-57所示，推力较大，用于大口径、高压降控制阀或蝶阀的推动装置。

2. 调节机构分类

调节机构即控制阀体，是一个局部阻力可以改变的节流元件。阀芯在阀体内移动，改变阀芯与阀座之间的流通面积，使操作介质的流量相应地改变，从而达到控制的目的。

控制阀的阀体种类很多。根据阀的结构、用途来分，其基本形式有直通阀、蝶阀、三通阀等。在此基础上，根据特殊用途要求，派生出低温阀、保温夹套阀、隔膜阀、角形阀等。后来随着工业自动化装置向大型化、高性能发展，又研制出许多新型调节阀，如高温蝶阀、超高压调节阀。阀的结构方面发展很快，出现了偏心旋转阀、套筒阀、球阀。

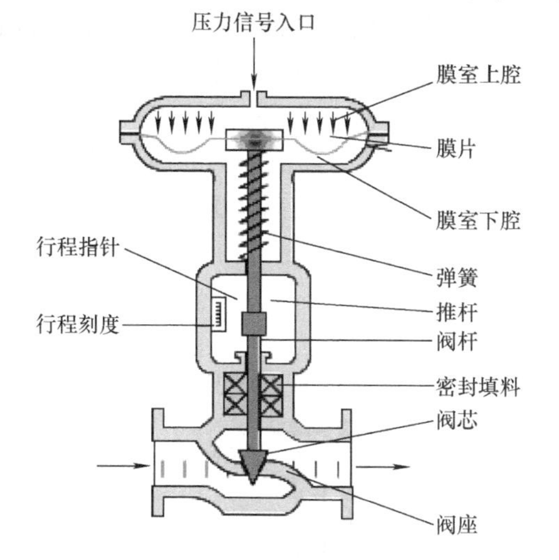

图1-56　正作用薄膜式执行机构

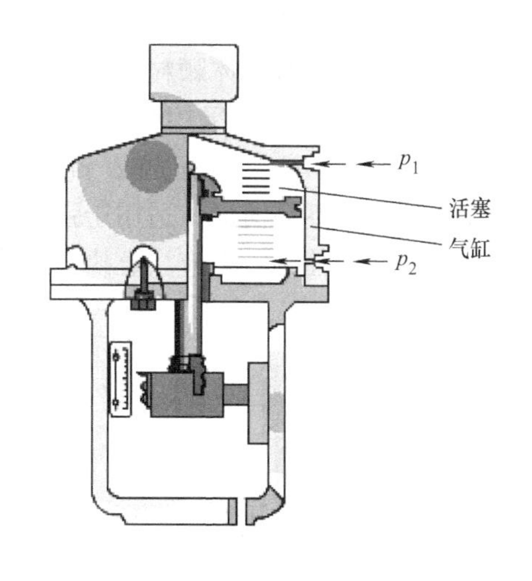

图1-57　活塞式执行机构

下面按结构形式，介绍几种常用的阀体。

（1）直通单座阀　阀体内只有一个阀芯与阀座，如图1-58a所示。其优点是结构简单、泄漏量小，易保证关闭，甚至完全切断；缺点是在压差大的时候，流体对阀芯上下作用的推力不平衡，这种不平衡力会影响阀芯的移动。因此一般应用在小口径、低压差的场合。

（2）直通双座阀　阀体内有两个阀芯和阀座，如图1-58b所示，是最常见的一种类型。当流体流过的时候，不平衡力小，但是由于加工工艺的限制，上下两阀芯不易保证同时密闭，因此容易泄漏。较直通单座阀来说，适用于压差较高、不严格要求关闭的场合。

（3）蝶阀　又称为翻板阀，其结构如图1-58c所示。由于翻板在阀体内旋转的角度不同，阀的流通面积不同，从而可以调节通过阀的流量。其具有结构简单、重量轻、价格便宜、流阻极小的优点。但是泄漏量大，适用于调节大口径、大流量、低压差的气体的流量。

（4）三通阀　阀体上共有三个出入口与工艺管道连接。按照流通方式可分为合流型和分流型两种。图1-58d所示为分流型。

（5）球阀　球阀的阀芯与阀体都呈球体，转动阀芯使之与阀体处于不同的相对位置时，就具有不同的流通面积，以达到流量控制的目的。球阀阀芯可分为V形和O形两种开口形式，如图1-58e、f所示。球阀流路阻力小，流量系数较大，密封好。O形球阀用于两位式控制，V形球阀的阀芯是V形缺口球心体，转动球心使V形缺口起剪切和节流的作用。适用于对高黏度、纤维状、含固体颗粒和污秽流体的流量调节。

（6）角形阀　角形阀的结构如图1-58g所示。阀体两个接管呈直角，一般为底进侧出。角形阀阀芯为单导向结构，故而只能正装。这种阀的流路简单、阻力较小，适用于现场管道要求直角连接，介质为高黏度、高压差和含有少量悬浮物和固体颗粒的场合。

（7）套筒阀　套筒阀也称为笼式阀，是一种新型结构的阀体。其结构如图1-58h所示，其阀体与直通单座阀相似。阀内有一个圆柱形套筒，套筒壁上开了若干不同形状的孔，利用套筒的导向，阀芯在套筒内上下移动，改变了套筒的节流孔面积，可达到流量调节的目的。这种阀的可调比大、振动小、不平衡力小、结构简单、套筒互换性好，更换不同的套筒可得到不同的流量特性，阀内部件所受的汽蚀小，噪声小，是一种性能优良的阀，特别适用于要求低噪声及压差较大的场合。但是由于套筒壁孔易被堵塞甚至使流量特性劣变，因此不适用于高温、高黏度及含有固体颗粒的流体场合，只适用于调节常温下较为干净的流体。

（8）隔膜阀　隔膜阀采用耐腐蚀衬里和隔膜代替阀座和阀芯组件，隔膜起调节作用。阀结构如图 1-58i 所示，结构简单、流阻小、流通能力比同口径的其他种类的阀要强。其特点是耐腐蚀性强，不易泄漏，适用于强酸、强碱、强腐蚀性介质的控制，也能用于高黏度及悬浮颗粒状介质的控制。但应注意执行机构必须有足够的推力。

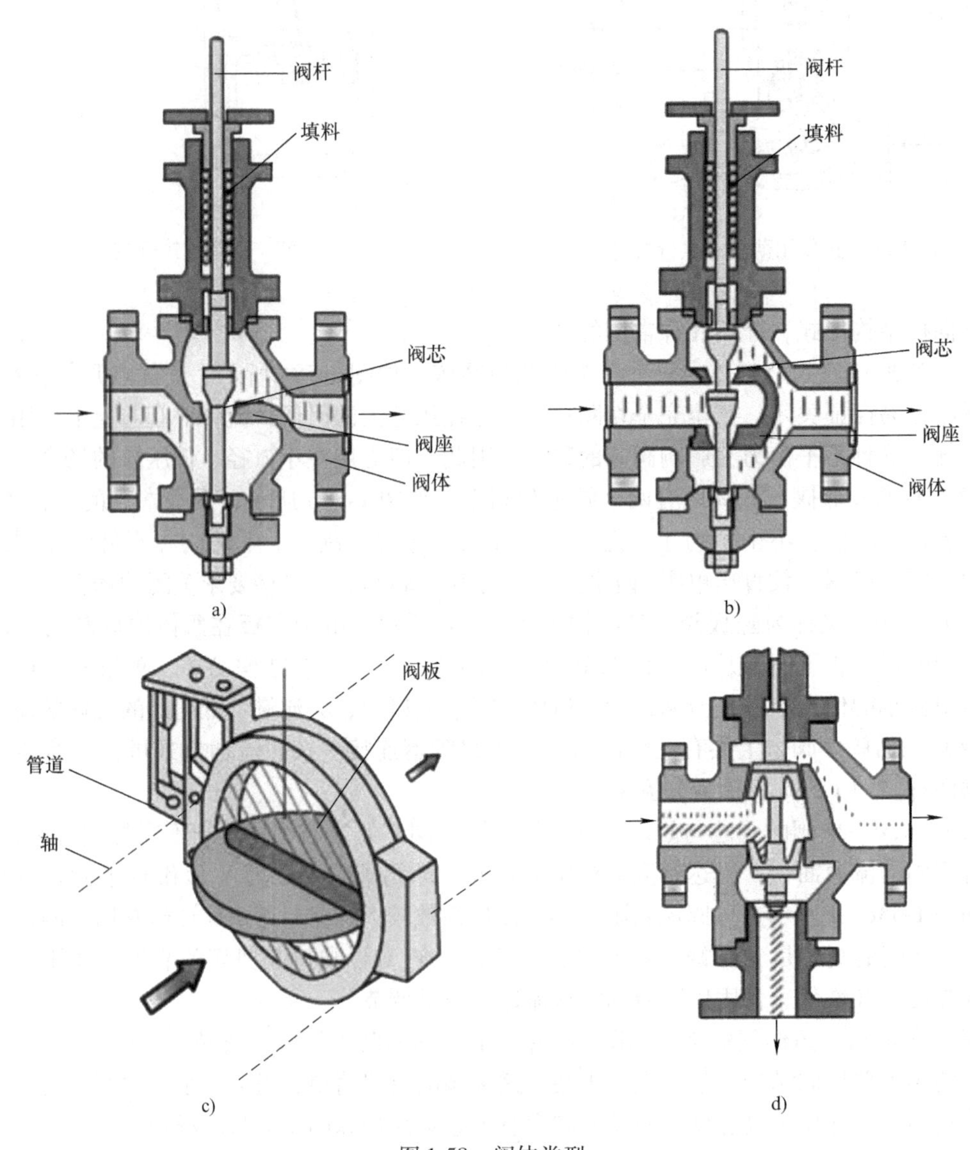

图 1-58　阀体类型

a）直通单座阀　b）直通双座阀　c）蝶阀　d）三通阀

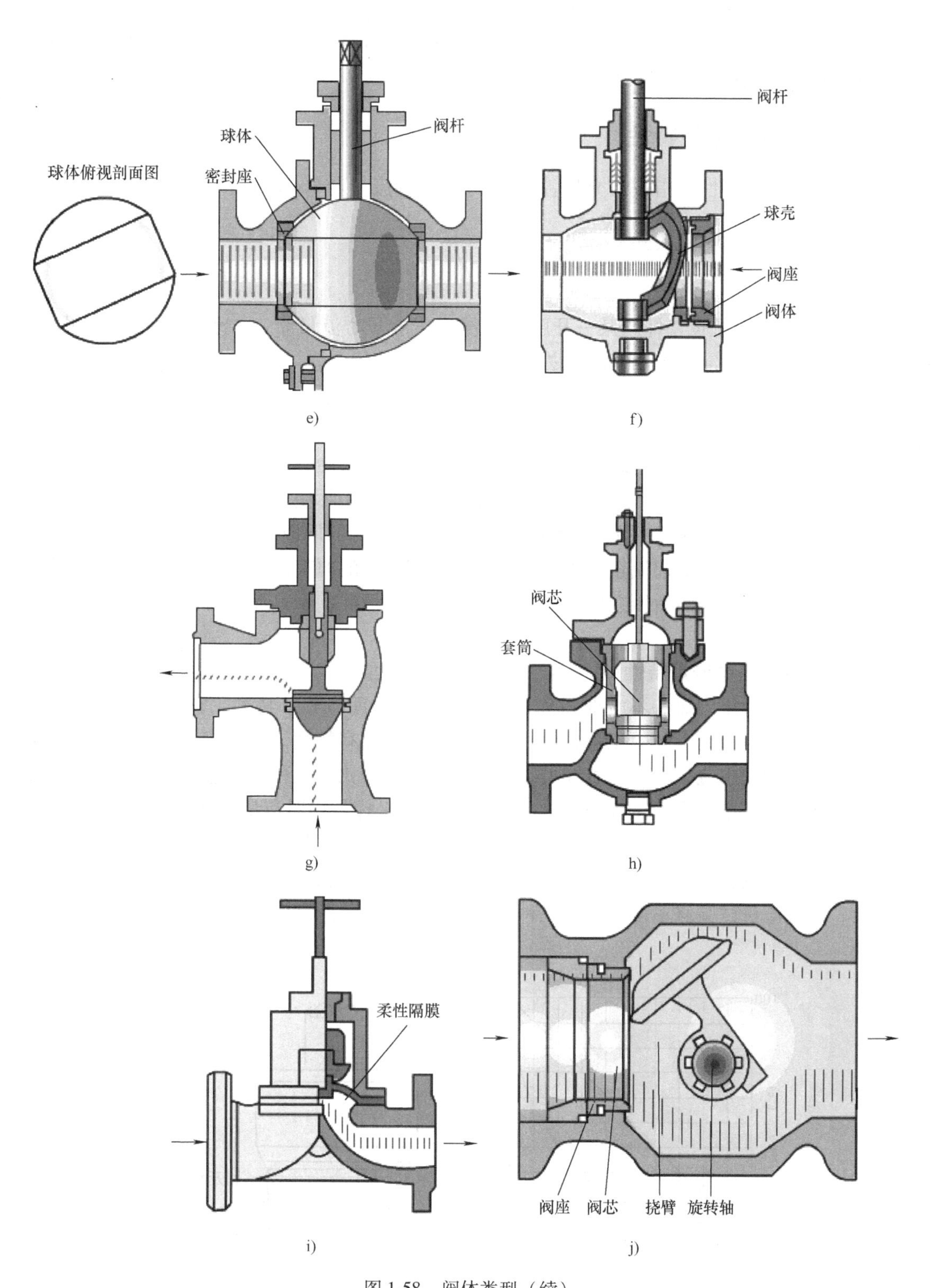

图1-58　阀体类型（续）

e）O形球阀　f）V形球阀　g）角形阀　h）套筒阀　i）隔膜阀　j）凸轮挠曲阀

(9) 凸轮挠曲阀　又称为偏心旋转阀，其结构如图 1-58j 所示。阀芯呈扇形球面状，与挠曲臂及轴套一起铸成，固定在转动轴上。密封性好、重量轻、体积小、安装方便，适用于高黏度或带有悬浮物的介质流量调节。

1.6.2　控制阀的流量特性

控制阀的流量特性是指被控介质流过阀门的相对流量与阀门的相对开度（相对位移）间的关系，即

$$\frac{q}{q_{\max}}=f\left(\frac{l}{L}\right)$$

式中，$q/q_{\max}$为相对流量，即阀某一开度时流量 q 与全开时流量 $q_{\max}$之比；l/L 为相对开度，即阀某一开度行程 l 与全开时行程 L 之比。

从自动控制的角度看，调节阀阀芯位移与流量之间的关系，对整个自动调节系统的调节品质有很大的影响。直观地认为调节阀阀芯位移与流量之间应是线性关系，但实际并非如此。一方面人们为了得到满足现有工艺要求的调节阀流量特性，对调节阀的阀芯曲面进行人为处理，不同形状的阀芯具有不同的流量特性；同时，在实际使用中还会受到多种因素的影响，使调节阀的固有流量特性发生变化。如节流面积改变的同时，还会引起阀前后压差变化，而压差的变化又会引起流量的变化，结果使得调节阀的原有流量特性发生变化。为了便于分析比较，先假定阀前后压差固定，然后引申到真实情况，于是流量特性又有理想特性与工作特性之分。

1. 控制阀的理想流量特性

在控制阀前后压差保持不变时得到的流量特性称为理想流量特性，它取决于阀芯的形状，不同的阀芯可得到不同的流量特性，它是调节阀的固有特性。

目前常用的理想流量特性有直线型、快开型、等百分比型三种。理想流量特性和阀芯形状如图 1-59 所示，该图横坐标表示阀的相对开度，纵坐标是相对流量 $q/q_{\max}$。快开特性的阀芯是平板形的，加工最为简单；等百分比和直线特性的阀芯都是柱塞形的，两者的差别是等百分比阀芯曲面较胖，而直线特性的阀芯较瘦。阀芯曲面形状的确定，目前是在理论计算的基础上，通过流量试验修正得到的。三种阀芯中以等百分比阀芯的加工最为复杂。

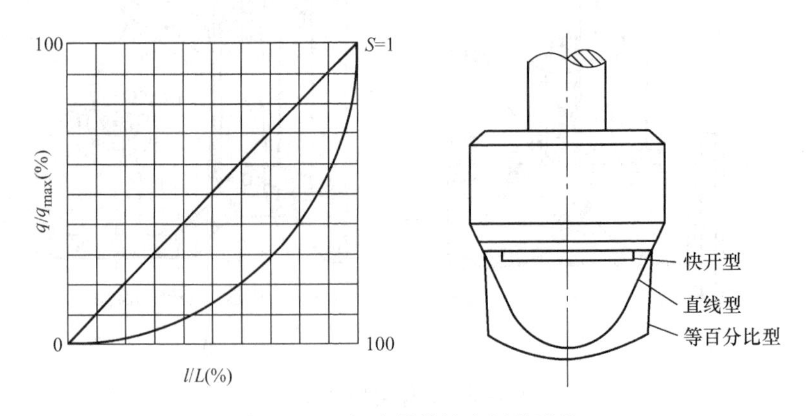

图 1-59　理想流量特性和阀芯形状

三种流量特性相比较，各有以下特点。

1）快开特性。这种阀在开度较小时，流量变化比较大，随着开度增大，流量很快达到最大值。采用平板形阀芯，调节性能最差，只适用于双位式控制。

2）直线特性。其流量与阀芯位移成直线关系。在整个阀行程中，流量相对变化各点相等。该特性阀在小开度时流量变化相对过大，使系统不很稳定；在大开度时流量变化相对过小，调节不太及时。采用柱塞式阀芯。

3）等百分比特性。该阀的阀芯位移与流量成对数关系。流量相对变化随开度增大而成比例地增加。该特性阀在小开度时流量变化相对减小，控制平稳缓和，在大开度时流量变化相对变大，控制及时有效。采用柱塞式阀芯，特性优良。

2. 控制阀的工作流量特性

在实际生产中，控制阀前后压差总是变化的，这时的流量特性称为工作流量特性。在实际的工艺装置上，调节阀由于和其他阀门、设备、管道等串联或并联，使阀两端的压差随流量变化而变化，其结果使调节阀的工作流量特性不同于固有流量特性。所以阀的工作流量特性除与阀的结构有关外，还取决于配管情况。同一个调节阀，在不同的外部条件下，具有不同的工作流量特性，在实际工作中，使用者最关心的也是工作流量特性。

（1）串联管道时的工作流量特性　下面通过一个实例，看看调节阀如何在外部条件影响下，由固有流量特性转变为工作流量特性。图1-60所示是调节阀与工艺设备及管道阻力串联的情况，这是一种最常见的情况。

如果维持系统的总压差 Δp 不变。随着阀门的开大，引起流量 q 的增加，设备及管道上的压力 Δp_2 将随流量的平方增长。这就是说，随着阀门开度增大，控制阀前后压差 Δp_1 将逐渐减小，如图1-61所示。所以在同样的阀芯位移下，实际流量比阀前后压差不变时的理想流量要小。尤其在流量较大时，随着阀前后压差的减小，控制阀的实际控制效果变得非常迟钝，特性劣变得也越厉害。

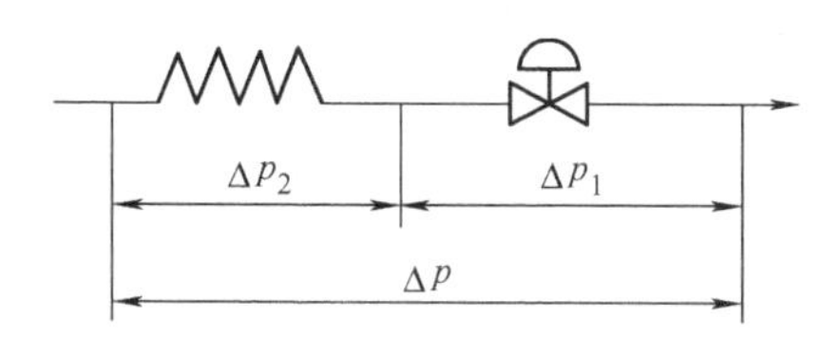

图1-60　串联管道的情况

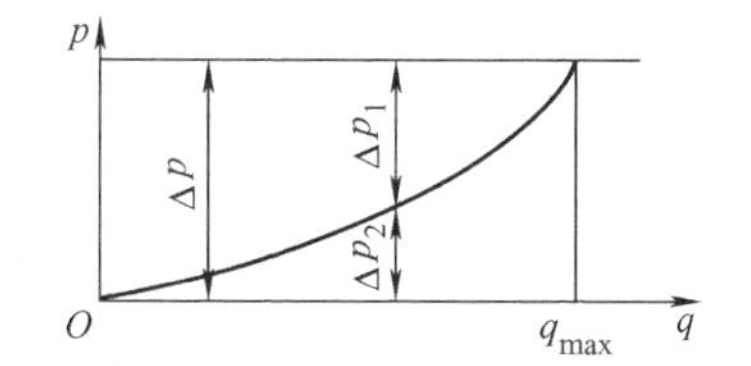

图1-61　管道串联时控制阀压差变化情况

以阻力比 S 来表示串联工艺配管情况，即

$$S=\frac{\text{调节阀全开时的流量}}{\text{总管最大流量}}=\frac{q_{1max}}{q_{max}}=\frac{\Delta p_{1min}}{\Delta p}$$

q_{max}表示串联管道阻力为零时，阀全开时达到的最大流量，即总管最大流量。

如果用固有特性是直线特性的阀，那么由于串联阻力的影响，实际的工作流量特性将变成图1-62a所示的曲线。

由图1-62b可知，当 $S=1$ 时，管道压降为零，控制阀前后压差等于系统的总压差，故工作流量特性即为理想流量特性。当 $S<1$ 时，由于串联管道阻力的影响，使流量特性产生

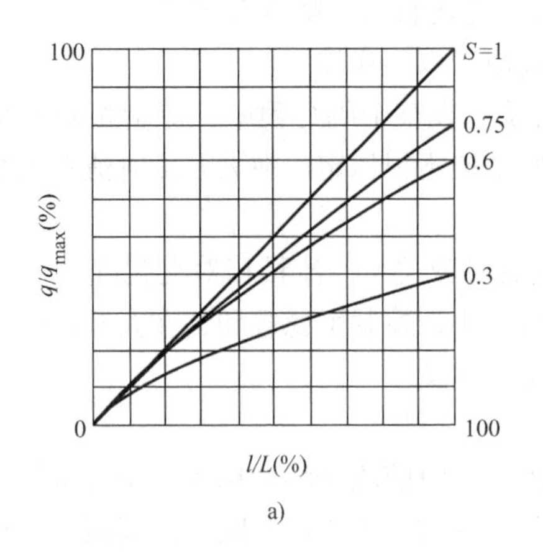

a)

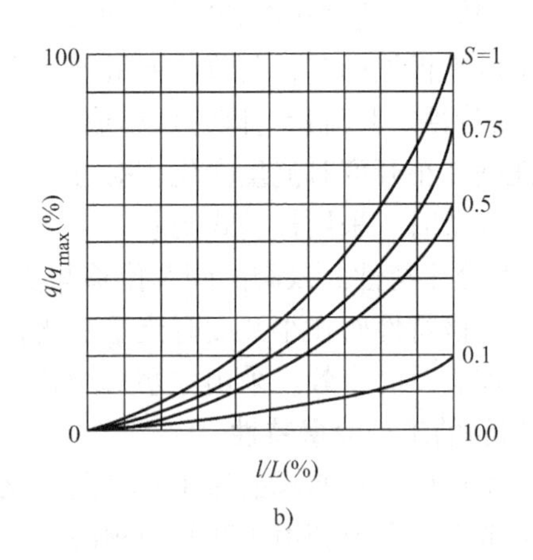

b)

图 1-62　管道串联时控制阀的工作流量特性

a）理想特性为直线型　b）理想特性为等百分比型

两个变化：一个是阀全开时流量减小，即阀的可调范围变小；另一个是使阀在大开度时的控制灵敏度降低。随着 S 的减小，直线特性趋向于快开特性，对数特性趋向于直线特性，S 值越小，流量特性的变形程度越大。在实际使用中，一般希望 S 值不低于 0.3 ~ 0.5。

（2）并联管道的工作流量特性　如图 1-63 所示，控制阀一般都装有旁路，以便手动操作和维护。当生产量提高或控制阀选小了时，只好将旁路阀打开一些，此时控制阀的理想流量特性就改变成为工作特性。

显然这时管路的总流量 q 是控制阀流量 q_1 与旁路流量 q_2 之和，即 $q = q_1 + q_2$。以 x 代表并联管道控制阀全开时的流量 q_{1max} 与总管最大流量 q_{max} 之比，可以得到在压差 Δp 一定、x 为不同数值时的工作流量特性曲线。

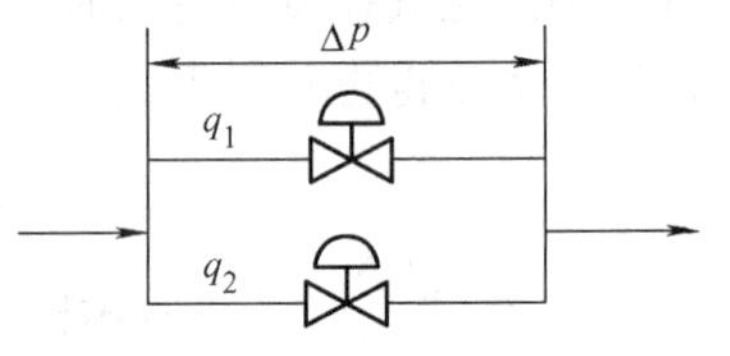

图 1-63　并联管道的情况

由图 1-64 可知：

1）当 $x = 1$，即旁路阀关闭、$q_2 = 0$ 时，控制阀的工作流量特性与它的理想流量特性相同。

2）随着 x 值的减小，即旁路阀逐渐打开，虽然阀本身的流量特性变化不大，但可调范围大大减小。

3）在实际使用中总存在着串联管道阻力的影响，控制阀上的压差还会随流量的增加而降低，使可调范围减小得更多些，控制阀在工作过程中所能控制的流量变化范围更小，甚至几乎不起控制作用。

4）采用打开旁路阀的控制方案是不好的，一般认为旁路流量最多只能是总流量的百分之十几，即 x 值最小不低于 0.8。

通过以上分析得出以下结论：串、并联管道都会使阀的理想流量特性发生畸变，串联管道的影响尤为严重；另外，串、并联管道都会使控制阀的可调范围减小，并联管道尤为严重。

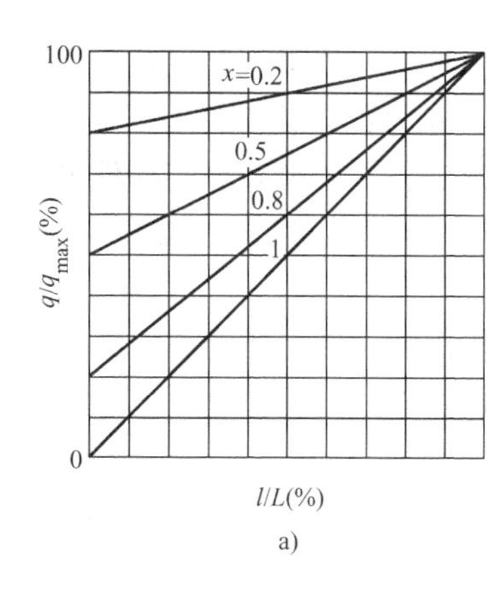

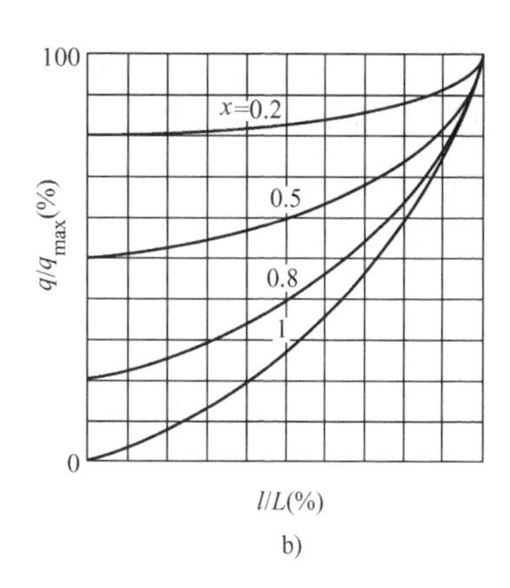

图1-64　并联管道时控制阀的工作流量特性

a）理想特性为直线型　b）理想特性为等百分比型

1.6.3　电-气阀门定位器

1. 电-气阀门定位器的作用

电-气阀门定位器是气动执行器的主要附件，它是与气动执行器配套使用的。它接收控制器DC 4～20mA的输出信号，它的输出信号去控制控制阀运动。其功用就是使控制阀按控制器的输出信号实现正确的定位作用。

气动执行器阀杆的位移是由薄膜上的气压推力与弹簧反作用力平衡来确定的。由于执行机构部分的薄膜和弹簧的不稳定性和各可动部分的摩擦力，如为了防止阀杆引出处的泄漏，填料总要压得很紧，致使摩擦力可能很大；此外，被调节流体对阀芯的作用力，被调节介质黏度大或带有悬浮物、固体颗粒等对阀杆移动所产生的阻力，所有这些都会影响执行机构与输入信号之间的准确定位关系，影响气动执行器的灵敏度和准确度。因此在气动执行机构工作条件差或要求调节质量高的场合，都在气动执行机构前加装阀门定位器。

阀门定位器作为气动执行器的主要附件，具有以下用途。

1）提高阀杆位置的线性度，克服阀杆的摩擦力，消除被控介质压力变化与高压差对阀位的影响，使阀门位置能按控制信号实现正确定位。

2）加快执行机构的动作速度，改善控制系统的动态特性。

3）可实现分程控制，用一台控制仪表去操作两台控制阀，第一台控制阀上定位器通入20～60kPa的信号压力后阀门走全行程，第二台控制阀上定位器通入60～100kPa的信号压力后阀门走全行程。

4）可使控制阀作用反向。

5）可优化控制阀的流量特性。

2. 电-气阀门定位器的结构及工作原理

电-气阀门定位器的结构形式有多种，下面介绍一种按力矩平衡原理工作的形式，主要由接线盒组件、力矩马达组件、气路组件及反馈组件组成。

接线盒组件包括接线盒、端子板及电缆引线等零部件。对于一般型和安全火花型，无隔爆要求。而对于安全隔爆复合型，则采取了隔爆措施。

力矩马达组件由永久磁钢、导磁体、力矩线圈、杠杆、喷嘴、挡板及调零装置、工作气隙等零部件组成。它是将电流信号变为气压（力矩）信号的转化部件。

气路组件由气路板、气动放大器、切换阀、恒节流孔及压力表等零部件组成。它的作用是实现气压信号的放大和“自动”“手动”切换等。改变切换阀位置可实现“手动”和“自动”控制。

反馈组件是由反馈弹簧、杠杆、压板、偏心凸轮等零部件组成的。它的作用是平衡电磁力矩，使电-气阀门定位器的输入电流与阀位间成线性关系，是确保定位器性能的关键部件之一。

从图 1-65a 所示的外形图中，可以看到电-气阀门定位器整个机体部分被封装在涂有防腐漆的外壳中，外壳部分具有防水、防尘等性能。

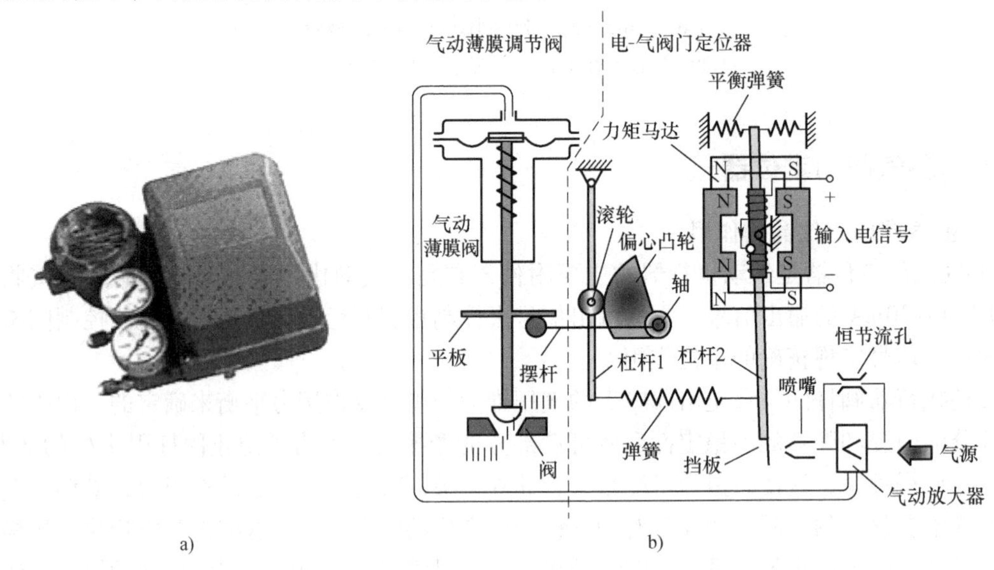

图 1-65　电-气阀门定位器外形与工作原理示意图

图 1-65b 所示为电-气阀门定位器的工作原理示意图。由控制器来的 DC 4 ~ 20mA 电流信号输入线圈，使位于线圈之中的杠杆 2 磁化。因为杠杆位于力矩马达产生的磁场中，因此，杠杆上产生偏转力矩，使它以支点为中心偏转。如信号增强，则图中杠杆下侧向右运动。这时固定在杠杆 2 上的挡板便靠近喷嘴，使放大器背压升高，经放大输出气压作用于执行器的膜头上，使阀杆下移。阀杆的位移通过拉杆转换为摆杆和偏心凸轮的角位移。杠杆 1 下侧向左运动。固定在杠杆 2 另一端上的反馈弹簧被拉伸，产生了一个负反馈力矩（与输入信号产生的力矩方向相反），使杠杆 2 平衡，同时阀杆也稳定在一个相应的确定位置上，从而实现了信号电流与阀杆位置之间的比例关系。

阀门定位器除了能克服阀杆上的摩擦力、消除流体作用力对阀位的影响、提高执行器的静态精度外，由于它具有深度负反馈，使用了气动功率放大器，增强了供气能力，因而提高了控制阀的动态性能，加快了执行机构的动作速度；还有，在需要的时候，可通过改变机械反馈部分凸轮的形状，修改控制阀的流量特性，以适应控制系统的控制要求。

1.6.4　执行器的选型

执行器是过程控制系统的一个重要环节，因为它最终执行控制任务，且与工艺介质直接接触，工作条件比较恶劣。执行器选用得正确与否对系统能否很好地起控制作用关系很大。执行器选型是一个非常复杂、系统的工作，必须要有一个清晰的选型思路。

一般要根据介质的特点和工艺的要求来合理选用。在工程设计中，具体应从控制阀的结构形式及材料、流量特性、气开及气关形式、口径四个方面进行选择。从应用角度来看，控制阀的结构形式及材料的选择和控制阀口径的选择是相当重要的。从控制角度来讲，更加关心控制阀气开及气关形式和流量特性的选择。

1. 执行器阀体结构形式与材料选择

在工业生产中，被控介质的特性是千差万别的，如有的高压、有的高黏度、有的具有腐蚀性。流体的流动状态也各不相同，有的被控介质流量很小，有的流量很大，有的是分流，有的是合流。因此，必须选择适当的执行器结构形式以满足不同的生产过程控制要求。

首先应根据生产工艺要求选择阀体的结构形式，然后选择执行机构的结构形式。

控制阀结构形式的选择要依据控制介质的工艺条件，如温度、压力、流量、压差、泄漏量等；控制介质的流体特性，如流体种类、黏度、腐蚀性、毒性、是否含悬浮颗粒等；过程控制要求，如控制系统精度、可调比、噪声等进行全面考虑。

下面举一些在特殊的工艺条件下如何选择阀体结构和材料的例子。

（1）闪蒸和空化　当介质是液体，并且阀前压力 p_1 保持一定，在逐步降低为 p_2，且压差足够大时，部分液体在该操作温度下汽化，即发生了闪蒸或空化。在这种工艺条件下，液体中夹带了气体，产生了两相流，此时流体不再是不可压缩的，会出现即使压差增加，流量也不再增加的情况，这种极限流量现象称为液体阻塞流，这种情况应该尽量避免。从压差上考虑，要选压力恢复系数小的阀门，如球阀、蝶阀等，以避免空化的发生；从材料上考虑，材料越硬，抗蚀能力越强。在有空化产生的情况下，应该考虑到阀芯、阀座易于更换，选择抗空化、抗蚀能力强的司太立合金等。

（2）磨损　当流体介质中含有高浓度磨损性颗粒的悬浮液时，阀芯、阀座接合面的磨损过大，会使阀关不严。流线型的阀体结构能防止颗粒的直接冲击，能避免涡流并减小磨损，如隔膜阀、角形阀、球阀等；阀内件的材料压降低时可采用弹性材料，压降高时应采用坚硬、抗磨能力强的金属材料。

（3）腐蚀与高压降　对于腐蚀介质，可选用隔膜阀及特殊工艺处理过的蝶阀、角阀、球阀等。蝶阀用铸造合金制造或进行电镀处理；小型球阀可以用整体棒料或加强的聚四氟乙烯材料制造；角阀可以衬有钽或其他耐腐材料。在高压降的作用下，很容易使液体产生闪蒸和空化作用，因此可选用一些防空化控制阀。

（4）高温与低温　温度极高时，适用的阀型有球阀、蝶阀（高温蝶阀的工作温度可高达450～1000℃）。阀体结构可考虑加散热片。阀内件采用热硬性材料，还可以采用冷却套结构。低温时的问题在于保护阀杆填料不被冻结。V形阀、角形阀、蝶阀、球阀可以利用特制的真空套，减少热传递，上阀盖的颈长可高达300mm。

（5）黏性流体与固体颗粒流体　适用于黏性流体调节的阀门有O形球阀、V形球阀、蝶阀和隔膜阀等，还有偏心旋转阀。堵塞是由于固体颗粒或纤维物通过节流孔所造成的。最理想的孔形是在所有开度时能成为方形或等边三角形（如一些 V 形球阀或 V 形柱塞阀）。

（6）阀座泄漏与小流量　减少阀座泄漏量的最佳方法之一是考虑采用弹性材料制造的软阀座。也可以选用一种由聚四氟乙烯或石墨加工的软密封座。蝶阀、球阀、偏旋阀、隔膜阀、夹紧阀等类型都可以采用弹性材料和聚四氟乙烯阀座。

小流量控制阀的流量系数 K_v 为 10^{-5} ~1.0。如果在球阀的阀芯上铣出小槽或 V 形槽，就可以得到很小的流量系数。

另外，阀内件和承压零部件的材料选择十分重要，因为它们直接与各种流体介质接触，从干净的空气到各种腐蚀性介质，从纯净的介质到含有颗粒的多相流体，温度可从绝对零度（-273℃）到高温 500℃以上，压力可从真空到高压 350MPa 或更高。铸铁和碳钢是最常用的材料，但在腐蚀的工作条件下就不能用，要考虑使用特殊合金、特殊金属或某些非金属材料。下面分别进行讨论。

（1）承受压力的零部件材料选择　承受压力的零部件主要以阀体、上阀盖、下法兰及受力螺栓为代表。选择材料的依据是压力、温度、腐蚀性、磨损等特性。可供选择的材料有铸铁、碳钢铸件；有一些含铬、镍、钼的合金钢、不锈钢；抗温度变化的合金钢，如蒙乃尔合金、哈氏合金、奥氏体不锈钢、特殊合金和贵金属等；在高温的浓盐水及强酸中使用的钛控制阀；抗海水腐蚀的铝青铜、因可镍尔（incone）等。对于强酸、强碱流体，可以选用聚四氟乙烯的全塑料阀体。

（2）阀内件的材料选择　阀内件主要是阀芯、阀座、阀杆、套筒、导向衬套、填料函等零件。这些零件的表面绝对不能有损坏，不能有压痕、沉渣、氧化和塑变，否则控制阀就无法实现控制功能。选择控制阀阀内件材料的主要依据是耐磨性、耐蚀性和耐温性。

2. 执行机构的选择

执行机构的选择主要遵循可靠性高、性价比高、动作平稳、有足够的输出力、结构简单、维护方便等原则。

从能源上分，执行机构有电动、气动和液动几种形式。其中使用最多的是气动执行机构，其次是电动执行机构，液动执行机构应用较少，而智能式执行机构越来越普遍。

气动执行机构本质上是安全的，且工作可靠、结构简单、检修维护工作量小，值得推广使用。当控制回路采用气动单元组合仪表时，应选用气动执行机构。而当采用电动单元仪表时，除可选用电动执行机构外，还可考虑选用气动执行机构，以发挥气动执行机构的优越性。对于具有爆炸危险的场所或环境条件比较恶劣的情况，如高温、潮湿、溅水、有导电性灰尘的场所，应该选择更安全的气动执行机构。

电动执行机构既可作为比例环节接收连续控制信号，也可作为积分环节接收断续控制信号，而且两种控制方式相互转换相当方便，所以当在控制方式上有特殊要求时，可考虑选择电动执行机构。当系统中要求程序控制时，可选用能接收断续信号的电动执行机构。

而气动执行机构从结构上又有薄膜式、活塞式、长行程式之分。当选择了直通单座阀、三通阀、球阀时，气动薄膜式执行机构的输出力通常能满足这些控制阀的要求，所以选用气动薄膜式执行机构。但若所配的阀体的口径较大或介质为高压差，执行机构就必须有较大的输出力，此时，应配上气动活塞执行机构。当配大口径角行程控制阀（如蝶阀）时就应选用长行程执行机构，但如所需输出力矩较小，也可选用气动活塞式执行机构。

3. 控制阀流量特性的选择

控制阀的特性选择实际上是指选择直线型和等百分比型流量特性。目前对控制阀流量特性的选择多采用经验准则，但是选择时必须遵循以下原则。

理想的控制系统，其总放大系数在系统的整个操作范围内保持不变，即有

被控对象放大系数 × 控制阀放大系数 = 常数

在实际生产过程中，操作条件的改变、负荷的变化等原因都会造成被控对象特性的改变。因此，系统的放大系数要随着外部条件的变化而变化，适当地选择阀的特性，以阀的放大系数的变化来补偿被控对象放大系数的变化，可使控制系统总的放大系数保持不变或近似不变，从而达到较好的控制效果。

例如：被控对象的放大系数随负荷的增加而减小时，如果选用具有等百分比特性的控制阀，它的放大系数随负荷增加而增大，那么，就可使控制系统总放大系数保持不变，近似为线性。

选择控制阀流量特性时也可借鉴以下几条经验。

（1）依据工艺配管情况选择　前面已经提到，控制阀总是与管道、设备等连在一起使用，由于系统配管情况的不同，配管阻力的存在使控制阀的压降发生变化，因此阀的工作特性与阀的理想特性也不同，必须根据系统的特点来选择所希望的工作特性，然后考虑工艺配管情况，选择相应的理想特性。

通常要根据控制阀上的压降占系统总压降的百分比 S 来选择。

当 $S=0.6\sim1$ 时，所选固有流量特性和工作流量特性一致。当 $S=0.3\sim0.6$ 时，若需要工作流量特性是线性的，则应选固有流量特性为等百分比；若需要工作特性为等百分比的，则固有特性曲线应比该曲线更凹一些，此时可通过阀门定位器反馈凸轮来补偿。当 $S<0.3$ 时，畸变太严重，一般不采用。

（2）依据负荷变化情况选择　直线流量特性的控制阀在小开度时容易引起振荡，阀芯、阀座极易受到破坏，在 S 值小、负荷变化幅度大的场合，不宜采用。等百分比流量特性的控制阀的放大系数随阀门行程的增加而增加，流量相对变化值是恒定不变的，因此它对负荷波动有较强的适应性，无论在全负荷或半负荷生产时都能很好地调节。在生产过程自动化中，等百分比流量特性的控制阀是应用最广泛的一种。

在负荷变化较大的场合，应选用等百分比特性的控制阀。因为等百分比特性的控制阀放大系数是随阀芯位移的变化而变化的，其相对流量变化率是不变的，因而能适应负荷变化情况。

另外，当控制阀经常工作在小开度时，也应选用等百分比特性的控制阀。

当介质有固体悬浮物时，为了不至于引起阀芯曲面的磨损，应选用直线特性的控制阀。

当被调系统的响应速度较快时，如流量控制、压力控制，选对数特性；当液位系统的响应速度较慢时，如液位系统、温度控制系统，选直线特性。

4. 控制阀气开、气关形式的选择

有压力信号时阀关、无压力信号时阀开的为气关式；反之，为气开式。控制阀的气开、气关形式是由执行机构正、反作用及阀芯的正、反安装的组合形式决定的，如图 1-66 所示。

控制阀气开、气关形式的选择，主要从工艺生产安全要求出发。信号压力中断时，应保

证设备和操作人员的安全。如果阀处于打开位置时危害性小，则应选用气关式，以使气源系统发生故障、气源中断时，阀门能自动打开，保证安全；反之若阀处于关闭时危害性小，则应选用气开阀。

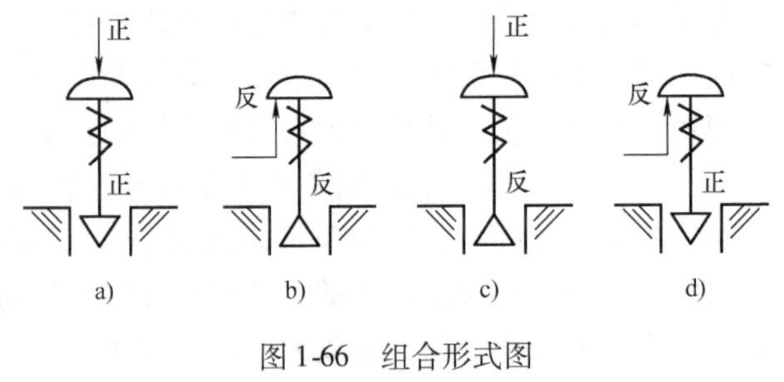

图 1-66　组合形式图

a)、b) 气关阀　c)、d) 气开阀

在保证安全的前提下，还要考虑介质特性。比如精馏塔塔釜产品易结晶，则再沸器加热蒸汽入口控制阀应选择气关阀，以使在气源系统发生故障，气源中断时，阀门能自动打开，以免塔釜产品因中断供热而结晶，使精馏塔受损。

另外还要从保证产品质量、经济损失最小的角度考虑。前面介绍过，精馏塔段采用塔顶回流量作为操纵变量。塔顶回流控制阀应选择气关阀，以使在事故情况下，阀能全开，以保证塔顶精馏产品回流入塔，防止不合格产品流入后续工段或储罐中。

5. 控制阀口径的选择

控制阀口径的选择对控制系统的正常运行影响很大。若控制阀口径选择过小，当系统受到较大扰动时，控制阀即使运行在全开状态，也会使系统出现暂时失控现象。若口径选择过大，运行中阀门会经常处于小开度状态，一方面可调比缩小，造成调节性能的下降和经济上的浪费；另一方面容易造成流体对阀芯和阀座的频繁冲蚀，甚至使控制阀失灵。因此，控制阀口径的选择应该给予充分的重视。

控制阀口径的大小决定于流通能力 C。C 值的大小决定于阀门全开时最大流量和压差的数值。在工程计算中，为了能正确计算流通能力，也就是合理地选择控制阀的口径，首先必须合理确定控制阀流量和压差的数值，同时还应对控制阀的开度和可调比进行验算，以保证所选控制阀口径既能满足工艺上最大流量的需要，也能适应最小流量的调节。从工艺提供的数据到算出流通能力，直到控制阀口径的确定，需经过下列几个步骤。

(1) 计算流量的确定　根据现有的生产能力、设备负荷及介质的状况，决定计算的最大工作流量 q_{max} 和最小的工作流量 q_{min}。为了使控制阀满足调节的需要，计算时应该按最大流量来考虑。最大流量与工艺生产能力、被控过程负荷变化、预期扩大生产等因素有关。

(2) 计算压差的确定　要使控制阀能起到调节作用，就必须在阀前后有一定的压差。压差的确定是控制阀计算中最关键的问题。可以根据已选择的控制阀流量特性及系统特点选定 S 值，然后确定计算压差，即控制阀全开时的压差。

(3) 流通能力的计算　根据控制介质的类型和工况，选择合适的计算公式或图表，由已确定的计算流量和计算压差，求取最大和最小流量时的流通能力 C_{max} 和 C_{min}。

(4) 流通能力 C 值的选用　根据已求取的 C_{max}，在所选用的产品形式的标准系列中，选取大于 C_{max} 值并与其最接近的那一级的 C 值（各类控制阀的 C 值可查有关手册中控制阀的主要参数表）。

(5) 控制阀开度验算　根据已得到的 C 值和已确定的流量特性，验证一下控制阀的开度，一般要求最大计算流量时的开度不大于 90%，最小计算流量时的开度不小于 10%。

(6) 控制阀实际可调比的验算　用计算求得的 q_{min} 和采用控制阀的 R 值，验证可调比，一般要求实际可调比不小于 10。

（7）控制阀口径的确定　在上述验证合格以后，就可根据 C 值决定控制阀的口径。

在确定最大工作流量时，必须注意两种不良倾向：一种倾向是过多考虑裕量，使控制阀的口径选得过大。这样不但造成经济上的浪费，而且将使控制阀经常处于小开度工作，可调比显著减小，调节质量下降；另一种倾向则与此相反，是只考虑眼前生产，片面强调控制质量，当需要提高生产能力时，控制阀就无法适应，必须更换口径大一些的控制阀。

控制阀上的压差占整个系统压差的比值越大，则控制阀流量特性的畸变越小，调节性能就能得到保证。但是控制阀前后压差越大，即阀上的压力损失越大，所消耗的动力越多。因此，在计算压差时，必须兼顾调节性能和动力消耗两个方面。在工程设计中，一般认为控制阀的压差为系统总压差的30%～50%（$S=0.3\sim0.5$）是比较合适的。

任务实施

选择一台气动调节阀。根据工艺要求，最大流量 $q_{max}=100\text{m}^3/\text{h}$，最小流量 $q_{min}=30\text{m}^3/\text{h}$，阀前压力 $p_1=800\text{kPa}$，最小压差 $\Delta p_{min}=60\text{kPa}$，最大压差 $\Delta p_{max}=500\text{kPa}$。被调介质是水，水温为18℃，安装时初定管道直径为125mm，阀阻比 $S=0.5$。现根据工艺需要和控制要求，在图1-67所示的一份调节阀的订货单中填写相应的订货信息。

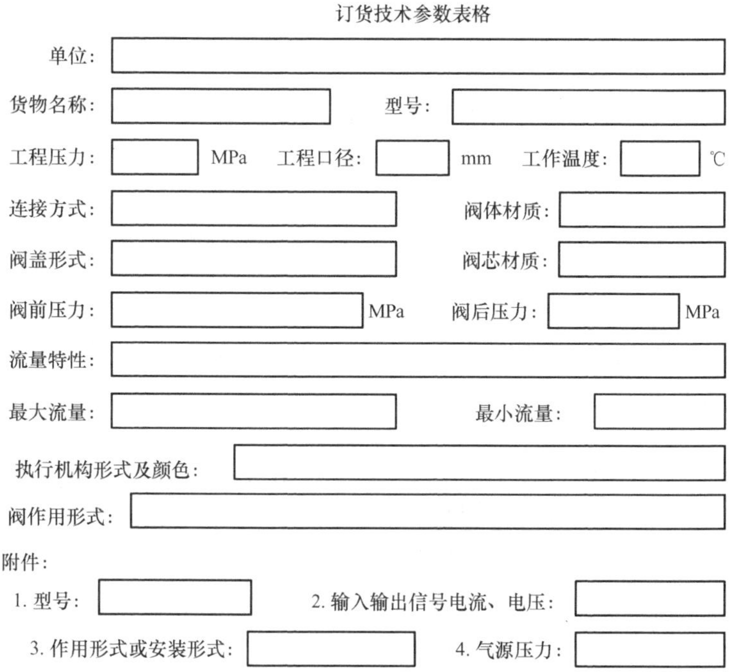

订货技术参数表格

单位：

货物名称：　　型号：

工程压力：　MPa　工程口径：　mm　工作温度：　℃

连接方式：　　阀体材质：

阀盖形式：　　阀芯材质：

阀前压力：　MPa　阀后压力：　MPa

流量特性：

最大流量：　　最小流量：

执行机构形式及颜色：

阀作用形式：

附件：

1. 型号：　　2. 输入输出信号电流、电压：

3. 作用形式或安装形式：　　4. 气源压力：

图1-67　调节阀的订货单

思考与讨论

下面是关于控制阀口径计算的思考与讨论。

在某系统中，拟选择一台直线特性的直通双座阀，根据工艺要求，最大流量 $q_{max}=100\text{m}^3/\text{h}$，最小流量 $q_{min}=30\text{m}^3/\text{h}$，阀前压力 $p_1=800\text{kPa}$，最小压差为 $\Delta p_{min}=60\text{kPa}$，最大

压差 $\Delta p_{max}=500\text{kPa}$。被调介质是水，水温为 18℃，安装时初定管道直径为 125mm，阀阻比 $S=0.5$，应选择多大的阀门口径？

【提示】

1）计算流量的确定：一般为正常生产能力下的 1.15～1.5 倍流量。

本题已给出最大流量为 $q_{max}=100\text{m}^3/\text{h}$ 和最小流量 $q_{min}=30\text{m}^3/\text{h}$，按照计算流量确定原则可选这两个值。

2）计算压差：题中已给出压差为最小压差 $\Delta p_{min}=60\text{kPa}$。

3）流量系数的计算：根据已确定的计算流量和计算压差，求取最大和最小流量时的 K_v 最大值和最小值。

$$K_v=10q_{max}\sqrt{\frac{\rho_L}{\Delta p_{min}}}=10\times100\sqrt{\frac{1}{60}}=129$$

式中，ρ_L 为实测被调介质与 16℃下水的相对密度，这里因实测被调介质是 18℃下的水，温度接近 16℃，故 $\rho_L=1$。

4）选取大于 K_{vmax} 值并与其最接近的那一级 K_v 值。

根据 $K_v=129$，查直通双座阀产品，得相应的流量系数 $K_v=160$（圆整值），初选 DN100。

5）验算开度：

最大流量时，调节阀的开度应该在 90% 左右，最小开度不小于 10%。根据题意，阀理想流量特性为直线型，故开度 K 采用下列公式验算

$$K=\left[1.03\sqrt{\frac{S}{S+\dfrac{K_v^2\Delta p_{min}}{q^2\rho}-1}}-0.03\right]\times100\%$$

式中，Δp_{min} 为调节阀全开时的最小压差；q 为被验算开度处的流量；ρ 为介质密度（g/cm^3）。

由上式得最大开度为

$$K_{max}=\left[1.03\sqrt{\frac{0.5}{0.5+\dfrac{160^2\times0.60}{100^2\times1}-1}}-0.03\right]\times100\%=68.5\%$$

同样，得最小开度为

$$K_{min}=\left[1.03\sqrt{\frac{0.5}{0.5+\dfrac{160^2\times0.60}{30^2\times1}-1}}-0.03\right]\times100\%=14.8\%$$

6）实际可调比 R_r 的验算：调节阀所能控制的最大流量 q_{max} 与最小流量 q_{min} 的比值，即 q_{max}/q_{min}。

可调比的近似计算公式为：$R_r=10\sqrt{S}$，

要求：$R_r>q_{max}/q_{min}$，

生产中一般最大流量与最小流量之比为 3 左右。验证合适之后，根据 K_v 值来确定阀座

的直径和公称直径。

本题由于 $R_r = 10\sqrt{S} = 10\sqrt{0.5} = 7$，工艺要求的可调比为：

$$\frac{q_{max}}{q_{min}} = \frac{100}{30} = 3.3$$

计算分析后结论是：所选择的 VN 双座阀 DN100（K_v 值为 160）是适用的。

任务 1.7　简单控制系统方案确定

任务描述

对于简单控制系统来说，选择正确的被控变量和操纵变量是系统方案设计的关键一环。本任务将以精馏塔为被控对象，确定精馏塔控制系统的方案。

任务分析

1.7.1　正确选择被控变量

生产过程中希望借助自动控制保持恒定值的变量称为被控变量。被控变量的选择十分重要，它关系到系统能否达到稳定操作、增加产量、提高质量、改善劳动条件等目的，是自动控制系统设计中最关键的一步。如果被控变量选择不当，不管组成何种形式的控制系统，也不管配上多么精确的仪表，也不能达到预期的效果。

在一个化工生产过程中，可能发生波动的工艺变量很多，但并非所有的工艺变量都要加以控制，而且也不可能都加以控制。应该深入实际，在工艺流程图上找出对稳定生产、保证产品质量和产量、确保经济效益和安全生产有决定作用的工艺变量，或人工操作过于平凡、紧张而难以满足工艺要求的工艺变量作为被控变量。也就是说，被控变量必须是影响生产的"关键"变量。

作为被控变量，必须能够用仪表快速精确地测量，产生足够大小的信号。生产中作为物料平衡控制的工艺变量通常是温度、压力、流量或液位，由于测量这些参数的仪表很成熟，它们能够直接进行检测，因此这些参数也称为"直接指标"。如果工艺要求按质量指标进行操作，但是作为产品质量指标控制的"成分"往往找不到合适、可靠的在线分析仪表，即便能测量，但是信号很微弱或滞后很大，这时直接选择质量指标作为被控变量有困难，则可以选择与直接质量指标有着单值函数关系的"间接指标"作为控制变量，如温度、压力等，它们有足够大的测量灵敏度。最后还应考虑到工艺的合理性、生产的安全性、国内外仪表的生产现状等。

图 1-68 所示是苯-甲苯二元体系精馏塔，它利用被分离物各组分挥发程度的不同，通过在精馏塔内给物料施加一定的温度和压力，把混合物分离成组分较纯的产品。当塔内气液相并存时，塔顶易挥发组分苯的浓度 X_D、塔顶温度 T_D、塔压 p_D 三者之间的关系可表示为：$X_D = f(T_D, p_D)$。

精馏塔中存在气、液两相，所以相数 $P = 2$，组分数 $C = 2$，由自由度公式：$F = C - P + n$（其中 n 指的是影响组分的因素，即压力和温度两个因素，所以 $n = 2$），求得 $F = 2 - 2 + 2$

=2，表明在苯的浓度 X_D、塔顶温度 T_D、塔压 p_D 三个参数中有两个是独立变量。

苯的浓度 X_D 是工艺直接质量指标，应考虑作为被控变量，但是由于工业用色谱仪表测量信号滞后严重，仪表的可靠性也差，所以很难直接以苯的浓度 X_D 作为被控变量，只能考虑和 X_D 有关系的间接变量 T_D 或 p_D 作为被控变量。由图 1-69 可见，当 p_D 恒定时，塔顶温度 T_D 与苯的浓度 X_D 存在着单值关系，温度越低，产品的浓度越高，反之亦然。当 T_D 恒定时，X_D 与 p_D 之间也存在着单值关系，如图 1-70 所示，压力越高，产品浓度越高，反之亦然。只要固定 T_D 和 p_D 中的任一变量，另一个变量就与 X_D 存在单值对应关系。

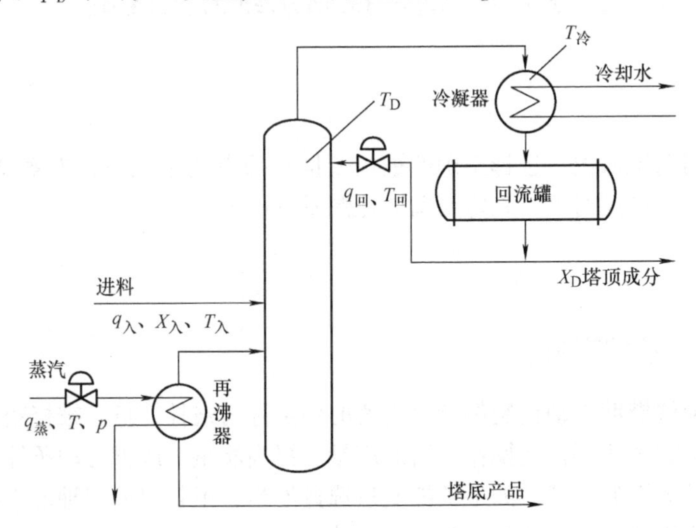

图 1-68 苯-甲苯精馏塔

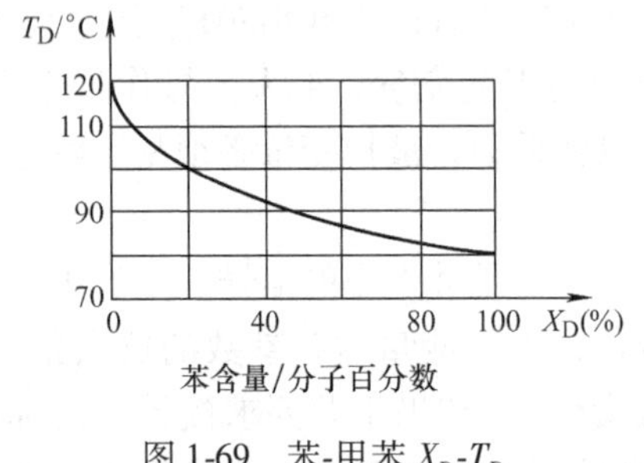

图 1-69 苯-甲苯 X_D-T_D

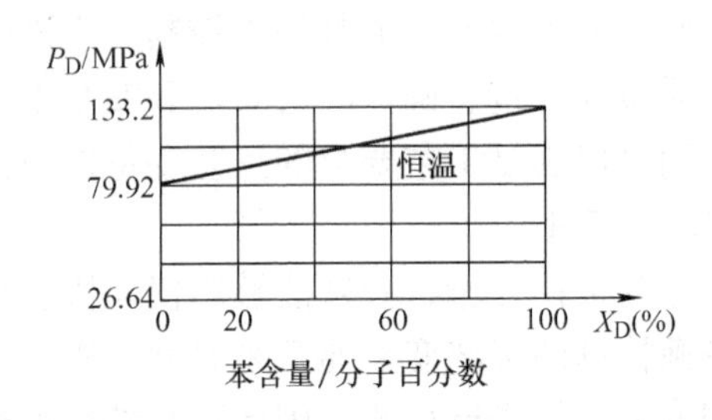

图 1-70 苯-甲苯 X_D-p_D

在精馏塔操作中，压力往往需要固定。只有将精馏塔操作在规定的压力下，才易于保证其分离纯度、效率和经济性。如果塔压波动，就会破坏原来的气液平衡，影响相对挥发度，继而也会引起其他相关物料量的变化。

在塔压固定的情况下，精馏塔各层塔板上的压力基本上是不变的，这样各层塔板上的温度与组分之间就有一定的单值对应关系。所以从工艺的合理性考虑，选择塔顶温度 T_D 作为被控变量。

从上述实例中可以看出，若要正确选择被控变量，就必须了解工艺过程和工艺特点对控制的要求，仔细分析各变量之间的相互关系。选择被控变量时一般要遵循以下原则。

1）被控变量对生产过程起着决定性作用，如储罐液位、锅炉出口温度等。

2）对于控制产品质量的系统，在可能的情况下，用质量指标参数作为被控变量最直接，也最有效。

3）当不能用工艺过程的质量指标作为被控变量时，应选择与产品质量指标有单值对应关系的间接变量作为被控变量。

4）当干扰进入系统时，被控变量必须具有足够的灵敏度。

5）被控变量的选择必须考虑到工艺过程的合理性、经济性以及国内仪表生产的现状。

1.7.2　正确选择操纵变量

在自控领域中，把用来克服干扰对被控变量的影响，实现控制作用的变量称为操纵变量。具体地说，就是执行器的输出变量，最常见的操纵变量是某种介质的流量。此外，转速、电压也可以作为操纵变量。在被控变量选定以后，下一步就是对工艺进行分析，找出有哪些因素会使被控变量发生变化，并确定这些影响因素中哪些因素是可控的，哪些是不可控的。当工艺上容许有几种操纵变量可供选择时，要根据对象控制通道和扰动通道特性对控制质量的影响，合理地选择操纵变量。原则上，应将对被控变量影响显著的可控因素选作操纵变量。

下面仍以图1-68所示苯-甲苯二元体系精馏过程为例，分析操纵变量如何选择。根据工艺要求，已经选定精馏段灵敏板（一般为温度变化最快的板）温度为被控变量，那么自控系统的任务就是通过维持灵敏板温度恒定，来保证塔顶产品的成分（质量）满足要求。

由工艺分析可知，影响精馏塔温度的主要干扰因素有：进料的流量（$q_{入}$）、成分（$X_{入}$）、温度（$T_{入}$），回流的流量（$q_{回}$）、温度（$T_{回}$），加热蒸汽流量（$q_{蒸}$），冷凝器冷却温度 $T_{冷}$ 及塔压 p 等。这些因素中有干扰量，也有操纵变量，它们作用在对象上，都会引起被控变量的变化。干扰变量由干扰通道施加在对象上，使被控变量偏离给定值，起着破坏作用；操纵变量由控制通道施加到对象上，使被控变量恢复到给定值，起着校正作用。这是一对作用相反的变量，要进行认真分析后，才能从中选择出操纵变量。

为了方便分析，将这些影响因素分为两大类：可控的和不可控的。从工艺角度看，本例中只有 $q_{回}$ 和 $q_{蒸}$ 为可控因素，其他均为不可控因素。不可控因素中，进料流量 $q_{入}$、塔压 p 都是可以控制的，但是进料流量的波动，意味着生产负荷的波动，塔压的波动意味着塔工况不稳定，这些在工艺上是不允许的。因此，$q_{入}$、p 也不能作为操纵变量。再分析 $q_{回}$ 和 $q_{蒸}$ 这两个可控因素，从经济角度上看，控制蒸汽流量比控制回流流量消耗的能量要小，但是蒸汽流量对精馏段温度影响的通道比回流流量的要长，时间常数大，控制滞后较大。综上分析，选择回流流量作为操纵变量是最合理的。

概括起来，操纵变量选择的一般原则有以下三点。

1）操纵变量应是可控的，即工艺上允许控制的变量。

2）操纵变量的选择，在工艺上首先要合理，符合节能、安全、经济运行要求。

3）从系统考虑，操纵变量应比其他干扰对被控变量的影响更加显著和灵敏。

在前面所举的精馏塔温度控制方案实例中，当塔顶产品纯度要求比塔底的严格时，精馏段灵敏板温度作为间接质量指标被选为被控变量。比较加热蒸汽流量和回流流量波动对精馏段温度的影响，前者较为显著，但是有明显的滞后。因此精馏段温度控制宜选择回流量为操纵变量，这样控制比较及时。

在以塔底采出为主要产品，对塔釜成分要求比对馏出液高时，采用了提馏段温度作为间接质量指标。当干扰首先进入提馏段时，如液相进料时，进料量或进料成分的变化首先要影响塔底的成分，再沸器中的加热蒸汽流量波动既对提馏段温度影响显著，而且控制通道较短，克服干扰比较及时。因此提馏段温度控制宜选择再沸器中的加热蒸汽流量为操纵变量。

为什么两种方案均不考虑以进料流量为操纵变量呢？因为进料流量表征生产负荷。选择操纵变量时，除了从自动化角度考虑外，还要考虑工艺的合理性。一般说来，不宜选择生产负荷作为操纵变量。

1.7.3 测量滞后对控制质量的影响及克服措施

要组成一个好的控制系统，除了正确选择被控变量和操纵变量外，测量变送装置能正确及时地反映被控变量的状况也是系统控制质量的重要保证。

1. 测量滞后对控制质量的影响

（1）纯滞后问题　当测量存在纯滞后时，测量信号不能及时反映被控变量的变化，会严重地影响控制质量。测量的纯滞后大多是由于被控变量的测量点（测量元件安装位置）不当引起的。

图 1-71 所示为一个 pH 值控制系统。电极是 pH 值测量元件，距离中和槽出口为 l_1+l_2，测量纯滞后时间 $t_m=\frac{l_1}{v_1}+\frac{l_2}{v_2}$。纯滞后的存在使测量信号不能及时反映中和槽内溶液 pH 值的变化，控制系统反应滞后，因而降低了控制质量。

（2）容量滞后问题　容量滞后是指由检测元件的时间常数引起的动态误差。特别是测温元件，由于存在热阻和热容，本身具有一定的时间常数，因而测量出的温度信号滞后于温度的实际变化，从而引起幅值的降低和相位的滞后，如图 1-72 所示。例如：长期测量炉膛温度的快速型热电偶表面结垢焦，就会产生严重的测量滞后。如果控制器接收的是一个幅值降低、相位滞后的失真信号，它就不能正常发挥校正作用。因此，控制系统的质量会大大降低。

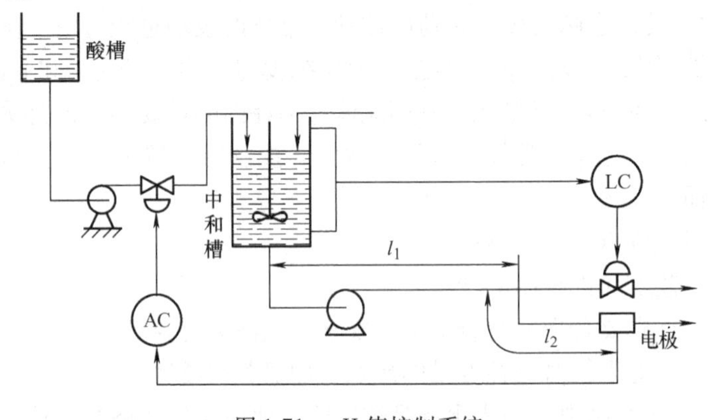

图 1-71　pH 值控制系统

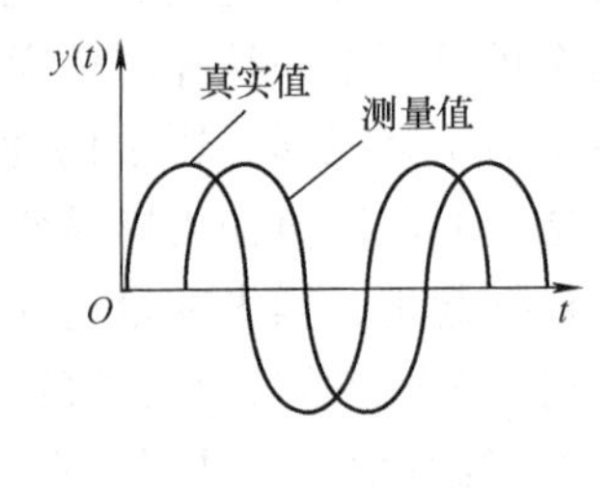

图 1-72　被控变量的真实值和测量值的比较

（3）信号的传送滞后问题　信号的传送滞后包括测量信号传送滞后和控制信号传送滞后。测量信号传送滞后是由现场变送装置的信号传送到控制室的控制器所引起的滞后。控制信号传送滞后是由控制室内控制器的输出控制信号传送到现场执行器所引起的滞后。信号的传送滞后应尽量减小。当气动传输管路超过 150m 时，在中间可以采用气动继动器，以缩短传输时间；当调节阀膜头容积过大时，为减小容量滞后，可使用阀门定位器。

2. 克服测量传送滞后采取的措施

克服测量滞后有以下三个方法。

（1）选择惯性小的测量元件　克服测量滞后的根本方法就是合理选择快速的测量元件。所谓合理，是指不能单纯追求测量滞后要小，而同时还要考虑测量精度及测量元件的价格，大体上选择测量元件的时间常数为控制通道时间常数的 1/10 为宜。

（2）合理选择测量元件的安装位置　在自动控制系统中，以温度控制系统的测温元件和质量控制系统的采样装置所引起的测量滞后为最大。它与元件外围介质的流动状态、流体性质、停滞层厚度有关。如果把测量元件安装在死角及容易结焦的地方，将大大增大测量滞后。因此，设计控制系统时，要正确选择测量元件的安装位置，应千方百计地安装在对被控变量反应最为灵敏的位置。

由上述可知，在合理选择测量元件的基础上，要进一步选择安装位置，这样不仅可以减小测量滞后，还可以缩短纯滞后，对于改善控制系统的质量是十分重要的。

（3）正确引入微分环节　对于测量滞后较大的系统，引入微分控制是有效的办法。微分控制具有超前调节的作用，相当于在偏差产生的一瞬间，控制器输出立刻有很大的变化，使得执行机构产生一个多于应调的位移，出现暂时的过调，这对于克服容量滞后非常有效。但是记住，这个办法对于克服纯滞后是没有效果的。

任务实施

以过程控制教学实训装置中的水槽为被控对象，完成简单控制系统方案设计的训练。给出以下两个可选方案，进行分析选择。

1）水槽液位控制方案：节流法。

因为出水流量大小影响液位非常显著，因此这个方案选择出水流量作为操纵变量，方案图如图 1-73 所示。控制阀 LV 装在泵出口管路上。通过改变水槽出口的流量即可改变节流来控制液位。

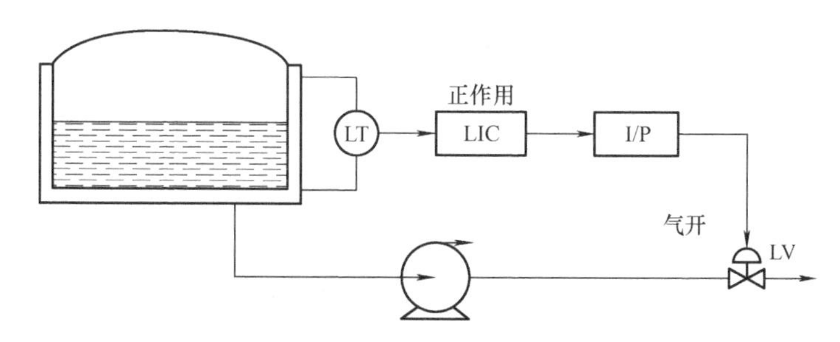

图 1-73　节流法液位控制方案

2）缓冲罐液位控制方案：变频调速法。

将管路上的控制阀 LV 去掉，通过采用变频调速装置（VFD）来调节离心泵驱动电动机的速度，以实现流量控制。应用 VFD 控制液位的方案示意图如图 1-74 所示。

VFD 是一种新兴的交流调速技术，是通过变频器改变电动机定子的供电频率来调速。比起改变极对数调速、定子调压调速这两种方法来说，具有调速范围宽、精度高、效率高、起动能耗低、动态响应快的特点。特别适用于起停频繁、长期低负荷运转的场合。缺点是复杂、维护费用高，而且对电网有干扰。

比较一下上面两种方案，哪种方案结构简单，实施投运起来更方便一些呢？哪种方案更节能，效率更高呢？

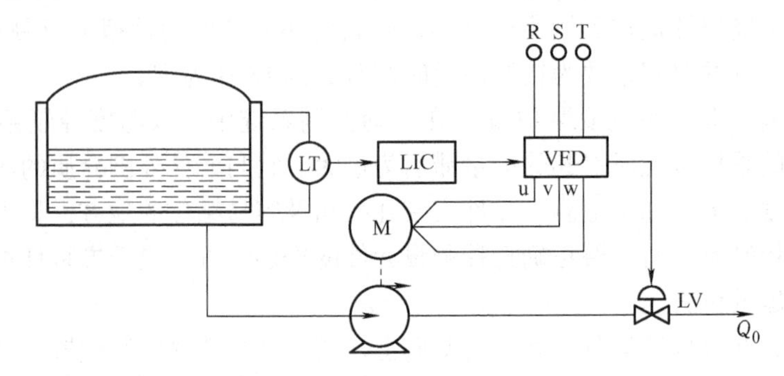

图 1-74　变频调速法液位控制方案

思考与讨论

1. 思考：过程控制教学实训装置除了可设计水槽液位单回路控制系统外，还有哪些单回路控制系统？如何选择被控变量和操纵变量？

2. 讨论：图 1-75 所示为锅炉汽包的工艺流程示意图。

1）以汽包为被控对象，确定被控变量。

2）分析所有影响该被控变量的干扰因素，确定操纵变量。

3）画出其控制方案图。

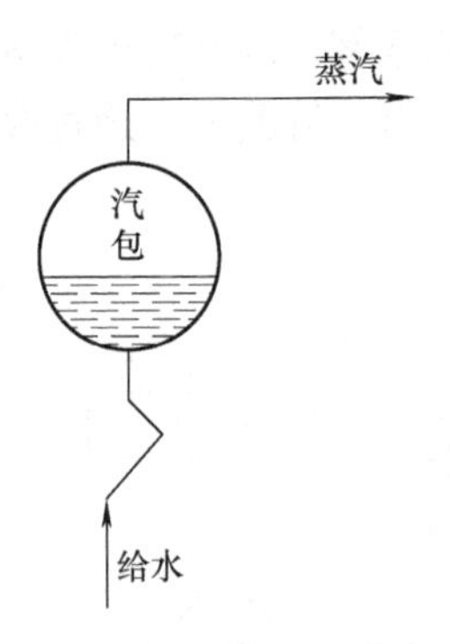

图 1-75　锅炉汽包工艺流程图

项目2　储罐液位控制系统方案实施

任务2.1　识读仪表自控工程图

任务描述

在工业生产装置中，为了实现自动控制，需要设计、安装许多自控设施，如仪器、仪表、电线、电缆、管线、阀门、接头、电气设备、元件、部件等。每一项自控工程或设施，需要事先经过专门设计，以图示的形式用各种图例符号表达在设计图样上，这种图样就是自控工程图。学生通过本任务应学会对控制面板进行布局，并且在认识自控工程图文字代号的基础上，识读仪表背面的接线图，这对线路改造及查找仪表线路故障非常有用。

任务分析

2.1.1　自控工程图文字代号

1. 仪表辅助设备、元件的文字代号

表示仪表辅助设备、元件等的文字代号见表2-1。

表2-1　仪表辅助设备、元件等的文字代号

文字代号	仪表辅助设备、元件名称	
	中文	英文
AC	辅助柜	Auxiliary Cabinet
AD	空气分配器	Air Distributor
CB	接管箱	Connecting Box
CD	操作台	Control Desk
BA	穿板接头	Bulkhead Adaptor
DC	DCS机柜	DCS Cabinet
GP	半模拟盘	Semi-Graphic Panel
IB	仪表箱	Instrument Box
IC	仪表柜	Instrument Cabinet
IP	仪表盘	Instrument Panel
IPA	仪表盘附件	Instrument Panel Accessory
IR	仪表盘后框架	Instrument Rack

（续）

文字代号	仪表辅助设备、元件名称	
	中文	英文
IX	本安信号接线端子板	Terminal Block For Intrinsic-safety Signal
JB	接线箱	Junction Box
JBC	触点信号接线箱	Junction Box For Contact Signal
JBE	电源接线箱	Junction Box For Electric Supply
JBG	接地接线箱	Junction Box For Ground
JBP	脉冲接线箱	Junction Box For Pulse Signal
JBR	热电阻接线箱	Junction Box For RTD Signal
JBS	标准信号接线箱	Junction Box For Standard Signal
JBT	热电偶接线箱	Junction Box For T/C Signal
PB	保护箱	Protect Box
MC	编组接线柜	Marshalling Cabinet
PX	电源接线端子板	Terminal Block For Power Supply
RB	继电器箱	Relay Box
RX	继电器接线端子板	Terminal Block For Relay
SB	供电箱	Power Supply Box
SBC	安全栅柜	Safety Barrier Cabinet
SX	信号接线端子板	Terminal Block For Signal
TC	端子柜	Terminal Cabinet
UPS	不间断电源	Uninterruptable Power Supplies
WB	保温箱	Winterizing Box

2. 电缆、电线的文字代号

电缆、电线的文字代号见表2-2。

表2-2 电缆、电线的文字代号

文字代号	电缆、电线名称	
	中文	英文
CC	接点信号电缆	Contact Signal Cable
CiC	接点信号本安电缆	Contact Signal Intrinsic-Safety Cable
EC	电源电缆	Electric Supply Cable
GC	接地电缆	Ground Cable
PC	脉冲信号电缆	Pulse Signal Cable
PiC	脉冲信号本安电缆	Pulse Intrinsic-Safety Cable
RC	热电阻信号电缆	RTD Signal Cable
RiC	热电阻信号本安电缆	RTD Intrinsic-Safety Cable
SC	标准信号电缆	Standard Signal Cable

（续）

文字代号	电缆、电线名称	
	中文	英文
SiC	标准信号本安电缆	Standard Intrinsic-Safety Cable
TC	热电偶补偿电缆	T/C Compensating Signal Cable
TiC	热电偶补偿本安电缆	T/C Compensating Intrinsic-Safety Cable

3. 气动仪表外部接头的文字代号

气动仪表外部接头的文字代号见表2-3。

表2-3　气动仪表外部接头的文字代号

文字代号	名称		文字代号	名称	
	中文	英文		中文	英文
I	输入	Input	RS	远距离设定	Remote Setting
O	输出	Output	AS	气源	Air Supply

4. 管路的文字代号

管路的文字代号见表2-4。

表2-4　管路的文字代号

文字代号	名称		文字代号	名称	
	中文	英文		中文	英文
AP	空气源管路	Air Supply Pipeline	NP	氮气源管路	Nitrogen Supply Pipeline
HP	液压管路	Hydra-Pipeline	TB	管缆	Tube Bundle
MP	测量管路	Measuring Pipeline			

2.1.2　识读仪表盘正面布置图

1. 仪表盘盘面布置

由于过程自动化的水平和规模不同，对生产过程仪表的检测、控制要求也就不同，仪表盘、箱、柜及操作台的功能设置和安装场所也有所差异。一般仪表盘都集中在控制室安装。控制室的设置，也要依据装置的生产负荷和自动化控制水平而定。仪表盘按结构形式可分为开启式和封闭式仪表盘；按外形可分为屏式和带操作台式仪表盘。

仪表控制室内主要设置有仪表盘，有的还要放置操纵台、计算机、供电装置、供气装置、继电器箱、开关箱和端子箱等设备。

模拟仪表盘主要用来安装显示、控制、操纵、运算、转换和辅助等仪表以及电源、气源和接线端子排等装置，是模拟仪表控制室的核心设备。

仪表盘盘面上仪表的布置高度一般分成三段。上段距地面标高为1650～1900mm，通常布置指示仪表、闪光报警仪、信号灯等监视仪表；中段距地面标高为1000～1650mm，通常布置控制仪、记录仪等需要经常监视的重要仪表；下段距地面标高为800～1000mm，通常布置操作器、遥控板、开关、按钮等操作仪表或元件。采用通道式仪表盘时，架装仪表的布置一般也分成三段。上段一般设置电源装置，中段一般设置各类给定器、设定器、运算单元等，下段一般设置配电器、安全栅、端子排等。仪表盘盘面上安装仪表的外形边缘至盘顶距离应不小于150mm，至盘边距离应不小于100mm 。

仪表盘盘面上安装的仪表、电气元件的正面下方应设置标有仪表位号及内容说明的铭牌框（板）。背面下方应设置标有与接线（管）图相对应位置编号的标志，如不干胶贴等。根据需要设置空仪表盘或在仪表盘盘面上设置若干安装仪表的预留孔。预留孔尽可能用于安装仪表盲盖。

2. 仪表盘盘内配线和配管

仪表盘盘内配线可以采用明配线和暗配线。明配线要挺直，暗配线要用汇线槽。仪表盘内配线数量较少时，可采用明配线方式；配线数量较多时，宜采用汇线槽暗配线方式。仪表盘内信号线与电源线应分开敷设。信号线、接地线及电源线端子间应采用标记端子隔开。

仪表盘之间有连接电缆时，应通过两盘各自的接线端子或接插件连接。进出仪表盘的电缆，除热电偶补偿导线及特殊要求的电缆外，应通过接线端子连接。本安电路、本安关联电路的配线应与其他电路分开敷设。本安电路与非本安电路的接线端子应分开，其间距不小于50mm。本安电路的导线颜色应为蓝色，本安电路的接线端子应有蓝色标记。仪表盘盘内气动配管一般采用纯铜管或有 PVC 护套的纯铜管，进出仪表盘必须采用穿板接头，穿板接头处应设置标有用途和位号的铭牌。

3. 仪表盘正面布置图的内容

在仪表盘正面布置图中，表示出仪表在仪表盘、操作台和框架上的正面布置位置，标注仪表位号、型号、数量、中心线与横坐标尺寸，并表示出仪表盘、操作台和框架的外形尺寸及颜色。

仪表盘正面布置图一般以 1∶10 的比例绘制。当仪表采用高密度排列时，也可用 1∶5 的比例绘制。仪表盘上安装的仪表、电气设备及元件，在其图形内（或外）水平中心线上标出仪表位号或电气设备、元件的编号，中心线下标出仪表、电气设备及元件的型号。每块仪表盘应在下部标出其编号和型号。

为了便于标明仪表盘上安装的仪表、电气设备及元件等的位号和用途，在它们的下方均设置了铭牌框。大铭牌框用细实线矩形线框表示，小铭牌框用一条短粗实线表示，且不需按比例绘制。

仪表在仪表盘正面的位置尺寸标注方式为：横向尺寸线从每块仪表盘的左边向右边，或从中心线向两边标注；纵向尺寸线应自上而下标注，所有尺寸线均不封闭。

2.1.3　识读仪表盘背面接线图

1. 仪表管线编号方法

（1）仪表盘（箱）内部接线（接管）的表示方法　仪表盘内部仪表与仪表、仪表与接线端子（或穿板接头）的连接有三种表示方法，即直接连线法、相对呼应编号法和单元接线法。

1）直接连线法。直接连线法是根据设计意图，将有关端子（或接头）直接用一系列线连接起来，直观、逼真地反映了端子与端子、接头与接头之间的相互连接关系。但这种方法既复杂又累赘。当仪表及端子（或接头）数量较多时，线条相互穿插、交织在一起，比较杂乱，寻找连接关系费时费力，读图时容易看错。因此，这种方法通常适用于仪表及端子（或接头）数量较少，连接线路比较简单，读图不易产生混乱的场合。在仪表回路图或有与热电偶配合的仪表盘背面电气接线图中，可采用这种方法。

单根或成束的，不经接线端子（或穿板接头）而直接接到仪表的电缆电线（如热电偶）、气动管线和测量管线，在仪表接线点（或气接头）处的编号，均用电缆、电线或管线的编号表示，必要时应区分 + 、 - 号等，如图 2-1 所示。图中，QXZ-110、EWX2-007 分别为气动指示仪和电子平衡式温度显示记录仪的型号，3V-1、3V-2 和 3V-3 是气源管路截止阀的编号。

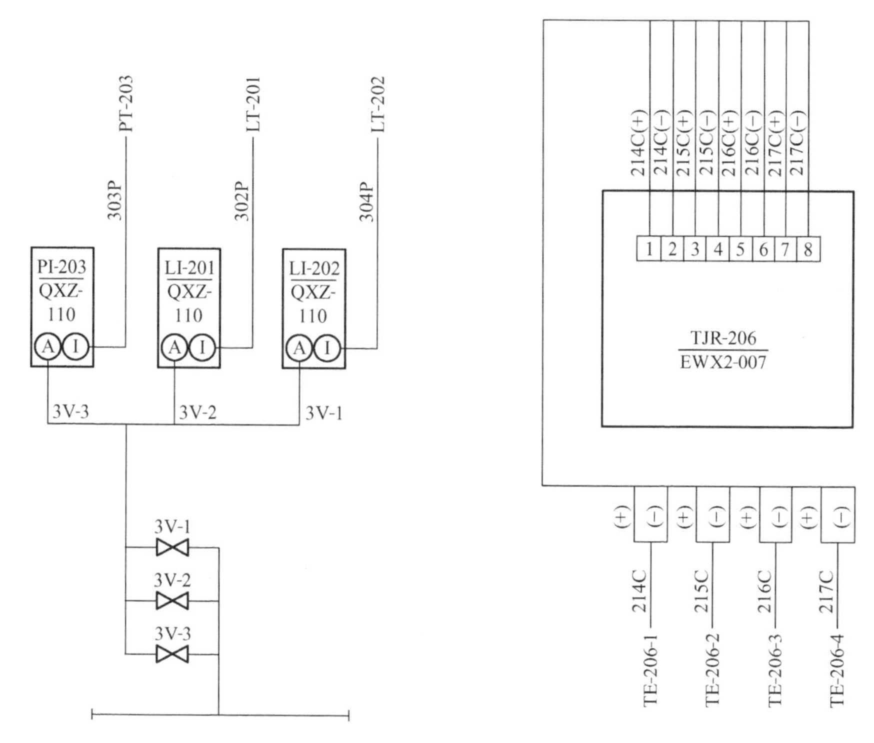

图 2-1　直接连接法接线编号图例

2）相对呼应编号法。相对呼应编号法是根据设计意图，对每根管、线两头都进行编号，各端头都编上与本端头相对应的另一端所接仪表或接线端子或接头的接线点号。每个端头的编号以不超过 8 位为宜，当超过 8 位时，可采取加中间编号的方法。

在标注编号时，应按“先去向号、后接线点号”的顺序填写。在去向号与接线点号之间用半字线“-”隔开，即表示接线点的数字编号或字母代号应写在半字线的后面，如图 2-2 所示。图中，QXJ- 422、QXZ-130、DXZ-110、XWD-100、DTL-311 分别为气动指示记录调节仪、气动指示仪、电动指示仪、小长图电子平衡式记录仪和电动调节器等仪表的型号。

与直接连线法相比，相对呼应编号法虽然要对每个端头都进行编号，但省去了对应端子之间的直接连线，从而使图面变得比较清晰、整齐且不混乱，便于读图和施工。在仪表盘背面电气接线图和仪表盘背面气动管线连接图中，普遍采用这种方法。

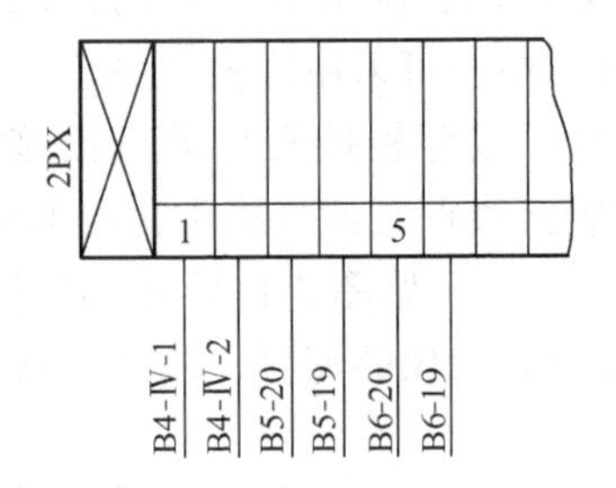

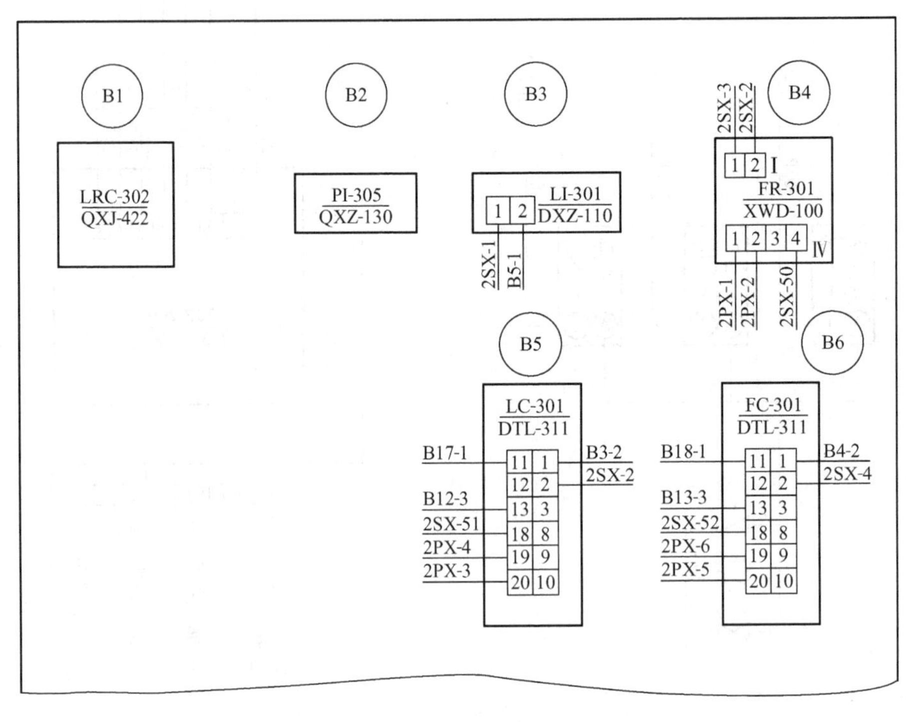

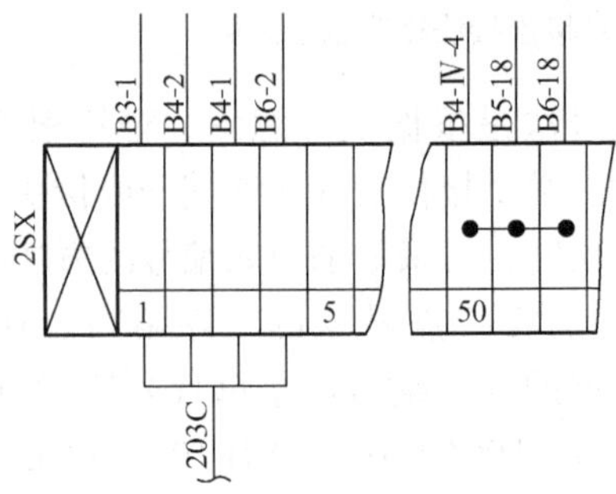

图 2-2　相对呼应法接线编号图例

3）单元接线法。单元接线法是将线路上有联系并且在仪表盘背面或框架上安装位置又相邻的仪表划归为一个单元，用虚线将它们框起来，视为一个整体，编上该单元代号，每个单元的内部连线不必绘出。在表示接线关系时，单元与单元之间、单元与接线端子组（或接头组）之间的连接用一条带圆圈的短线互相呼应，在短线上用相对呼应编号法标注对方单元、接线端子组或接头组的编号，圆圈中注明连线的条数（当连线只有一条时，圆圈可省略不画)。这种方法更为简捷，图面更加清晰、整齐，一般适用于仪表及其端子数量很多，连接关系比较复杂的场合。在电动控制仪表数量较多的仪表盘背面电气接线图中可采用这种方法。如图 2-3 所示。图中，KXG-114-10/3B、IRV-4132-0023、ICE-5241-3522、ICG-4255 分别为供电箱、两笔记录仪、控制器和脉冲发生器的型号。图中的 TIC-109 和 FIC-102 是串级控制系统中的主、副控制器，TR-109/FR-102 是显示温度和流量的记录仪，它们的信号之间有联系并且安装位置又比较贴近。因此，可以将它们划归为一个单元，并编制一个单元编号为 A1。

按照单元接线法绘制的图样进行施工时，对施工人员的技术要求很高，不仅要求他们熟悉各类自动化系统的构成，而且还要熟悉各种仪表的后面端子的分布和组成，否则很容易产生线路接错，影响施工质量，造成返工等问题。因此，在采用单元接线法时，要充分考虑施工安装人员的技术水平。

（2）仪表电缆、管缆编号方法　控制室与接线箱、接管箱之间电缆、管缆的编号采用接线箱、接管箱编号法。控制室或接线箱、接管箱与现场仪表之间电缆、管缆的编号采用仪表位号编号法。控制室内端子柜与机柜、辅助柜、仪表盘、操作台等之间或机柜、辅助柜、仪表盘、操作台等之间电缆的编号均采用对应呼号编号法。

1）接线箱、接管箱编号法。单根电缆、管缆的编号由接线箱、接管箱的编号与电缆、管缆文字代号组成。多根电缆、管缆的编号由单根电缆、管缆编号的尾部再加顺序号组成。例如，控制室与编号 JBS2213 标准信号接线箱之间连接的标准信号电缆的编号为 JBS2213SC，其中 SC 是标准电缆的文字代号。若连接两根电缆时，其编号分别为 JBS2213SC-1 和 JBS2213SC-2。控制室与编号为 CB1234 接管箱之间连接的气动信号管缆的编号为 CB5678TB，其中 CB 为接管箱的文字代号，TB 是管缆的文字代号。若连接三根管缆时，其编号分别为 CB5678TB-1、CB5678TB-2 和 CB5678TB-3。

2）仪表位号编号法。控制室或接线箱、接管箱与现场仪表之间电缆、管缆的编号由现场仪表与电缆、管缆文字代号组成。例如，现场仪表位号是 FT-2001、PV-3006，控制室或接线箱与变送器、控制阀之间的信号电缆的编号为 FT2001SC、PV3006SC。如果是本安电缆，则编号为 FT2001SiC、PV3006SiC。如果现场仪表位号是 TE- 4321，那么控制室或接线箱与测温元件之间的热电阻信号电缆的编号为 TE4321RC。如果是热电偶补偿电缆，则编号为 TE4321TC。如果现场仪表是位号为 PT-7654 的气动压力变送器，那么控制室或接管箱与该变送器之间的气动信号管缆的编号为 PT7654TB。

3）对应呼号编号法。端子柜、机柜、辅助柜、仪表盘、操作台等之间电缆的编号由柜（盘、台）的编号与连接电缆的顺序号组成。例如，编号为 TC05 的端子柜与编号为 DC06 的机柜之间连接的两根电缆编号分别为 TC05-DC06-1、TC05-DC06-2；编号为 AC01 的辅助柜与编号为 CD02 的操作台之间连接的两根电缆编号分别为 AC01-CD02-1 和 AC01-CD02-2。

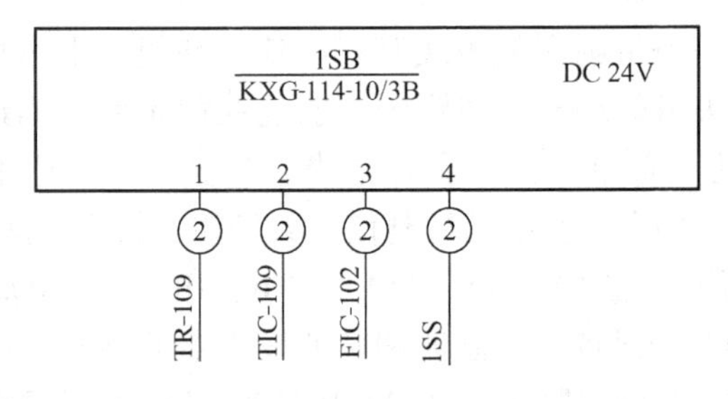

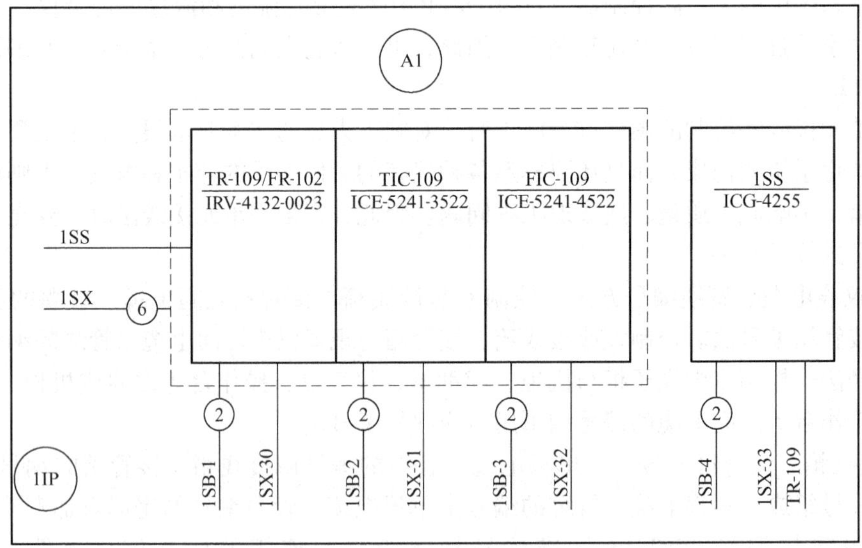

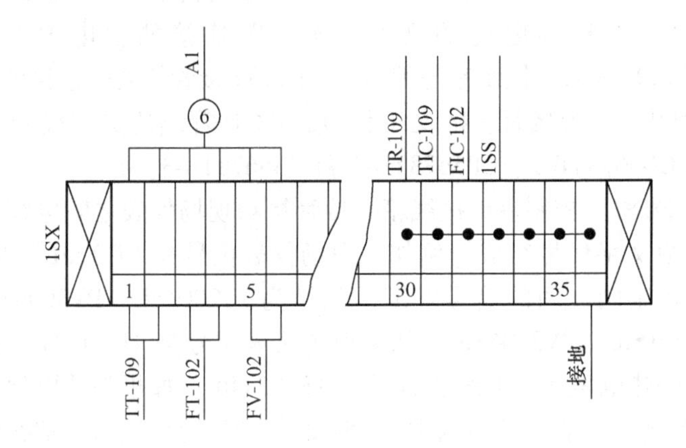

图 2-3　单元接线法接线编号图例

2. 仪表盘背面电气接线图的内容

仪表盘背面电气接线图的内容包括：所有盘装和架装用电仪表中的仪表与仪表之间、仪表与信号接线端子或接地端子及电源接线端子或其他电气设备之间的电气连接情况及设备材料统计表等。

在图样中部，按不同的接线面绘出仪表盘及盘上安装（或架装）的全部仪表、电气设备和元件等的轮廓线，其大小不需按比例绘制，也不用标注尺寸，相对位置与仪表盘正面布置图相符。即在仪表盘背面接线图中，仪表盘及仪表的左右排列顺序与仪表盘正面布置图中的顺序是一致的。

仪表盘背面安装的所有仪表、电气设备及元件，在其图形符号内（特殊情况下在图形符号外）标注了位号、编号及型号（与正面布置图相一致），标注方法与仪表盘正面布置图相同。中间编号用圆圈标注在仪表图形符号的上方。仪表盘的顺序编号标注在仪表盘左下角或右下角的圆圈内。

为了简化盘后仪表接线端子编号的内容，便于读图和施工，通常使用仪表的中间编号。仪表及电气设备、元件的中间编号由大写英文字母和阿拉伯数字编号组合而成。英文字母表示仪表盘的顺序编号，如 A 表示仪表盘 1IP，B 表示仪表盘 2IP……依次类推。数字编号表示仪表盘内仪表、电气设备及元件的位置顺序号。中间编号的编写顺序是先从左至右，再从上向下，例如 A1、A2、A3 等。

图中要如实地绘制出仪表、电气设备及元件的接线端子，并注明仪表的实际接线点编号，与该图接线无关的端子省略不画。

仪表盘背面引入、引出的电缆、电线均要编号，并注明去向。当进、出仪表盘及需要跨盘接线时，需先安装接线端子板，再与仪表接线端子连接。本安型仪表信号线的接线端子板应与非本安型仪表信号线端子板分开。

任务实施

1. 完成仪表盘正面布置图的识读与绘制训练。

假设有一个自控设计的仪表盘正面布置情况如图 2-4 所示。它选用了框架式仪表盘。仪表盘的颜色为苹果绿色。首尾两块仪表盘设置了装饰边，其宽度为 50mm。识读该图，解答以下问题。

1）仪表盘上段、中段、下段分别设置了哪些仪表？它们置于仪表盘的高度分别为多少？左右两仪表盘的仪表有什么不同？（提示：1 号盘 1IP 上配置了电动控制仪表，2 号盘 2IP 上配置了气动控制仪表。）

2）将盘面上全部仪表、电气设备及元件分盘完整地列在一张设备表中。设备表格式见表 2-5。

3）以过程控制实训教学装置为对象，绘制其控制台的平面布置图。

2. 完成仪表盘背面接线图识图训练。

仍以如图 2-4 所示的盘面仪表的自控设计为实例，给出了 1 号仪表盘背面电气接线图如图 2-5 所示。盘后框架上安装有接线端子板等。电源接线端子板在仪表盘的上方，而信号接线端子板等在仪表盘的下方。读图时应按照各个端子的编号，寻找设备之间的连接关系，弄清信号出、入的关系和电源的供求关系。图 2-5 中采用的设备材料的型号和规格可参见表 2-5。

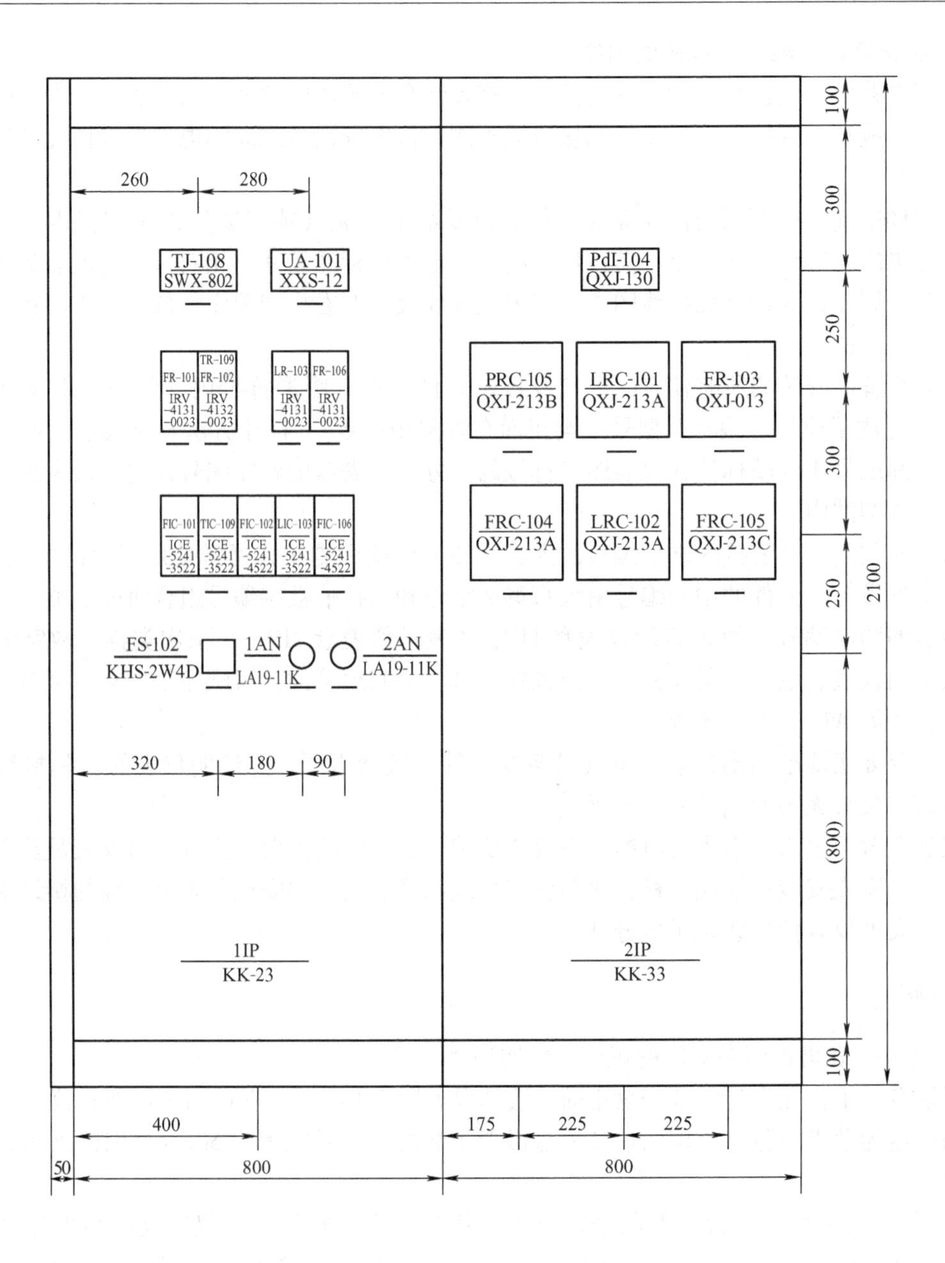

图 2-4 仪表盘正面布置图

表 2-5 仪表布置图中的设备和材料

序号	位号	名称及规格	型号	数量	备注
1	1IP	框架式仪表盘（2100mm × 800mm × 900mm）	KK-23	1	
2					

识读图2-5，解答以下问题。

1）1号仪表盘背面电气接线采用的表示方法是什么？

2）1SS脉冲发生器为哪类仪表提供脉冲信号？为什么？

3）A3、A4、A5、A6单元均为同种记录仪。根据接线情况，哪块仪表采用双笔记录仪？哪块仪表是高低报警记录仪？找出该报警的连接端子，绘制出与报警器的相应连接。

4）LC103（A8）、FC106（A7）是串级系统中主、副控制器。请将这两块仪表之间及与其相关的输入输出15、16单元的连接线画在一张图上，并分别标出A8单元的输入端、输出端，A7单元的输入端、输出端、外给定信号接线端。

5）FN106是双回路安全保持器，它在回路中起什么作用？应接现场什么仪表？与现场仪表连接时应先要经过什么连接？

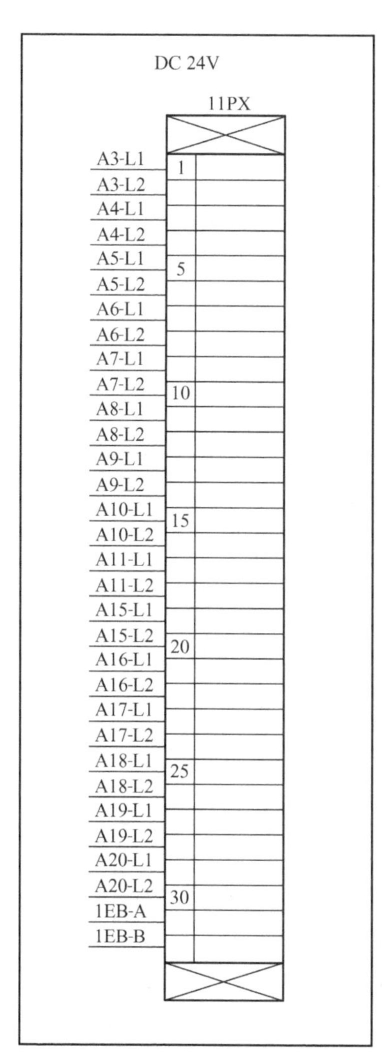

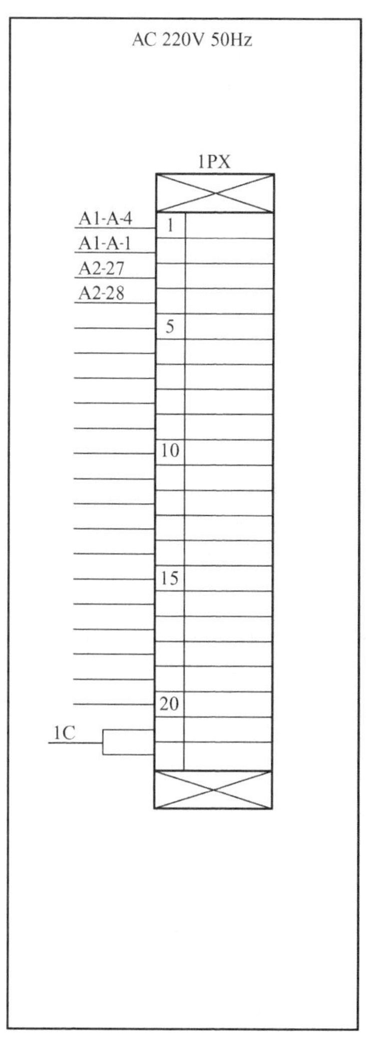

a)

图2-5　1号仪表盘背面电气接线图

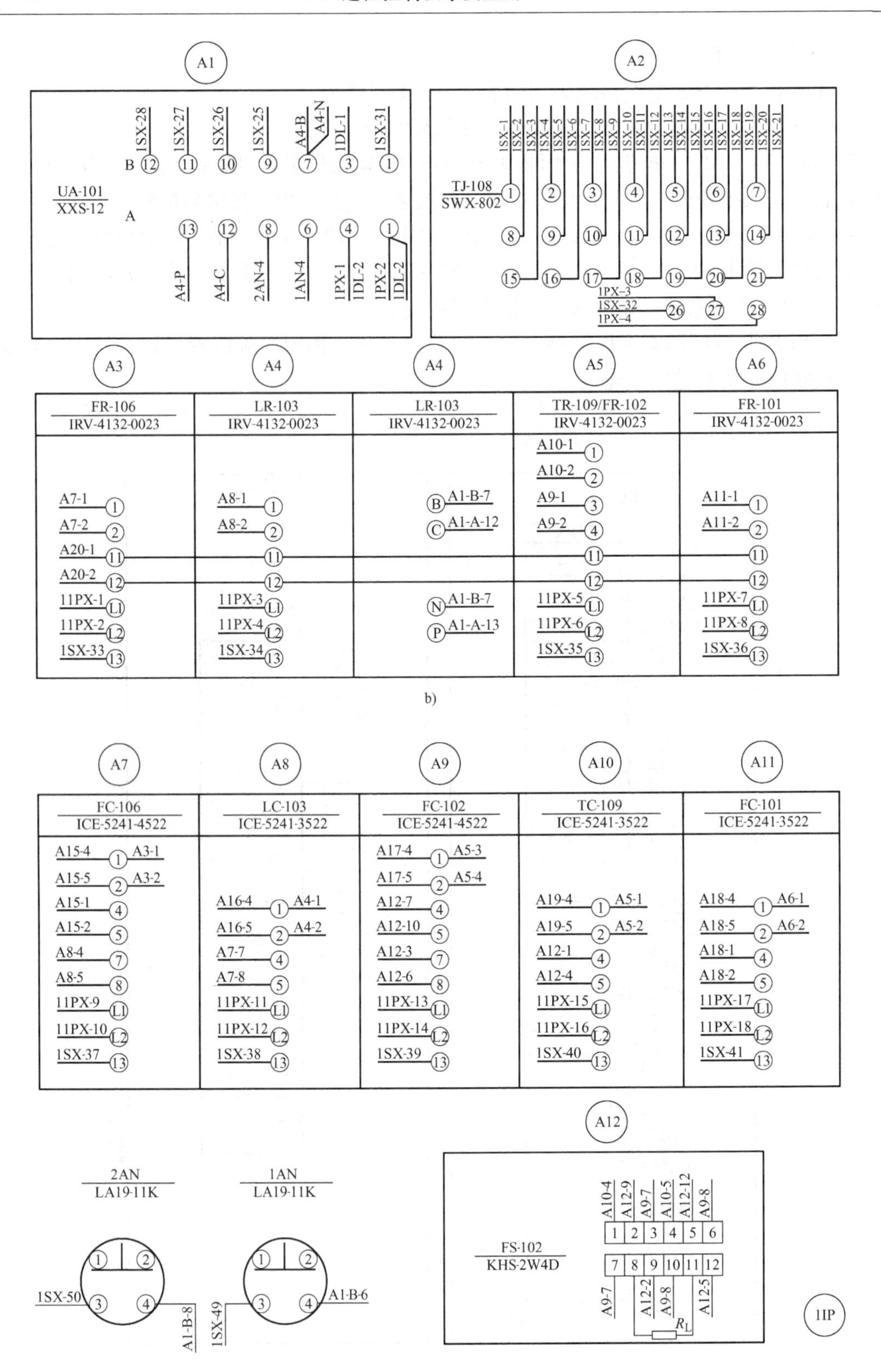

b)

c)

图2-5　1号仪表盘背面电气接线图（续一）

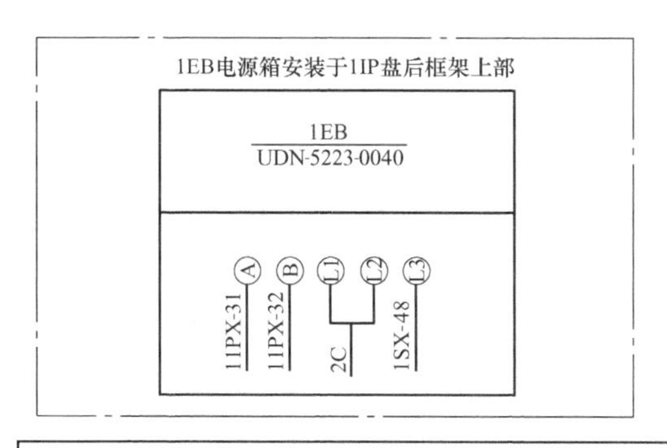

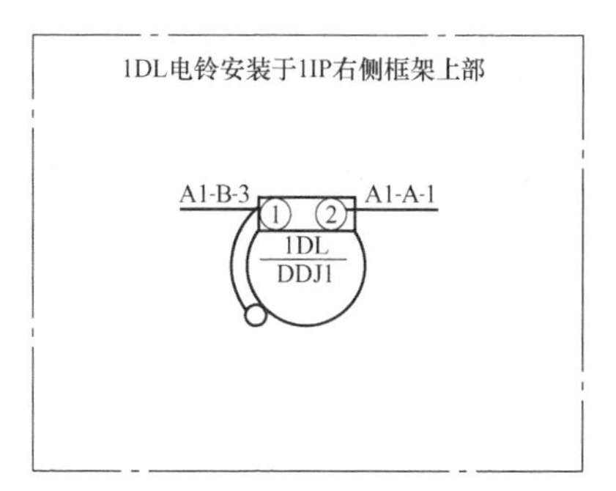

A15	A16	A17	A18	A19	A20
FN-106 ISB-5262-5006	LN-103 ISB-5262-1006	FN-102 ISB-5262-5006	FN-101 ISB-5262-5006	TT-109 ITE-5251-3106	1SS ICG-4255
1IX-1 Ⓐ 1IX-2 Ⓑ 1IX-3 Ⓒ 1IX-4 Ⓓ	1IX-5 Ⓐ 1IX-6 Ⓑ	1IX-7 Ⓐ 1IX-8 Ⓑ 1IX-9 Ⓒ 1IX-10 Ⓓ	1IX-11 Ⓐ 1IX-12 Ⓑ 1IX-13 Ⓒ 1IX-14 Ⓓ	1SX-22 Ⓐ 1SX-23 Ⓑ 1SX-24 Ⓕ	
A7-4 ① A7-5 ② A7-1 ④ A7-2 ⑤ 11PX-19 L1 11PX-20 L2 1SX-42 ⑬	A8-1 ④ A8-2 ⑤ 11PX-21 L1 11PX-22 L2 1SX-43 ⑬	A12-9 ① A12-12 ② A9-1 ④ A9-2 ⑤ 11PX-23 L1 11PX-24 L2 1SX-44 ⑬	A11-4 ① A11-5 ② A11-1 ④ A11-2 ⑤ 11PX-25 L1 11PX-26 L2 1SX-45 ⑬	A10-1 ④ A10-2 ⑤ 11PX-27 L1 11PX-28 L2 1SX-46 ⑬	A3-11 ① A3-12 ② 11PX-29 L1 11PX-30 L2 1SX-47 ⑬

d)

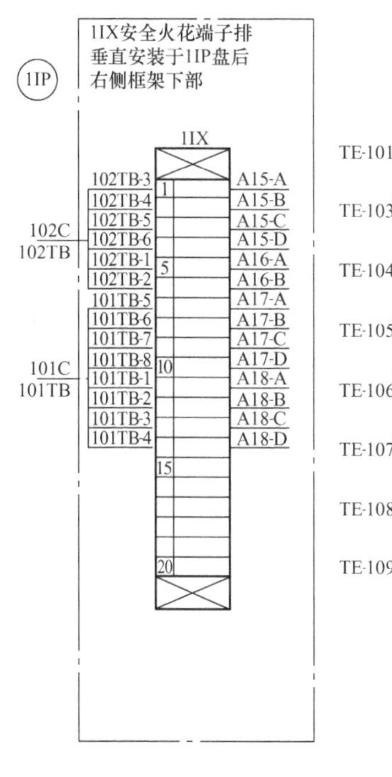

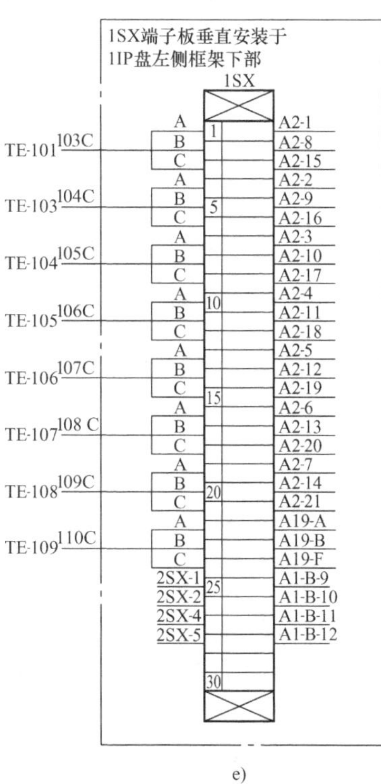

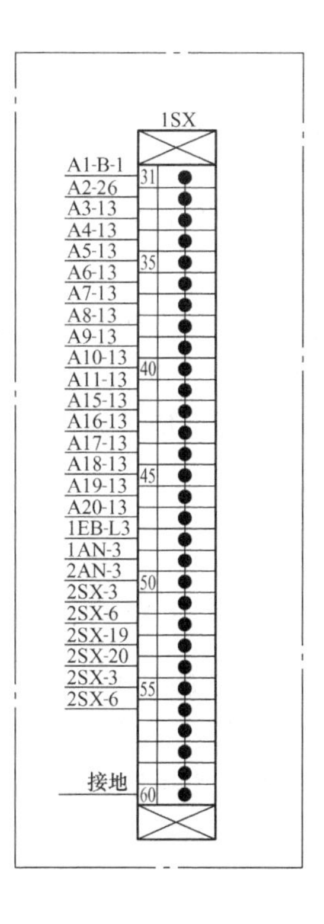

e)

图 2-5　1 号仪表盘背面电气接线图（续二）

思考与讨论

1. 对于图 2-1 所示图例的思考与讨论。

1）PI-203、LI-201、LI-202、TJR-206 分别是具有什么功能的仪表？是电动仪表还是气动仪表？

2）A、I 接头分别代表什么？303P 中“P”表示什么含义？

3）TJR-206 是几路仪表？214C 中的“C”表示什么含义？

4）总结直接连接法的优缺点。它多用在什么场合？

2. 对于图 2-2 所示图例的思考与讨论。

1）LI-301、FR-301、LC-301、FC-301 分别是具有什么功能的仪表？

2）LI-301 有两个接线点，找到它的另一端接线点。2SX-1 表示哪个端子？

3）FC-301 的电源供电接线点是哪几个？分别接供电箱哪些端子？

4）比较相对呼应编号法与直接连接法，你觉得哪个更好，说明理由。

3. 对于图 2-3 所示图例的思考与讨论。

1）哪些仪表规划为一个单元？为什么这样规划？单元编号是什么？

2）A1 单元信号连接来自哪里？输入信号连线的总条数是多少？

3）A1 单元的电源接线来自哪里？加上接地点共有几条线？

4）1SS 脉冲发生器为哪块仪表提供脉冲信号？

任务 2.2　差压变送器的调校、安装与维护

任务描述

在仪表出厂后安装使用前，必须先进行单体调校，量程、零点及线性度调整合格后才可安装投运。

电容式差压变送器是一种微位移式变送器，调校工作必须备有精密仪器。本任务主要是完成罗斯蒙特（ROSEMOUNT）公司生产的 3051 型电容式智能差压变送器的单体校验训练。学生通过本任务应掌握正确的校验规程，并且熟悉安装与日常维护的方法。

任务分析

2.2.1　3051 型差压变送器的单体调校

1. 调校准备工作

（1）差压变送器校验前需解决的问题

1）被校仪表为合格的要求。要使用的仪表必须满足准确度等级要求。

假设现在被校仪表的准确度等级为 0.5 级。由

$$\delta_{允} = \frac{\Delta_{max允}}{测量范围上限值 - 测量范围下限值} \times 100\% \tag{2-1}$$

则
$$\delta_{允}=\frac{\pm\Delta_{max允}}{20-4}\times100\% < \pm0.5\%$$

即
$$\pm\Delta_{max允} < \pm0.08mA$$

这里必须强调一点，仪表变差也必须在允许误差范围内。

2）采用的调校方法。一般采用五点校验法。假设被校仪表测量范围为0～40kPa，将测量点按0%、25%、50%、75%、100%均匀四等分，则分成0kPa、10kPa、20kPa、30kPa、40kPa五个点。它们对应的仪表输出标准电流信号值为4mA、8mA、12mA、16mA、20mA。以输入压力信号为横坐标，输出电流信号为纵坐标，画出如图2-6所示的五点校验曲线图。

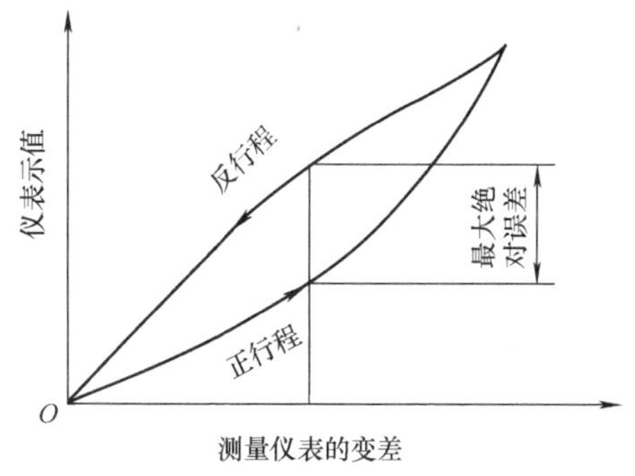

图2-6　差压变送器五点校验曲线图

先进行0%、25%、50%、75%、100%逐点正行程打压，将相应的电流表示值标在图上。然后略打压超过100%，再释压至100%。将变送器测量范围四等分，按100%、75%、50%、25%、0%逐点反行程释压。将相应的电流表示值再标在图上。

3）判定仪表合格的依据。绘制校验数据表格，假设数据见表2-6。

表2-6　差压变送器校验数据

输入压力信号/kPa		0	10	20	30	40
输出信号/mA	正行程读数$\chi_{正}$	4.00	7.99	12.01	16.01	19.98
	反行程读数$\chi_{反}$	4.02	8.07	12.04	15.96	20.01
	标准值$\chi_{标}$	4	8	12	16	20
绝对误差/mA	正行程$\Delta_{正}$	0	-0.01	0.01	0.01	-0.02
	反行程$\Delta_{反}$	0.02	0.07	0.04	-0.04	0.01
正反行程之差$\Delta_{变}$		0.02	0.08	0.03	0.05	0.03

从$\Delta_{正}$、$\Delta_{反}$中找出最大的绝对误差Δ_{max}，即

$$\Delta_{max}=0.07mA<0.08mA$$

则满足准确度要求。

再从$\Delta_{变}$中找出正、反行程最大偏差（即变差）为

$$\Delta_{max变}=0.08mA=0.08mA$$

则不满足准确度要求。

这里强调一点：$\Delta_{max变}$、Δ_{max}均须小于最大允许误差，仪表才是合格的。而从以上数据可得出结论：该被校仪表不合格。

（2）校验设备准备　需要准备好的设备有：3051型差压变送器、标准压力表、标准电流表、电阻箱（或250Ω电阻）、DC24V电源以及连接件导线、375 HART校验仪等。

2. 仪表气路、电路连接

按图 2-7 连接电路和气路。1151 有四个接线端，上部两端为信号端，分别标有“H”“L”标记，“H”端与 DC 24V 电源正极相连，“L”端与电源负极相连。下部两端为测试端，可接内阻小于 8Ω 的电流表，也可不接。如果将电源接到下部将会烧坏二极管，造成断路。

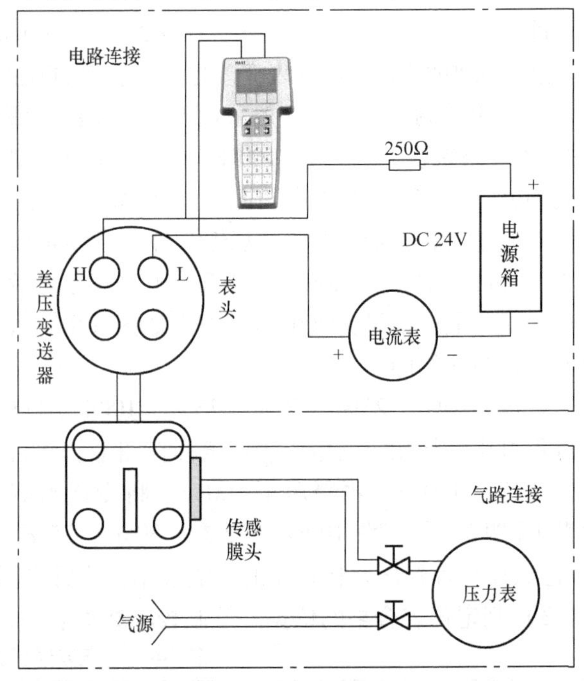

图 2-7　差压变送器校验连接图

引压管口连接时一定要注意密封，螺纹上必须缠绕聚四氟乙烯胶带，必要时可以做密封实验，否则有可能造成压力不稳、不准。完成气路连接后，可打压到量程的 2/3 处，在各气路连接处涂抹肥皂水，检查有无泄漏，确保气路的密封性。

电源供电电压调至 DC 24V 左右。电压为 12V 时负荷为 0，即输入变送器端子的电压不得低于 12V。电压达不到 12V 时，电路电压不够，转换电路不能正常工作。当电源电压超过 45V 时，电子元件功耗过大易损坏。因此，DC 24V 是最佳供电电压，这时回路串联的电阻应为 250Ω。

3. 仪表调校

（1）上行程、下行程校验

1）将被校仪表正、负压室开放通大气，接通电源稳定 3 min 后，将阻尼时间置于最小，此时变送器输出应为 4mA，否则调整“Z”零点螺钉，使之输出为 4mA。给变送器正压室输入量程信号，负压室通大气，变送器输出应为 20mA；若有偏差，调整“R”量程螺钉，使之输出为 20mA。

零点和量程调整螺钉位于电气壳体的铭牌后面，零点螺钉在上方，标有 Z；量程螺钉在下方，标有 R（图 2-8）。移开铭牌即可调整。输入压力不变，顺时针转动调整螺钉，变送器输出电流信号增大，逆时针调整则输出减小。

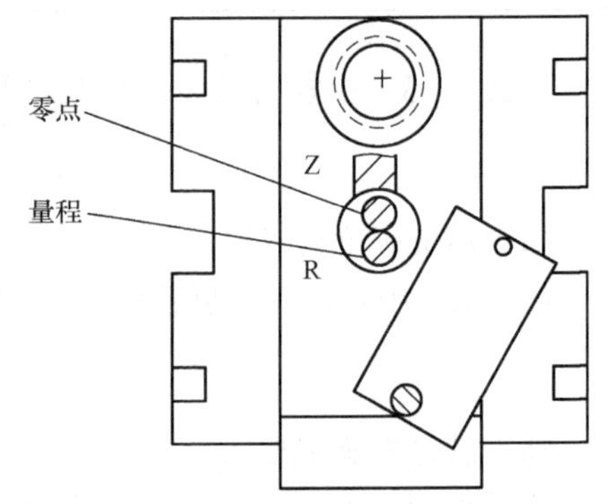

图 2-8　零点和量程的调整

2）重复上一步，直到符合要求为止。

3）变送器需要进行零点迁移时应在仪表相应压力侧施加初始差压，调整零点螺钉使输出为 4mA；如果调零点螺钉达不到要求，应切断电源，改变迁移插件位置，然后接通电源，再进行零位迁移调整。

4）将变送器测量范围四等分，按 0%、25%、50%、75%、100% 逐点输入信号，变送器的输出信号值应在误差允许范围之内；若超差，反复调整零点螺钉和量程螺钉。

5）校验完成后填写校验单。校验单的填写要真实，不得涂改；小数点后两位为有效数字；校验者、技术人员签名后存入档案。

（2）线性调整　除零点和量程调整外，图 2-9 所示的放大器板焊接面还有一个线性调整器（标记为“L”）。线性调整器在出厂时按产品的调校量程调到最佳状态，一般不在现场调整。

如果要求某一特定的测量范围有好的线性，应先输入所调量程压力的中间值，记下输出信号的理论值和实际值之间的误差。用 6 乘以量程下降系数再乘以前面记下的偏差值。量程下降系数的计算公式为

$$量程下降系数 = \frac{最大允许量程}{调校量程} \tag{2-2}$$

输入满量程的压力，调整标有“L”的微调器，若是负的偏差值，则将满量程输出加上这个数值；若是正的偏差值，则从满量程输出中减去这个值。例如，量程下降系数为 4，量程中点输出电流偏差值为 -0.05mA 时，调整线性微调器，使满量程输出增加 1.2mA。

（3）阻尼调整　图 2-9 所示的放大器板焊接面有一微调阻尼器（标记为“D”）。阻尼器用来抑制由被测压力引起的输出快速波动。其时间常数范围为 0.2～1.67s，出厂时，阻尼器调整到逆时针极限的位置上，时间常数为 0.2s。最好选择最短的时间常数，时间常数调节不影响变送器，所以可在现场进行阻尼调整。顺时针转动阻尼器可达到实际需要的阻尼值。

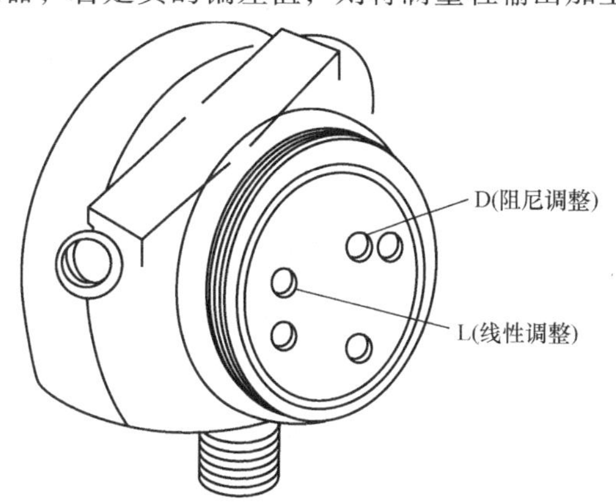

图 2-9　放大器板线性调整和阻尼调整

2.2.2　压力/差压变送器的安装

1. 压力/差压变送器安装注意事项

1）取压点处应保证有直管段，两边各大于 5*D*（*D* 为管道直径）。

2）在蒸汽管道上取压时，应在管道的侧面安装引压管，平衡罐应安装在引压管的最高点处。

3）排污管应安装在靠近变送器引压管连接处。

4）变送器的安装位置应低于取压点的位置。

2. 压力/差压变送器安装图

压力/差压变送器的典型安装方式如图 2-10 所示。

2.2.3　差压变送器的投用和维护

1. 差压变送器的投用

1）仪表投用前，应做好检查和准备工作，需要灌隔离液的仪表应灌好隔离液，将变送器的阻尼时间调到最佳的位置，并注意排出气泡。

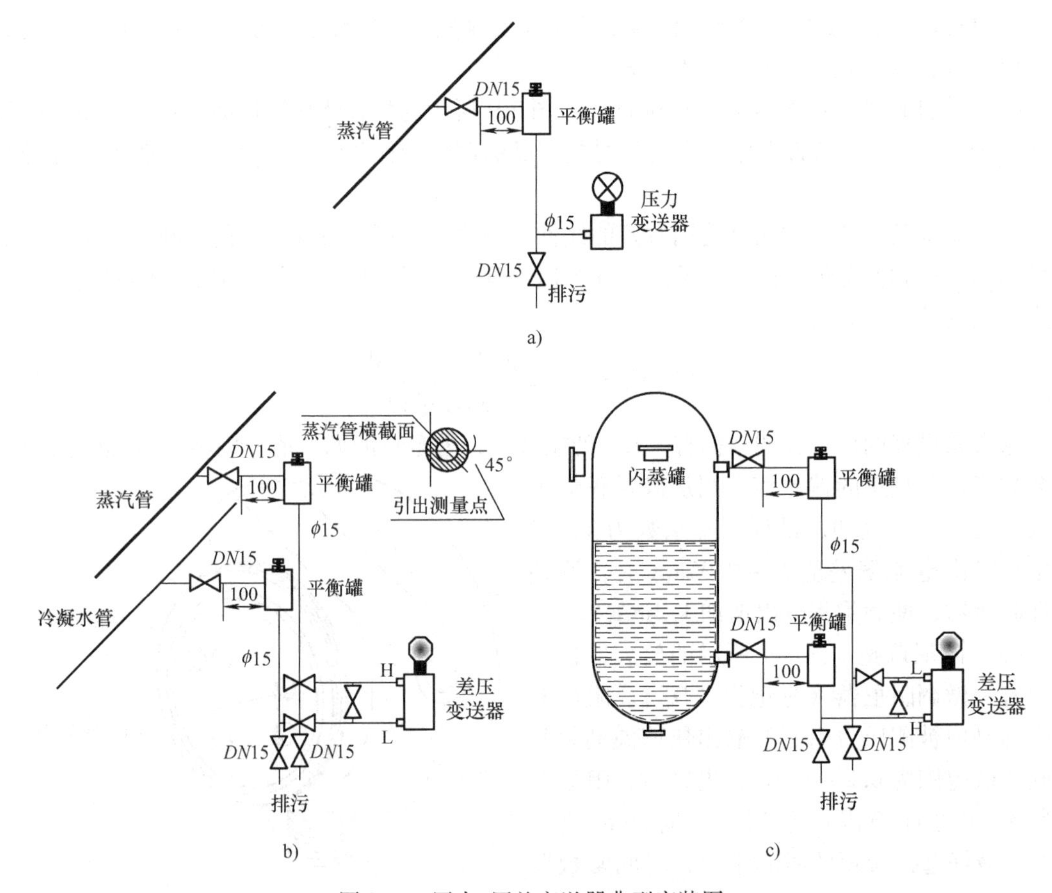

图 2-10　压力/压差变送器典型安装图

a）压力变送器测量蒸汽压力安装图　b）差变测管道差压安装图

c）差变测闪蒸罐冷凝水液位安装图

2）对于测量液面需要迁移的差压变送器，应在灌好隔离液的前提下，将三阀组的平衡阀关闭，高低压阀打开，一次阀上的放空阀打开，进行迁移调整，使变送器输出符合要求。

3）在确认差压变送器安装正确，试压无泄漏的情况下，可按以下步骤投用。

①打开一次引压阀。

②开启平衡阀（灌隔离液测量液位的仪表禁用此步骤）。

③开启三阀组的高压阀。

④关闭平衡阀，开启低压阀。

⑤对打冲洗油的差压变送器，启用前就将仪表及引压管灌满冲洗油，调好零位。然后再打开冲洗油。启用后应注意调好冲洗油流量，使仪表输出值与停冲洗油前相同。

2. 差压变送器的维护

1）仪表运行时应保持外观清洁无污物，表盘刻度清晰。

2）校验和调整零点，进行正负迁移的场合，必须在测量初始压力下进行。

3）仪表引压线、阀门及接头等不得有渗漏。

4）经常检查仪表保温伴热情况，防止隔离液冻凝和汽化。

5）在仪表管线吹扫时，不得使蒸汽进入仪表，以免过热损坏仪表。

6）定期对仪表进行校验，仪表检验周期一般为一年或一个检修周期。

2.2.4　压力/差压变送器安装时导压管常见故障案例

1. 导压管堵塞

以正导压管堵塞为例来分析导压管堵塞时的故障现象。在仪表维护中，由于差压变送器导压管排放不及时，或介质脏、黏等原因，容易发生导压管堵塞现象，造成变送器输出下降。一般情况下，导压管堵塞主要是测量导压管不定期排污或测量介质黏稠、带颗粒物等原因造成的。

2. 导压管泄漏

以正导压管泄漏为例来分析导压管泄漏时的故障现象。如某加热炉采用节流孔板与差压变送器构成的差压式流量计测量控制阀用净化风总管线的流量。装置生产正常时的用风流量基本是稳定的，但在后期的生产过程中发现用风流量比正常值下降了很多。经过检查，二次仪表（DCS）组态及电信号回路工作正常，变送器送检定室标定正常，于是怀疑问题出在导压管上。经过检查，故障因正导压管焊接不好造成泄漏所致，经过补焊堵漏后，流量测量恢复正常。

当泄漏量非常小时，由于种种原因，工艺操作或仪表维修人员很难发现，只有当泄漏量大，所测流量与实际流量相比有较大误差时才会发现。上述仪表控制阀用净化风管线的流量测量就这属于这种情况。

3. 气体流量导压管积液引起的变送器测量误差

当气体流量取压方式不正确或导压管安装不符合要求（与水平成不小于1∶10的斜度连续上升）时，常常造成导压管内部积存液体。这种现象往往会致使测量不准。如果在变送器量程很小的情况下，甚至会造成变送器输出的一些波动。

以上典型故障案例，对使用差压变送器的测量回路，由于导压管原因造成回路测量故障做了一些分析，这几种故障都是在仪表设备维护中非常常见的，通过分析可知，无论是导压管堵塞还是导压管中有积水，同样的故障，其表现出来的现象有时并不同，所以在分析问题时应该具体情况具体分析。

任务实施

选择一款重庆横河川仪有限公司生产的EJA型智能差压变送器（HART通信）作为被校验仪表。假设该仪表准确度等级为0.5级，所需测量范围为0～60kPa，阻尼时间为0.3s。使用HART校验仪（外观如图2-11所示）对智能差压变送器通信并组态，完成仪表单体校验，并填写表2-7。

校验所需设备除HART校验仪外，其他与前面所述相同。电路、气路连接及上下行程调校过程也基本与前面讲的常规压力/差压变送器一样。这里只简单介绍使用HART校验仪对智能差压变送器重要参数进行组态的步骤。

如图2-7所示，将HART校验仪数据线分别挂接在变送器表头的H、L两接线柱上。然后打开校验仪电源，上电预热，HART与仪表实现通信。选择“HART APPLICATION”（HART应用），再选“ON-LINE”（在线）进入组态首页。选择第一行“DEVICE SETUP”

(设备设置)，进行参数设置。在该菜单中选择第三行“BASIC SETUP”（基本设置），完成 TAG（仪表位号）、URV（量程上限）、LRV（量程下限）、DAMP（阻尼）等重要参数的设置。最后退回到组态首页。

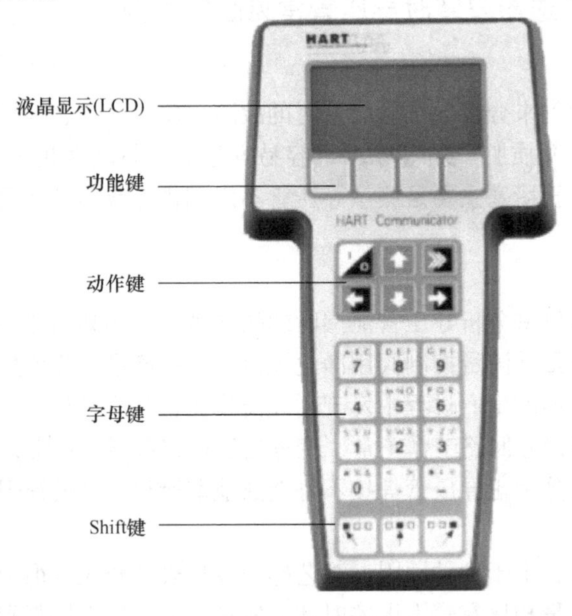

图 2-11　HART 手操器外观图

表 2-7　差压变送器校验单

仪表类别	编号	型号	测量范围	精度	允差	校验时室温
被校仪表						
标准表Ⅰ						
标准表Ⅱ						

测量部位：　承校班组：　校验人：　校验日期：

<table>
<tr><td rowspan="4">校验点</td><td rowspan="4">%</td><td colspan="2">输　入</td><td rowspan="2">标准值</td><td colspan="4">输　出</td><td>变差</td></tr>
<tr><td colspan="2">标准表Ⅰ示值</td><td colspan="2">标准表Ⅱ示值</td><td colspan="2">基本误差</td><td rowspan="2">(　)</td></tr>
<tr><td rowspan="2">(　)</td><td rowspan="2">(　)</td><td rowspan="2">(　)</td><td colspan="2">(　)</td><td colspan="2">(　)</td></tr>
<tr><td>上升</td><td>下降</td><td>上升</td><td>下降</td><td></td></tr>
<tr><td></td><td></td><td></td><td></td><td></td><td></td><td></td><td></td><td></td><td></td></tr>
<tr><td></td><td></td><td></td><td></td><td></td><td></td><td></td><td></td><td></td><td></td></tr>
<tr><td></td><td></td><td></td><td></td><td></td><td></td><td></td><td></td><td></td><td></td></tr>
<tr><td></td><td></td><td></td><td></td><td></td><td></td><td></td><td></td><td></td><td></td></tr>
<tr><td></td><td></td><td></td><td></td><td></td><td></td><td></td><td></td><td></td><td></td></tr>
</table>

交接意见：

验收人：　　　年　月　日

思考与讨论

以下是关于差压变送器安装不正确造成故障的思考与讨论。

某钢厂大型高炉的煤气流量测量系统，用差压变送器测量流量，取压方式为环室取压。煤气流动方向为向下，放空方式为安全考虑，设为集中式排放。本测量系统刚投用时工作正常，运行一段时间后，测得的流量逐渐变大，放空后正常，再工作一段时间后，测得的流量又逐渐变大。经过检查，二次仪表（DCS）组态及电信号回路工作正常，变送器送检定室标定正常，用侧漏仪表检查双侧导管正常。

1）从上面对故障现象和检查结构的描述，你认为仪表接线回路有问题吗？变送器本身有问题吗？是导压管线堵塞和泄漏问题吗？如果不是这些原因，那么最有可能是什么原因？整理出查找该仪表故障原因的分析思路。（提示：检查两侧导压管线内有无积液。）

2）差压变送器的导压管线敷设时应该遵循什么原则？上述示例与哪条原则不符？

任务2.3　控制阀的调校、安装与维护

任务描述

控制阀在控制系统中的动作会直接影响工艺参数的变化，因此在使用前必须对它进行调校，以获得良好的线性。另外，调节阀直接安装在工艺管道上，使用条件恶劣，如高温高压、深度冷冻、极毒、易燃、易爆、易渗透、易结晶、强腐蚀和高黏度等，它的好坏将直接影响系统的质量，因此应重视调节阀的作用，加强维护和保养。学生通过本任务应完成现场调校，并熟悉执行器的安装使用、日常维护及故障处理。

任务分析

2.3.1　控制阀的现场调校

除了现场装有副线的控制阀可经副线将调节阀切出工艺进行校准外，其余都只能在停运状态下才能校准。

为了提高调节性能，气动控制阀往往装有阀门定位器，在一般情况下控制阀都是连同阀门定位器一起校准的。

1. 调校准备工作

1）准备校验设备。QGD-100型气动定值器一台；精密电流表，量程为0～30mA；电流发生器或万用表一台；气动薄膜控制阀ZMAP-16K一台；标准压力表（精度等级不低于0.4级，量程为0～160kPa）一块。

2）测量气路、电路连接。按图2-12所示接配管线。图中标准压力表用作监视定位器输出。

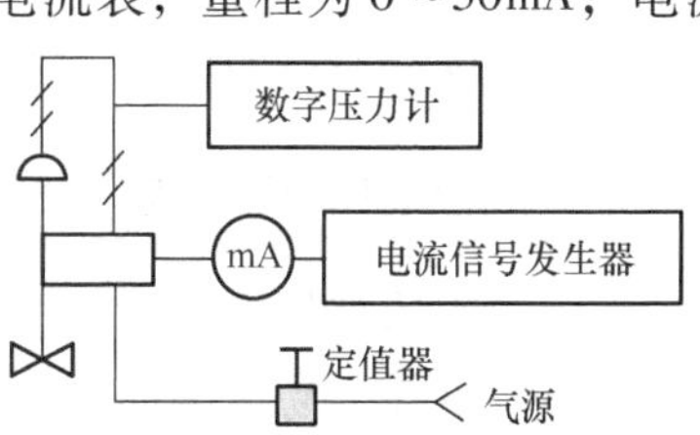

图2-12　带阀门定位器的调节阀校准原理图

3）调定值器输出，观察阀杆运动是否灵活、连续。先送入4mA输入信号，观察数字压力计是否为20kPa，阀

门行程是否在起始位置（或最大行程位置）。再将输入信号调整到 20mA，观察数字压力计是否为 100kPa，阀门行程是否达到最大行程位置（或起始位置）。

2. 现场校准

1）给电/气阀门定位器输入 4mA 的信号，调整电/气阀门定位器的零点调节螺钉，让阀处于全关状态；给电/气阀门定位器输入 20mA 的信号，调整量程调节螺钉，让阀处于全开状态。零点和量程应反复调整，直到符合要求为止。

2）选输入信号压力为 4mA、8mA、12mA、16mA、20mA 五个点进行校准。对应阀位指示应为 0%、25%、50%、75%、100%。按正、反两个方向进行校准。阀位指示以全行程（单位为 mm）乘以刻度百分数，即能得到行程的毫米数。在压力表上读取各点信号压力值，记录数据，并给出线性度结论。

因调节阀校准是现场校准，阀门已经装在使用位置，所以有的项目（如气密性试验等）无法进行。在定位器和调节阀联动校准过程中，如发现定位器工作不正常，则应将定位器取下单独校准。

2.3.2 控制阀的安装和使用

控制阀能否发挥作用，一方面取决于阀的结构、特性选择是否合适，另一方面取决于安装与维护、使用情况。安装时一般应注意以下几点。

1）安装前应检查控制阀是否完好，阀体内部是否有异物，管道是否清洁等。

2）控制阀应垂直、正立安装在水平管道上。特殊情况下需要水平或倾斜安装的需要加支撑。

3）安装位置应方便操作和维修。阀的上、下方应留有足够的空间，以便维修。

4）控制阀阀组（前后切断阀、排放阀、旁通阀）配管应组合紧凑，便于操作、维修和排液，如图 2-13 所示。

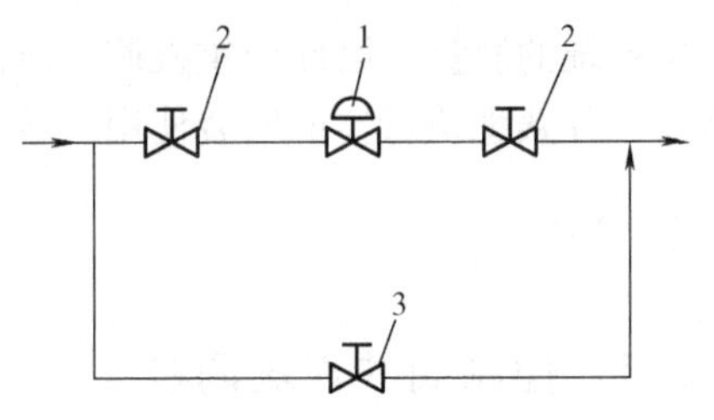

图 2-13　控制阀在管道中的安装

1—调节阀　2—切断阀　3—旁路阀

5）环境温度一般不高于 60℃、不低于 -40℃。用于高黏度、易结晶、易汽化及低温流体时，应采取保暖和放冷措施。

6）应远离连续振动设备。安装在有振动的场合时，宜采取防振措施。

控制阀的工作环境复杂，一旦出现问题会影响很多方面，例如系统投运、系统安全、调节品质、环境污染等。因此要正确使用控制阀，尽量避免让控制阀工作在小开度状况下，因为在小开度下，流体流速最大，对阀的冲蚀最严重，严重影响阀的使用寿命。在一些特殊环境中，如腐蚀性介质的控制，节流元件可用特殊材料制造，以延长使用寿命。

2.3.3 控制阀的常见故障排查

控制阀阀体部件直接与工艺介质相接触，使用条件恶劣，如高温高压、深度冷冻、极毒、易燃、易爆、易渗透、易结晶、强腐蚀和高黏度等，如维护、使用不当，就容易发生故障。所有控制仪表发生的故障或误操作，一般都集中表现在控制阀上。控制阀的常见故障形式、排查方法可参考表 2-8。

表 2-8　控制阀的常见故障形式与排查方法

序号	故　障	产生原因	排查方法
1	阀没有动作	1）气源故障，供气管严重漏气 2）输入信号消失 3）定位器、转换器出现故障 4）薄膜破裂，弹簧断裂 5）阀杆、阀芯卡死等	1）首先检查上游仪表，按信号—转换器—定位器的顺序 2）查气源压力和供气量 3）执行机构中是否漏气 4）最后查阀
2	阀动作迟缓	1）气源压力低 2）膜片、活塞环漏气 3）填料太紧，阀杆变形 4）定位器响应性能差	1）检查气源、定位器性能 2）膜片、活塞环是否漏气 3）检查填料压盖 4）最后检查阀芯、阀杆
3	阀不能全关	1）输入信号有问题 2）操作气压不足或弹簧力不足 3）定位器调试时未到全行程 4）工况压差大于设计压差 5）阀座、阀芯上有杂物	1）检查信号和气源 2）检查工况的介质压差 3）核对弹簧压力范围 4）校验定位器
4	阀关闭时泄漏大	1）执行机构推力小，或弹簧力不足 2）阀芯、阀座损坏 3）阀座松动，垫片冲坏 4）阀座和阀芯之间有杂物	1）调整执行机构 2）拆开检查
5	阀振动	1）定位器调整不好 2）阀开度太小，流向不对 3）填料太紧 4）阀芯与导套间隙太大 5）附近有振动源	1）首先查定位器是否振荡 2）检查流向和开度 3）调整填料 4）如开度太小、间隙太大，待大修时调换阀型号或口径 5）检查支撑和避振结构
6	填料泄漏	1）填料未压紧 2）填料材质与介质不匹配 3）阀杆变形毛糙 4）填料压盖变形	1）压紧填料 2）核查填料材质 3）拆开阀检查阀杆和压盖
7	阀体垫片渗漏	1）拧紧力矩不足 2）垫片损坏 3）密封面损坏，螺孔中有渗漏	1）加大预紧力 2）拆开检查垫片、密封面和双头螺柱的螺孔

2.3.4　执行器的维护

1. 执行器日常维护保养

日常维护保养包括安装时采取的预防性措施、巡回检查时采取的预防性措施和临时性维修。

以下重点介绍安装时采取的预防性措施，主要有以下几点。

1）清洗。调节阀在安装之前应进行清洗，同时对管道进行冲洗，清除遗留的垃圾、焊渣等杂物，避免垃圾卡住阀芯，防止高速垃圾打坏阀或其他设备。

2）避免安装应力。安装调节阀时，经常碰到管道法兰之间不同轴，严重歪斜；有时法兰距离与阀的端面距离相差太大；用撬棒硬拉、硬弯管道，勉强把阀装上去，这样阀将长期承受应力，会引起不同程度的变形。

3）固定好支撑。大口径的阀自重很大，如 41000 套筒阀，8″Class600 阀的质量为 510kg，Class1500 阀的质量为 895kg，这样的阀在其下面要垫支撑物，不能悬挂在管道上。对于水平安装的阀，阀体与执行机构的连接处一般都要加支撑架，避免阀承受扭矩和弯矩。

4）避免振动。阀与压缩机、泵等动力机械靠得太近，将受到强迫振动，可能引起共振，所以两者之间要用避振设施。压差较大的阀，高速的流体冲击阀芯也会引起振动，因此选用时就要注意限制阀进口流速，同时使用合适的结构形式。阀进口段要有相当长的直管段，一般为阀口径的 10 倍，避免弯头内的乱流冲击阀内件。

2. 执行器运行时的日常维护

执行器运行时的日常维护主要包含以下两项工作。

1）保证气源干净，电源可靠。调节阀产品的国家标准对气源、电源有明确的规定。对电动阀要严格按电压、相数、交流直流、接地等要求供电，接线可靠。气源必须干燥、清洁，不含油、水、灰尘和其他腐蚀性物质，防止执行机构和定位器中橡胶膜片的加速老化，避免定位器内恒节流孔被堵死。为气动阀或阀门定位器供气用的空气过滤减压器应正确使用，及时排掉过滤出的油液、污垢，定期清洗过滤元件。

2）定期检查和加油。调节阀使用后要定期检查，重点检查动作是否平稳、推杆与阀杆的连接是否松动、填料和阀体垫片处有无渗漏。常见的现象是填料处有渗漏，此时应及时拧紧填料螺母，如使用注油器，则应定期加油。在有酸雾或腐蚀性气体的场所，暴露在外的阀杆用塑料管或橡胶波纹管保护，若发现保护套破裂，应及时调换。

调节阀虽然由钢铁材料制成，但在烈日暴晒、飞沙走石、风雪交加等恶劣环境里也会很快损坏。这些情况往往事先无法预料，在使用过程中可采取增加简易防护设施、遮阳挡雨、隔离风沙等措施来延长阀的使用寿命。

3. 执行器故障检修

执行器在运行过程中一旦安全性能出了问题，或不能正常操作，无法满足自动控制系统的要求，那就说明已出现故障，必须修理。这已经纳入化工厂、电站的周期性大修中。一般完成维修任务要从以下几步入手。

1）整机清洗。管线卸压、降温，拆下阀门后必须清洗。一般用水浸泡或用水蒸气吹扫。对酸、碱、放射性或有腐蚀性的介质，用特殊工艺进行处理，避免影响人体健康，防止污染环境。

2）拆卸与检查阀门。先把执行机构与阀门拆开，拆开之前挂好标签，在连接处做好标记。然后把上阀盖从阀体上拆下来，在中法兰的连接处也要做好标记。在阀体中取出阀芯-阀杆部件、套筒，阀体垫片、双头螺柱；拧下阀座、阀座垫片。从上阀盖中取出填料法兰、压盖，钩出填料和衬垫等。

拆下后首先清洗干净，重点检查以下几种零件：①阀体，检查内壁受损情况；②阀芯、阀座，检查节流面损坏程度，决定可否修复；③阀杆，检查与阀芯连接的螺纹是否松动，阀杆是否弯曲、变形、磨损；④填料，检查是否变形、老化，一般不会重复使用；⑤阀体垫片、阀座垫片，一般不会重复使用。

3）拆卸与检查执行机构。把气动膜头四周的螺栓拆去，取出膜片、弹簧-推杆部件，取出支架中的O形环等。清洗干净，仔细检查。检查膜片是否有老化、裂纹、网布脱胶；检查弹簧表面有无锈蚀、裂纹、永久变形；O形环是否老化、磨损、断裂；推杆有无变形、锈蚀。如果是活塞式执行机构，检查缸内壁有无磨损、拉毛，活塞环和导向件是否老化和磨损，活塞及活塞杆是否变形、磨损。

4）重新组装。完成检查后，零件经修复、调换即可重新装配。然后再把执行机构和阀门两个部件连接成整机。在装配时，应注意加润滑脂。配用的阀门定位器、空气过滤减压器等辅助仪表，经修理、测试合格后安装在原位。

5）性能测试。组装的调节阀按出厂项目进行测试检验，如气密性、密封性、耐压强度、泄漏量、基本误差、回差、死区、额定行程、始终点偏差等。在有特殊需要的场合加做额定流量试验和流量特性试验。

在检修故障之前，通常准备好下列易损备件。

1）阀体部件，如填料、阀体垫片、阀座垫片、双头螺柱、安全销等。

2）气动执行机构部件，如O形橡胶环、活塞环、膜盖用螺栓。按执行机构同规格数量的一定百分比准备膜片、弹簧。

3）其他易损件，如阀芯、阀座、阀杆、套筒、填料法兰等。因其价格较贵，一般事先不用备好，待拆开检查后决定需要调换的，再向原生产厂家购买。

任务实施

想要做好执行器故障检修工作，必须熟悉执行器内部结构，理解动作原理。以气动薄膜控制阀ZMAP-16K为例，完成执行器拆卸与组装任务。

执行器的拆卸与组装主要包括以下几项工作。

1. 拆卸执行机构

对照结构图，卸下上阀杆，并拧动下阀杆使之与阀杆连接螺母脱开。依次取下执行机构内各部件，记住拆卸顺序及各部件的安装位置，以便重新安装。在执行机构的拆装过程中可观察到执行机构的作用形式，通过薄膜与上阀杆顶端圆盘的相对位置即可分辨。若薄膜在上，则说明气压信号从膜头上方引入，气压信号增大使阀杆下移，弹簧被压缩，为正作用执行机构；反之若薄膜在下，则说明气压信号从膜头下方引入，气压信号增大使阀杆上移，弹簧被拉伸，为反作用执行机构。

2. 拆卸阀体

卸去阀体下方各螺母，依次卸下阀体外壳，慢慢转动并抽出下阀杆（因填料函对阀杆有摩擦作用），观察各部件的结构。在阀的拆卸过程中可观察以下几点。

1）阀芯及阀座的结构形式。拆开后可辨别阀门是单座阀还是双座阀。

2）阀芯的正、反装形式。观察阀芯的正、反装形式后，可结合执行机构的正、反作用来判断执行器的气开、气关形式。

3）阀的流量特性。根据阀芯的形状可判断阀的流量特性。

3. 安装执行器

将所拆卸的各部件复位并安装，在安装过程中要遵从装配规程，注意膜头及阀体部分要上紧，以防介质和压缩空气泄漏。安装后的执行器要进行膜头部分的气密性试验，即通入0.25MPa的压缩空气后，观察在5min内的薄膜气室压力下降值是否符合技术指标要求，也可以用肥皂水检查各接头处有无漏气现象。

4. 调整泄漏量

执行器安装完毕，用手钳夹紧下阀杆并任意转动，可改变阀杆的有效长度，最终改变阀芯与阀座间的初始开度，进而改变执行器的泄漏量，这是调整泄漏量的基本方法。

思考与讨论

以下是关于调节阀故障的原因分析及处理措施的思考与讨论。

某加工厂有一台高压角形调节阀，阀体为流闭型，结构形式为单座阀，控制介质为液体，长期在小开度运行，并频繁出现阀杆断裂和高频振荡。

（1）故障原因是什么？该如何处理？

（2）怎样防止和减少调节阀的噪声？

【提示】故障原因可从以下两方面进行分析。

1）阀结构形式选择错误。从题意分析，阀门为流闭型、单座阀，且在小开度工作，这样就造成高压介质直接冲击阀芯头部及阀杆下端，形成强大的切应力，并随介质的流动状态产生高频振荡或振断阀杆。

2）阀流量系数选择过大。根据理论分析可知，单座阀较为理想的运行开度一般为50%~70%，而该阀长期在小开度工作，造成阀杆在阀腔里悬空过长，而且受介质的剪切力过大，从而造成阀杆断裂或高频振荡。

处理措施：单座阀不平衡力大，如选择套筒阀，即在阀芯外面增加一个套筒，让介质的切应力直接作用在套筒上，可消除阀芯上的切应力，同时通过套筒与阀芯导向部分的接触，又可保护阀芯在全行程范围内正常运行。

任务2.4　简单控制系统实施

任务描述

在控制系统方案设计、仪表安装调校就绪后，或者经过停车检修之后，接下来的工作就是将系统投入运行。而控制器参数必须进行调整，才能使得系统的过渡过程达到最为满意的质量指标要求。

任务分析

2.4.1　投入运行前的准备工作

简单控制系统安装完毕或经过停车检修之后，要（重新）投入运行。所谓控制系统的投运，就是将系统从手动工作状态切换到自动工作状态。

投运前，首先应熟悉工艺过程；了解主要工艺流程和对控制指标的要求，以及各种工艺参数之间的关系；熟悉控制方案；熟悉测量元件、控制阀的位置及管线走向；熟悉紧急情况下的故障处理。投运前的主要检查工作如下。

1）对检测元件、变送器、控制器、显示仪表、控制阀等进行检查，确保仪表能正常使用。

2）对各连接管线、接线进行检查。如是否接错；通断情况；是否有堵、漏现象，保证连接正确和线路畅通。例如，孔板上、下游导压管与变送器高、低压端的正确连接；导压管和气动管线必须畅通，不得中间堵塞；热电偶正负极与补偿导线极性、变送器、显示仪表的正确连接；三线制或四线制热电阻的正确接线等。

3）对流量测量中采用隔离液的系统，要在清洗好引压导管以后灌入隔离液。

4）应设置好控制器的正反作用方式、手自动开关位置等；并根据经验或估算，预置比例、积分、微分参数值，或者先将控制器设置为纯比例作用，比例度置于较大的位置。

5）检查控制阀气开、气关形式的选择是否正确，关闭控制阀的旁路阀，打开上下游的截止阀，并使控制阀能灵活开闭，安装阀门定位器的控制阀应检查阀门定位器能否正确动作。

6）进行联动试验，用模拟信号代替测量变送信号，检查控制阀能否正确动作，显示仪表是否正确显示等；改变比例度、积分和微分时间，观察控制器输出的变化是否正确。采用计算机控制时，情况与采用常规控制器时相似。

2.4.2　简单控制系统的投运

配合工艺的开车过程，简单控制系统各组成部分的投运次序一般如下。

1）检测系统投运。温度、压力等检测系统的投运较为简单，可逐个开启仪表。对于采用差压变送器的流量或液位系统，从检测元件的头道阀开始，逐个缓慢地打开头道阀，打开正压阀，关闭平衡阀，打开负压阀等。

2）调节阀手动遥控。手动遥控阀门、控制器的手动/自动切换操作实际上都是在控制室中控制器面板上进行的人工操作。控制器面板如图2-14所示，操作人员将控制器打在手动位置（按下MAN开关），控制器方式指示为“MAN”状态（即手动状态），根据被控变量当时指示值的大小，按下输出点动或联动键改变控制器的输出，使控制阀处在正常工况下的开度，尽量使被控变量接近给定值，当过程比较稳定且扰动较小时，将控制器切入自动，这就实现了无扰动切换。

3）控制器的投运。把控制器参数设定为合适的参数，通过手动操作使

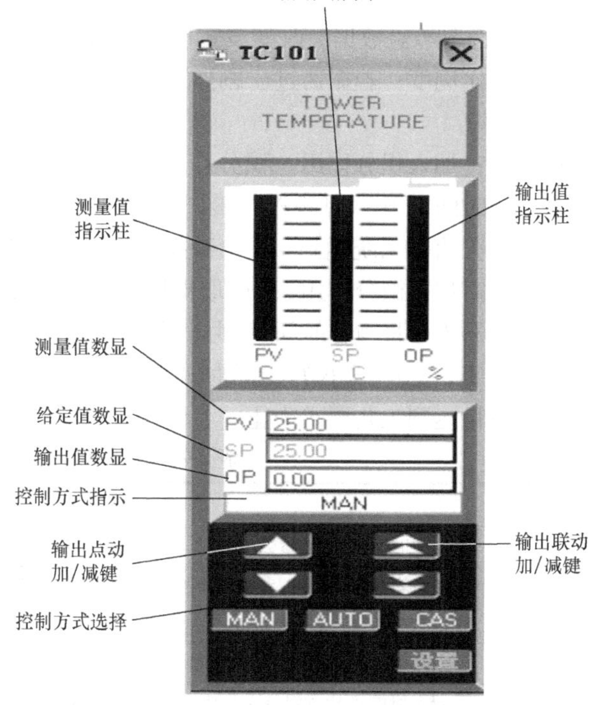

图2-14　控制器面板示意图

给定值与测量值相等（偏差为零）切入自动。若还不够理想，则继续整定调节器参数，直到满意为止。

当然也可能遇到控制品质达不到预定指标的情况。这可能是由于前期检查不细出现的问题，也可能是设计不合理的问题，如控制阀口径选择过大或过小，此时必须将控制器切回手动才能确定原因，再研究改进措施。

2.4.3 控制器参数的工程整定

一个自动控制系统的质量好坏与被控对象、扰动大小与形式、控制方案（即控制器的整定参数）有着密切的关系。在对象特性、控制规律等都已经确定的情况下，控制质量主要取决于控制器参数的整定。所谓控制器参数的整定，就是对已定的控制系统求取使控制质量达到最佳的控制器的参数值。具体来说，就是选择最佳的比例度 δ、积分时间 T_i 和微分时间 T_d。

一个自动控制系统投运时，控制器的参数必须整定，这样才能获得满意的控制质量。同时，在生产进行中，如果工艺操作条件改变，或负荷有很大变化，被控对象的特性就要改变，因此，控制器的参数必须重新整定。

目前整定参数的方法有经验法、临界比例度法和衰减曲线法等，它们都不需要获得对象的动态特性，而直接在闭合的控制回路中进行整定，因而简单、方便，适合在实际工程中应用。

(1) 经验法　经验法是工人、技术人员在长期生产实践中总结出来的一种整定方法，在生产现场得到了广泛的应用。经验法按两步顺序进行整定，一般认为比例作用是基本作用，故采用先比例、后积分微分的顺序。

第一步：调比例度。在闭合运行的控制系统中，将调节器的 T_i 置于最大、T_d 置零，δ 从表 2-9 中选取经验数据。改变设定值并加入扰动，观察记录曲线，若超调量大且趋于非周期，应减小比例度；若振荡过于剧烈，则应加大比例度，使系统达到 4∶1 衰减振荡的过渡过程为止。

第二步：加入积分作用。积分作用之前，需将已凑试好的比例度加大 10% ~20%，然后再将积分时间 T_i 由大到小进行凑试，若曲线恢复时间很长，应减小 T_i；若曲线波动较大，则应增大 T_i，直到系统达到 4∶1 衰减振荡的过渡过程为止。

若系统需加入微分作用，δ 应取得比纯比例作用时更小些，T_i 也应减小些，一般先取 $T_d = (1/4 \sim 1/3)T_i$，将微分时间 T_d 由小到大凑试，若曲线超调量大而衰减慢，应增大 T_d；若曲线振荡厉害，则应减小 T_d，同时观察曲线，适当调整 T_i、δ，以使过渡时间短、超调量小，控制质量达到工艺要求为止。

表 2-9　控制器参数的经验数据

控制对象	对象特征	δ(%)	T_i/min	T_d/min
流量	对象时间常数小，参数有波动，δ 要大；T_i 要短；不用微分	40 ~ 100	0.3 ~ 1	
温度	对象容量滞后较大，参数受干扰后变化迟缓；δ 应小；T_i 要长；一般需加微分	20 ~ 60	3 ~ 10	0.5 ~ 3
压力	对象的容量滞后一般，不算大，一般不加微分	30 ~ 70	0.4 ~ 3	
液位	对象时间常数范围较大。要求不高时，δ 可在一定范围内选取，一般不用微分	20 ~ 80		

（2）临界比例度法　临界比例度法是一种比较成熟、常用的控制器参数整定方法，在大多数控制系统中能得到良好的控制品质。先将控制器的积分作用和微分作用除去，按比例度由大到小的变化规律，对应于某一 δ 值做小幅度的设定值阶跃干扰，以获得临界情况下的临界振荡。如图 2-15 所示的比例度叫作临界比例度 δ_k，振荡的两个波峰之间的时间即为临界振荡周期 T_k。

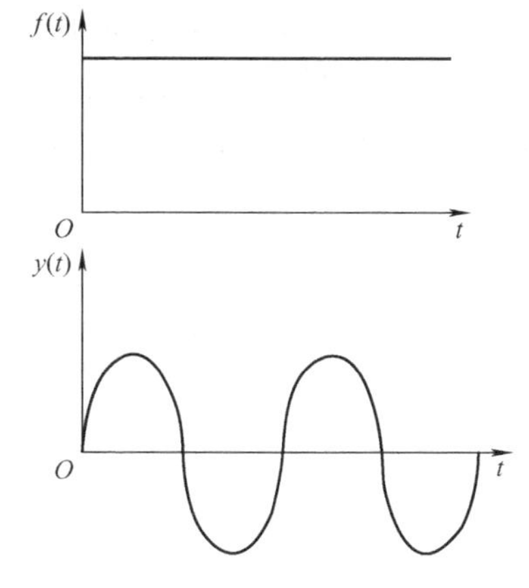

图 2-15　临界振荡过程

然后可按表 2-10 中所列的经验公式求取控制器参数的最初设定值。观察系统的响应过程，若曲线不符合要求，再适当调整整定参数值。

临界比例度法虽然比较简单方便，容易掌握和判断，但不适用于临界比例度很小的系统，对于工艺上不允许产生等幅振荡的系统也不适用。

表 2-10　临界比例度法参数计算经验公式

控制作用	δ(%)	T_i/min	T_d/min
比例	$2\delta_k$		
比例 + 积分	$2.2\delta_k$	$0.5T_k$	
比例 + 微分	$1.8\delta_k$		$0.1T_k$
比例 + 积分 + 微分	$1.7\delta_k$	$0.85T_k$	$0.125T_k$

（3）衰减曲线法。这种方法是以得到具有通常所希望的衰减比（4:1）的过渡过程为整定要求的。具体整定方法如下。

第一步：将调节器的 T_i 置于最大、T_d 置零，使系统处于纯比例作用下比例度放大较大的数值上，待系统稳定。

第二步：用改变设定值的方法加入阶跃扰动，观察记录曲线的衰减比，直到出现 4:1 衰减比为止，记下此时的比例度 δ_s，并从过渡过程曲线上求出衰减振荡周期 T_s。

第三步：根据 δ_s、T_s，按表 2-11 中的经验公式计算出调节器的 δ_s、T_s、T_i、T_d。将调节器的比例度放在比计算值稍大的数值上，T_i、T_d 分别置于计算值上，观察过渡过程曲线，逐渐将比例度降至计算值，直至过渡过程曲线满意为止。

其方法是：在纯比例作用下，由大到小调整比例度以得到具有衰减比的过渡过程，记下此时的比例度 δ_s 及振荡周期 T_s，根据经验公式，求出相应的积分时间 T_i 和微分时间 T_d。

表 2-11　4:1 衰减曲线法控制器参数计算经验公式

控制作用	δ(%)	T_i/min	T_d/min
比例	δ_s		
比例 + 积分	$1.2\delta_s$	$0.5T_s$	
比例 + 积分 + 微分	$0.8\delta_s$	$0.3T_s$	$0.1T_s$

任务实施

完成上水箱液位控制系统的投运，其流程图与框图如图 2-16 所示。这是一个比较系统的工作，建议 3 ~4 人一组合作完成。可以选择合适的控制方案，构建控制系统。通过参阅智能调节器 AI519、三菱变频器 FR-S500 的仪表操作手册，按照仪表说明书对仪表进行参数设置，并将控制系统投入运行。为了使系统稳定在控制指标，要选择合适的控制规律，根据所记录的上水箱液位的过渡过程曲线，实时调整 PID 参数。并且对工作过程中发生的仪表及线路故障能进行初步分析，尽可能自行排除。

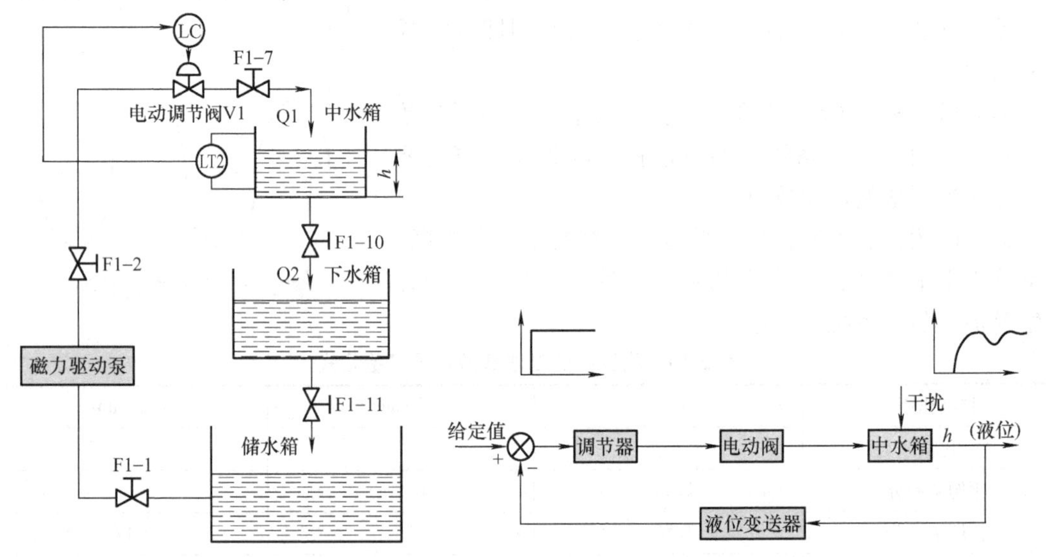

图 2-16　上水箱液位控制系统流程图与框图

下面选择智能调节器 + 变频器方案，按下列步骤投运上水箱液位控制系统。

1）上电准备。检查各阀门是否关闭；检查电源开关是否关闭：将电源控制板上的带漏电保护总开关、电源总开关、1 号变频器电源开关、2 号变频器电源开关、加热管电源开关置于关的位置；关闭动力支路上通往其他对象的切换阀门；在电源控制屏上打开 1 号变频器的电源开关。

2）开启实训装置，投运检测系统。将实验装置电源插头接 380V 的单相交流电源；打开带漏电保护总开关；打开电源总开关，电源指示灯亮，即电源开启。液位变送器上正常供电 DC24V 即可工作。

3）参阅调节器 AI519 说明书，设置相应参数。将上水箱液位信号送至调节器，调节器的控制信号送往变频器，即组成一个单闭环的控制回路。在控制面板上，将控制器设为手动遥控方式。关闭自整定功能，将控制器作用方向设置为“反作用”，液位给定值设为 SP = 150mm，要求液位最大偏差不超过 ±30mm，余差不超过 ±1mm，调节时间 $t_s \leqslant 5\text{min}$。建议控制器控制规律选为 PI，整定参数初始值为 $\delta = 60\%$，$T_i = 0.3\text{min}$。把设置的参数整理成一张参数表（表 2-12）。

表 2-12　控制器 AI519 参数设置表

参　　数	参 数 含 义	取 值 要 求	取　　值
AdIS	报警指示	报警	ON
HIAL	上限报警	最大偏差不超过 ±30mm	180
LOAL	下限报警		120

（续）

参　数	参数含义	取值要求	取　值
InP	输入规格	1～5V	33
dPt	小数点位置	显示值保留 1 位小数	0.0
SCL	信号刻度下限	0kPa	0
SCH	信号刻度上限	10 量程	1000
Act	正/反作用方向	反作用	re
A-M	自动/手动控制选择	初设为手动	MAN
CtrL	控制方式	标准 PID	nPID
OPt	主输出类型	4～20mA	4～20mA
OPL	输出下限	全关 0%	0
OPH	输出上限	全开 100%	100
SPH	给定值上限	上水箱高度 380mm	380
SPL	给定值下限	0	0
SP1	主给定值	150mm	150
P	比例带（单位同测量值）	给定值的 60%	90
I	积分时间（单位为 s）	取消积分作用	0.3
D	微分时间（单位为 0.1s）	取消微分作用	0

4）对照变频器 FR-S500 说明书，设置相应参数，遥控执行器。将变频器设为内给定方式，即通过旋钮调整频率的方式，可将变频器参数 P79 设为“0”，或设为“1”后再按下 PU/EXT 键，使之处于 PU 运行状态。把设置的参数整理成一张参数表（表 2-13）。遥控变频频率及水泵，使液位到 150mm。

5）将 AI519 的系统切换为自动方式，将变频器公共端 SD 与正转端 STF（或反转端 STR）、切换端 RH 都短接，变频器设为外给定方式，即由控制器输出信号控制频率的方式，可将变频器参数 P79 设为“2”，或设为“1”后再按下 PU/EXT 键，使之处于 EXT 运行状态，实现系统投运。观察并记录液位变化的过程，实时调整控制器整定参数 δ、T_i，直至系统达到控制要求。

表 2-13　变频器 FR-S500 参数设置表

参　数	参数含义	取值要求	取　值
P30	扩张功能显示选择	扩张功能参数有效	1
P79	运行模式	内外给定方式可在面板切换	1
P62	输入端子功能选择	使用电流输入频率设定信号（外给定时）	4（内给定选 2）

在完成上述任务的基础上，再做一个拓展训练：用临界比例度法整定调节器的参数。

用临界比例度法整定 PID 调节器的参数既方便又实用。可按以下顺序进行参数整定。

1）待系统稳定后，逐步减小调节器的比例度 δ，并且每减小一次比例度 δ，待被调量回复到平衡状态后，再手动给系统施加一个 5%～15% 的阶跃扰动，观察被控变量变化的动态过程。若被控变量为衰减的振荡过程，则应继续减小比例度 δ，直到输出响应曲线呈现等幅振荡为止。如果响应曲线出现发散振荡，则表示比例度调节得过小，应适当增大，使之出现等幅振荡，如图 2-17 所示。此时的比例度 δ 就是临界比例度，用 δ_k 表示，相应的振荡周期就是临界周期 T_k。

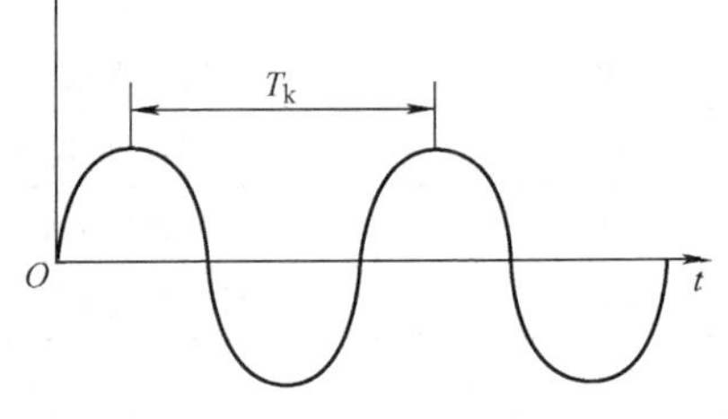

图 2-17　等幅振荡过程

2）参照表 2-10 可确定 PID 调节器的三个参数 δ、T_i 和 T_d。

3）必须指出，表 2-10 给出的参数值是对调节器参数的一个粗略设计，因为它是根据大量实验而得出的结论。若要求得更满意的动态过程（例如在阶跃作用下，被调量做 4∶1 的衰减振荡），则还要在表 2-10 给出的参数基础上，对 δ、T_i 和 T_d 做适当调整。

思考与讨论

1. 下面是关于控制器参数整定的思考与讨论。

1）某控制系统用 4∶1 衰减曲线整定控制器参数，已测定 $\delta_s = 40\%$、$T_s = 6\text{min}$，在 P、PI、PID 作用时控制器的参数分别选多大？

2）某控制系统中的 PI 控制器采用经验法整定控制器参数，如果发现在扰动情况下的被控变量记录曲线最大偏差过大，变化很慢且长时间偏离设定值，那么应怎样改变比例度与积分时间？

3）某控制系统在控制器不同比例度情况下，分别得到两条过渡过程曲线，如图 2-18 所示，比较这两条曲线对应的比例度大小。

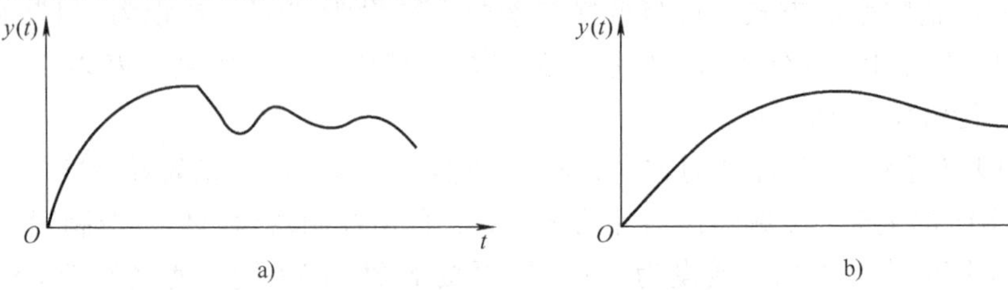

图 2-18　不同比例度时过渡过程曲线

2. 关于控制系统投运的总结与讨论。

1）生产过程开车阶段控制系统投运的一般步骤是什么？正常生产过程中如何进行自动/手动切换？请把在实训过程中的具体投运步骤详细地记录下来。

2）为什么有些控制系统在工作一段时间后控制质量会变差？

【提示】控制系统的质量与组成系统的四个组成环节的特性有关。当系统工作一段时间后，这些环节的特性有可能会发生变化，以致影响控制质量。要从仪表和工艺两方面找原因。

仪表方面主要查找来自控制阀的原因，如由于介质腐蚀造成阀芯、阀座的变化、流量特性的劣变使控制质量变差；检测元件特性变化，如孔板磨损、导压管堵塞或泄漏、热偶表面结垢使测量滞后，增加测量元件被结晶物包住等使控制质量变差；还有控制器参数由于投运一段时间后对象特性的变化而不再适应新的对象特性，使系统控制质量变差。

项目3　锅炉温度-流量串级控制系统方案设计与实施

工业生产的大多数情况下，简单控制系统由于需要的自动化设备少，设备投资少，仪表维护与投运及参数整定较为简单，同时可以解决大量的生产控制问题，因此，简单控制系统是生产过程自动控制中最简单、应用最广的一种形式，占所有控制系统总数的80%。

但是现代工业规模越来越大，复杂程度越来越高，对产品的质量要求越来越严格，相应的系统安全问题、管理与控制一体化问题等越来越突出，简单控制系统已经显得“力不从心”。例如，某些过程具有大纯滞后现象，存在较明显的非线性和时变特性；某些过程存在的扰动信号频率较高且幅度较大，使用简单控制系统很难抑制扰动。这时就需要引入更为复杂、先进的控制系统。

串级控制系统是所有复杂控制系统中应用最多的一种。当要求被控变量的误差范围很小，简单控制系统不能满足要求时，可考虑采用串级控制系统。本项目由串级控制系统的构建、串级控制方案的实施、串级控制系统的调试与投运等递阶的任务组成。

任务3.1　串级控制系统的构建

任务描述

当被控系统中同时有多个干扰因素影响被控变量时，如果仍采用简单控制系统，将难以满足系统的性能指标。串级控制系统是在单回路控制的基础上增加一个或多个控制回路而形成的控制系统，从总体上看，它仍然是一个定值系统。但从结构上看，从对象引出了中间变量，构成了一个副回路，具备了一些特点，可以提高系统动态响应的快速性，抑制多种扰动。通过本任务在理解串级控制系统的组成及工作过程的基础上，应会进行副变量的选择、控制方案的设计，并能正确投运系统及对主、副控制器参数进行整定。

任务分析

3.1.1　串级控制系统的结构描述

串级控制系统是在简单控制系统的基础上发展起来的，下面举例进行介绍。

管式加热炉是工业生产中常用的设备之一。无论是原油加热还是重油裂解，都要求严格控制加热炉出口温度。控制好温度可延长加热炉使用寿命，防止炉管烧坏，保证后续精馏分离的质量。

以加热炉出口温度为被控变量，选取燃料量为操纵变量，构成图3-1所示的简单温度控制系统。它通过调节燃料阀门的开度，来维持出口温度稳定。

影响出口温度的因素很多，主要有被加热物料的流量及炉前温度的变化、燃料热值的变化、压力的波动等。在实际生产过程中，当燃料压力或燃料本身的热值波动较大时，先影响炉膛的温度，然后通过传热过程才能逐渐影响原料油的出口温度，这个通道容量滞后很大，时间常数约为15min，反应缓慢，控制作用不及时。所以当干扰作用发生后，并不能较快地产生控制作用以克服干扰对被控变量的影响。该简单控制系统的控制质量很差，难以满足生产上的要求。为了解决容量滞后问题，还需对该系统进行改进。

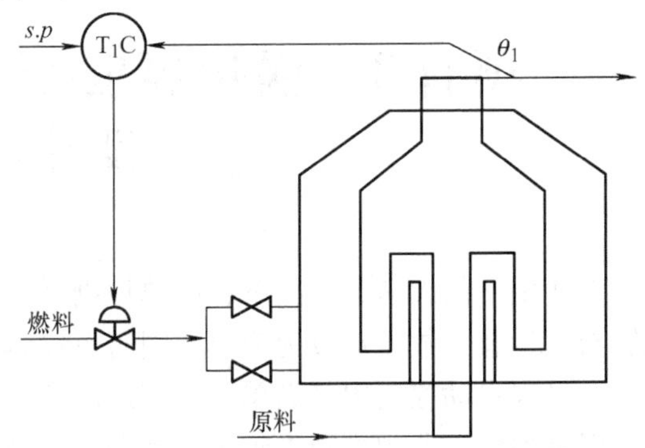

图 3-1　管式加热炉出口温度简单控制系统

管式加热炉是一段很长的受热管道，它通过炉膛与原料油的温差将热量传给原料油，因此燃料量及其温度的变化首先影响的是炉膛的温度。能否选择炉膛温度为被控变量来构成简单控制系统呢？当然这样构成的系统，由于控制通道容量滞后减小，控制作用反应会大大加快。但是炉膛温度不能真正代表加热炉出口温度。

为了解决这个问题，下面提出新的方案，充分保留上述两种方案的优点，选择比原料油出口温度变化更快的炉膛温度作为辅助变量，将加热炉出口温度控制器的输出作为炉膛温度控制器的给定值，构成图 3-2 所示的加热炉出口温度与炉膛温度串级控制系统。

由图 3-2 可以看出，这个控制系统中有两个控制器 T_1C 和 T_2C，分别接收来自对象不同部位的测量信号 θ_1（加热炉出口温度）和 θ_2（炉膛温度）。T_1C 的输出作为 T_2C 的给定值，而后者的输出去控制执行器以改变操纵变量。从系统的结构看，这两个控制器是串接工作的，故该系统命名为串级控制系统。

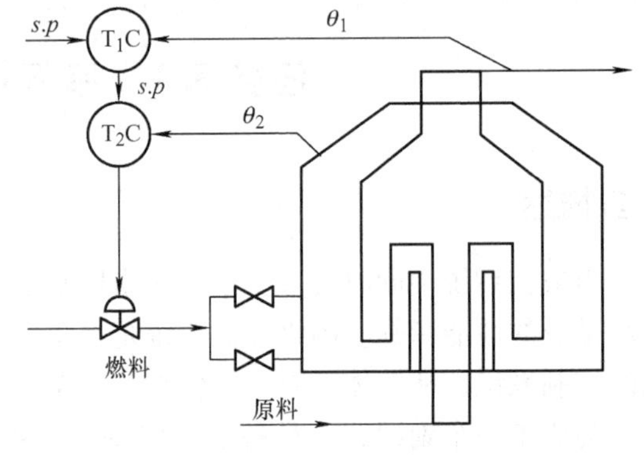

图 3-2　加热炉出口温度与炉膛温度串级控制系统

串级控制系统的典型框图如图 3-3 所示。与简单控制系统框图对比串级控制系统的构成原理：串级控制系统将原被控对象分解为两个串接的被控对象。连接这两个串接对象的中间参数是副变量，由副变送器测量，送入到副控制器中，产生控制作用到执行器上，构成一个简单回路，称为副回路（也称为副环）。两串接对象的第二个对象是主对象，它的输出信号为主变量，由主变送器测量后送入到主控制器中。主控制器的输出作为副回路的给定值，构成一个大的回路，称为主回路（也称为主环）。

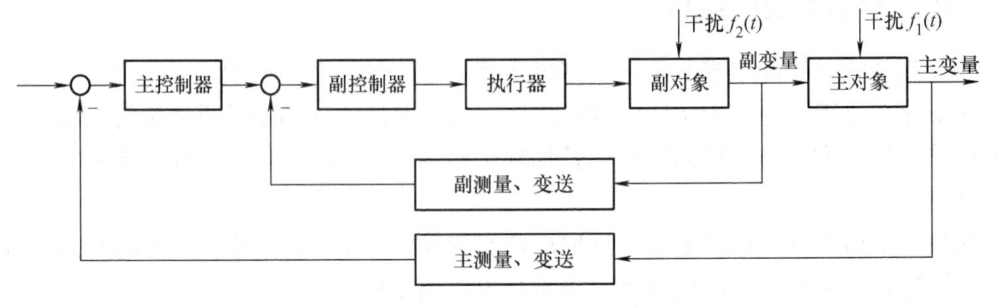

图 3-3　串级控制系统典型框图

为了便于分析串级控制系统问题，下面介绍串级控制系统常用的名词术语。

1）主变量。主变量是工艺控制指标或与工艺控制指标有直接关系，在串级控制系统中起主导作用的被控变量。例如，上例中的加热炉出口温度即为主变量。

2）副变量。副变量是在串级控制系统中，为了更好地稳定主变量或因其他某些要求而引入的辅助变量。

3）主对象。由主变量表征其主要特征的生产设备称为主对象。

4）副对象。由副变量表征其主要特征的生产设备称为副对象。

5）主控制器。按主变量的测量值与给定值的偏差进行工作的控制器，其输出作为副控制器的给定值。

6）副控制器。按副变量的测量值与主控制器的输出值的偏差进行工作的控制器，其输出直接改变控制阀阀门开度。

7）副回路。副回路是由副测量变送器、副控制器、执行器和副对象构成的闭合回路，也称为副环或内环。

8）主回路。主回路是由主测量变送器、主控制器、副回路和主对象构成的闭合回路，也称为主环或外环。

9）一次扰动。不包括在副回路中的扰动，如图3-3 中的$f_1(t)$。

10）二次扰动。包括在副回路中的扰动，如图3-3 中$f_2(t)$。

3.1.2　串级控制系统的控制过程

仍以图3-2 所示的管式加热炉温度控制系统为例，说明串级控制系统是如何有效地克服滞后提高的。从安全角度出发，选定执行器为气开形式，温度控制器 T_1C 和 T_2C 均采用反作用方向。

当生产过程处于稳定工况时，被加热物料的流量和温度不变，燃料的流量和热值不变，烟囱的抽力也不变。加热炉出口温度和炉膛温度均处于相对平衡状态，控制阀保持一定的开度。此时，加热炉出口温度稳定在给定值上。

当扰动破坏了平衡状态时，串级系统便开始其控制过程。下面根据系统受到的不同扰动分三种情况进行讨论。

（1）二次扰动$f_2(t)$进入副回路　如果扰动只是来自于燃料热值的变化或压力的波动[即二次扰动$f_2(t)$]，$f_2(t)$先影响炉膛温度，引起 θ_2 变化，副控制器 T_2C 立即发出控制信号，改变阀开度，从而改变燃料量，克服$f_2(t)$对炉膛温度的影响，使 θ_2 很快稳定下来。如果干扰量小，经过副回路控制后，$f_2(t)$一般影响不到温度 θ_1；如果干扰量大，其大部分影响被副回路所克服，波及被控变量温度 θ_1 再由主回路进一步控制，彻底消除干扰的影响，使被控变量恢复到给定值。由于副回路控制通道短、时间常数小，所以当干扰进入回路时，可以获得比单回路控制系统超前的控制作用，有效地克服燃料油压力或热值变化对原料油出口温度的影响，从而大大提高了控制质量。

（2）一次扰动$f_1(t)$作用于主对象　如果系统的扰动是来自加热物料的流量和炉前温度的变化[即一次扰动$f_1(t)$]，则会直接使加热炉出口温度 θ_1 发生变化。假设受扰动后 θ_1 增高，由于 T_1C 为反作用控制器，则其输出信号反而减小。T_1C 的输出即为 T_2C 设定值的减小，而此时炉膛温度 θ_2 还没有变化，所以 T_2C 的输入（测量值 - 设定值减小）相对增高。

由于 T_2C 也为反作用控制器，则其输出信号减小。控制阀为气开形式，所以阀门关小使炉膛温度减小，继而使加热炉出口温度减小，恢复到给定值。从上述分析可以看出，当一次扰动作用到主对象上，主回路起校正作用。由于副回路的存在，加快了校正作用，可以及时改变副变量的数值，以达到稳定主变量的目的。

（3）干扰同时作用于副回路和主对象　在干扰作用下，主、副变量的变化有两种情况：一种是同方向变化；另一种是反方向变化。这里假设主、副变量同方向变化。一方面由于燃料油压力或热值增加，使得炉膛温度 θ_2 增高，同时由于原料油进口压力增加使加热炉出口温度 θ_1 增高。这时主控制器 T_1C 的输出减小，副控制器 T_2C 由于测量值增加而设定值减小，副控制器的输出更是大大减小，以使控制阀关得更小，大大减少了燃料供给量，直到 θ_1 恢复到给定值为止。因为主、副控制器的作用都是使阀门关小，所以加强了控制作用。

综上分析可知，串级控制系统中由于引入一个副回路，不仅能迅速克服作用于副回路的干扰，而且对作用于主对象上的干扰也能加速克服过程。副回路具有先调、粗调、快调的特点，主回路具有后调、细调、慢调的特点，并对于副回路没有完全克服掉的干扰影响能彻底加以克服。因此，在串级控制系统中，由于主、副回路相互配合、相互补充，充分发挥了控制作用，大大提高了控制质量。

当对象的滞后和时间常数很大，干扰作用强且频繁，负荷变化大，简单控制系统满足不了控制质量的要求时，采用串级控制系统是适宜的。

3.1.3　串级控制系统设计

1. 选择副变量

串级控制系统要能发挥作用，必须根据生产工艺的具体情况，选择合适的主、副变量。主变量的选择与简单控制系统相同，副变量的选择必须保证它是从操纵变量到主变量这个控制通道中的一个适当的中间变量，这是串级控制系统设计中的关键问题。副变量的选择一般需要遵循以下几个原则。

1）主、副变量间应有一定的内在联系。选择副变量时一般有以下两类情况。

①选择与主变量有一定关系的某一中间变量作为副变量。

②选择的副变量就是操纵变量本身，这样能及时克服它的波动，减少对主变量的影响。

例如，一精馏塔塔釜温度串级控制系统如图 3-4 所示，选择的副变量就是操纵变量（加热蒸汽量）本身。这样，当干扰来自蒸汽压力或流量的波动时，副回路能及时加以克服，以大大减少这种干扰对主变量的影响，使塔釜温度的控制质量得以提高。通过这个串级控制系统，能够在塔釜温度稳定不变时，蒸汽流量能保持恒定值，而当温度在外来干扰作用下偏离给定值时，又要求蒸汽流量能做相应的变化，以使能量的需求与供给之间得到平衡，从而保持塔釜温度在要求的数值上。

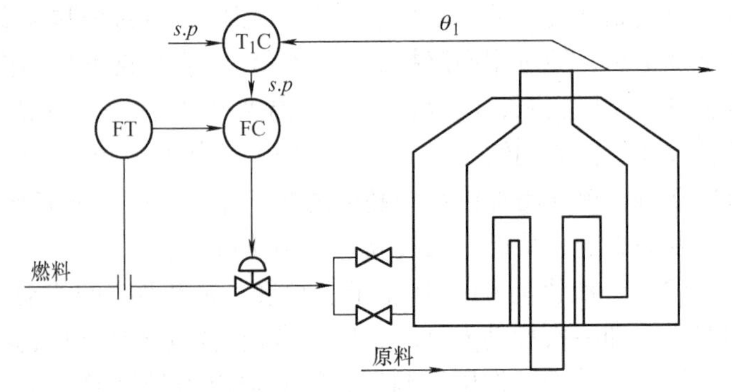

图 3-4　精馏塔塔釜温度串级控制系统

2）要使系统的主要干扰被包围在副回路内。由前面所述的串级控制系统的特点可知，由于副回路具有快调、先调的作用，所以在选择副变量时，应该使主要扰动作用在副对象上，这样副回路可以更快地克服扰动，副回路的作用才能得以发挥。如果管式加热炉的主要干扰来自燃料油组分（或热值）波动而不是燃料油压力或流量的变化，就应采用图3-2所示的控制方案，即选择炉膛温度这个中间变量作为副变量；如果主要干扰来自燃料油压力或流量的变化，应选择蒸汽流量这个操纵变量本身作为副变量，与主变量加热炉出口温度构成如图3-4所示的控制方案。因为这时主要干扰被包围在以蒸汽流量作为副变量的副环内，所以能充分发挥副环抗干扰能力强这一优点。

3）在可能的情况下，应使副环包围更多的次要干扰。如果在生产过程中，除了主要干扰外，还有较多的次要干扰，或者系统的干扰较多且难于分出主要干扰与次要干扰，在这种情况下，选择副变量时应考虑使副环尽量多包围一些干扰，这样可以充分发挥副环的快速抗干扰能力，以提高串级控制系统的控制质量。

但值得注意的是，随着副回路包围干扰的增多，副环将随之扩大，副变量离主变量也就越近。这样一来，副对象的控制通道就会变长，滞后也会增大，从而会削弱副回路快速、有力控制的特性。因此，必须考虑“可能的情况下”这一条件。在选择副变量时，既要考虑到使副环包围较多的干扰，又要考虑到使副变量不要离主变量太近。

4）主、副对象的时间常数不能太接近，以防发生“共振”。选择副变量时，还要考虑主、副对象时间常数的匹配问题。主、副对象的时间常数不能太接近，一是为了保证副回路具有快速的抗干扰性能；二是由于串级系统中主、副回路之间密切相关，副变量的变化势必会影响到主变量，而主变量的变化通过反馈回路又会影响到副变量。因此在选择副变量时，应注意使主、副对象的时间常数之比为3～10，以减少主、副回路的动态联系，避免“共振”。当然，也不能盲目追求减小副对象的时间常数，否则可能使副回路包围的干扰太少，使系统抗干扰能力反而减弱。

5）当对象有较大的纯滞后时，应使副环尽量少包含纯滞后或不包含纯滞后。对于含有大纯滞后的对象，可采用串级控制系统，并通过合理选择副变量将纯滞后部分放到主对象中去，以提高副回路的快速抗干扰功能，及时克服干扰的影响，将其抑制在最小限度内，从而可以使主变量的控制质量得到提高。

下面以某化纤厂胶液压力串级控制系统的方案为例进行说明。该系统的主变量为热交换器的出口压力。如果采用简单控制系统通过控制泵速控制压力，由于从泵出口到热交换器出口有一个很长的通道，即含有很大的纯滞后，压力波动大，达不到控制要求。故在计量泵和板式热交换器之间，靠近计量泵的适当位置选择一个压力测量点（即中间变量），并作为副变量，组成一个如图3-5所示的热交换器出口压力与计量泵出口压力串级控制系统。这样纺丝胶液的流量发生变化时，首先影响的是计量泵出口压力，也就是说还没有影响到主变量的变化时，副回路已经开始工作，大大提高了系统的反应速度和控制质量。

2. 选择主、副控制器的控制规律

在串级控制系统中，主、副控制器所起的作用是不同的。主控制器起定值控制作用，副控制器起随动控制作用。这是选择控制规律的基本出发点。

（1）选择主控制器控制规律　主环是一个定值系统，主变量往往是工艺操作的主要指标，允许波动的范围很小，一般工艺要求较严格，不允许有余差。因此，通常都选用比例积分（PI）控制规律，滞后较大时也可选用比例积分微分（PID）控制规律。

（2）选择副控制器控制规律　副环是一个随动系统，副变量的设置是为了保证主变量的控制质量，可以允许在一定范围内变化，允许有余差。因此，副控制器一般采用比例（P）控制规律即可，并且比例度通常取得很小，这样比例增益大，控制作用强，余差也不大。如果引入积分规律，会使控制作用趋势变缓，削弱副回路的快速作用。但当选择流量为副变量时，由于对象的时间常数和时滞都很小，为保持系统的稳定，比例度必须选得较大些。这样比例作用较弱，为此需要引入积分作用，目的不是消除余差，而是增强控制作用。副控制器一般不引入微分（D）控制规律，副回路本身起着快速作用，再引入微分规律会使控制阀动作过大，对控制不利。

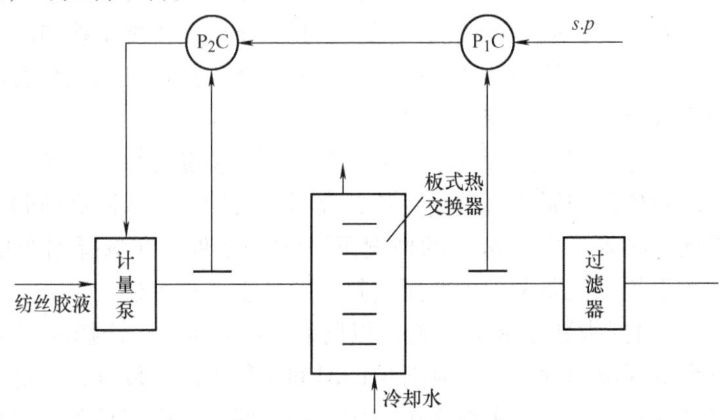

图 3-5　热交换器出口压力与计量泵出口压力串级控制系统

3. 选择主、副控制器的正、反作用

控制器正、反作用的选择顺序应该是“先副后主”。选择的依据是为了使系统构成负反馈闭环控制系统。

（1）确定副控制器作用方向　副控制器作用方向的选择要根据副回路的具体情况决定，而与主回路无关。那么其选择方法与简单控制系统相同，根据工艺安全等要求，选定执行器的气开、气关形式后，遵循使副回路成为一个负反馈闭环系统的原则来确定。

例如图 3-2 所示的管式加热炉出口温度与炉膛温度串级控制系统中的副控制器选择。气源中断，必须停止供给燃料油，才能保证装置安全，所以控制阀选择气开形式，即为“正”极性；燃料量（操纵变量）加大时，炉膛温度 θ_2（副变量）增加，副对象（炉膛）为“正”极性；为使副回路构成一个负反馈系统，副控制器 T_2C 选择“反”作用方向。

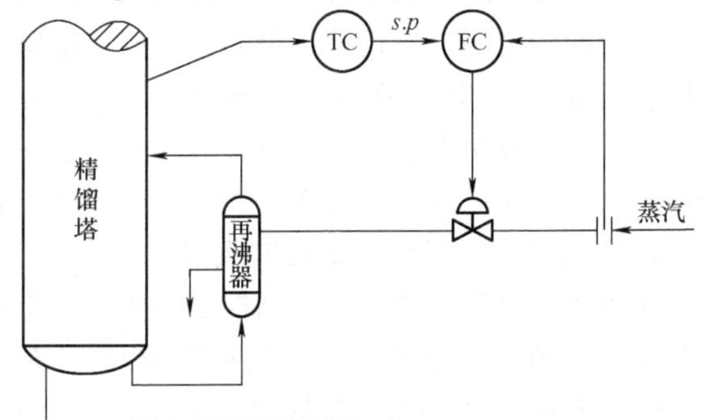

图 3-6　精馏塔塔釜温度-蒸汽流量串级控制系统

图 3-6 所示为精馏塔塔釜温度-蒸汽流量的串级控制系统。

若基于工艺上的考虑，选择执行器为气关形式，即为“负”极性；而当蒸汽阀开大时，蒸汽流量也增大，因此副对象为“正”极性。为使副回路构成一个负反馈控制系统，副控制器 FC 的作用方向应选择为“正”作用。

（2）确定主控制器作用方向　主控制器正反作用的选择方法是：当主、副被控变量同时增大（或减小），为使主、副被控变量同时恢复减小（或增大），要求控制阀的动作方向一致时，主控制器应选“反”作用；反之，要求控制阀的动作方向相反时，主控制器应选“正”作用。

例如图 3-2 所示的串级控制系统，主变量 θ_1 和副变量 θ_2 同时增大时，都要求关小控制阀，减少供给的燃料量，才能使 θ_1 或 θ_2 降下来，所以此时主控制器 T_1C 应确定为“反”作用方向。

又如图 3-6 所示的串级控制系统，蒸汽流量（副变量）或塔釜温度（主变量）同时增加时，都需要关小控制阀，才能使流量和温度减小，这说明对控制阀的动作方向要求是一致的，所以主控制器 T_1C 应选为“反”作用方向。

任务实施

以双容水箱为研究对象，如果工艺要求中水箱液位恒定，设计出一个双容水箱单回路定值控制系统，如图 3-7 所示。

1）构成图 3-7 所示的中水箱液位控制系统，并按照简单控制系统投运步骤投运该系统，并将液位稳定在一定值上。

2）分析对中水箱液位的主要扰动有哪些。现改变阀 F1-7 的开度，观察中水箱液位的过渡过程，分析该系统有什么缺点。

3）分析上水箱液位与中水箱液位之间的关系，以上水箱液位为副变量，设计出如图 3-8 所示的中箱液位-上水箱液位串级控制系统。与图 3-7 所示的单回路系统比较，该串级系统有哪些优点？

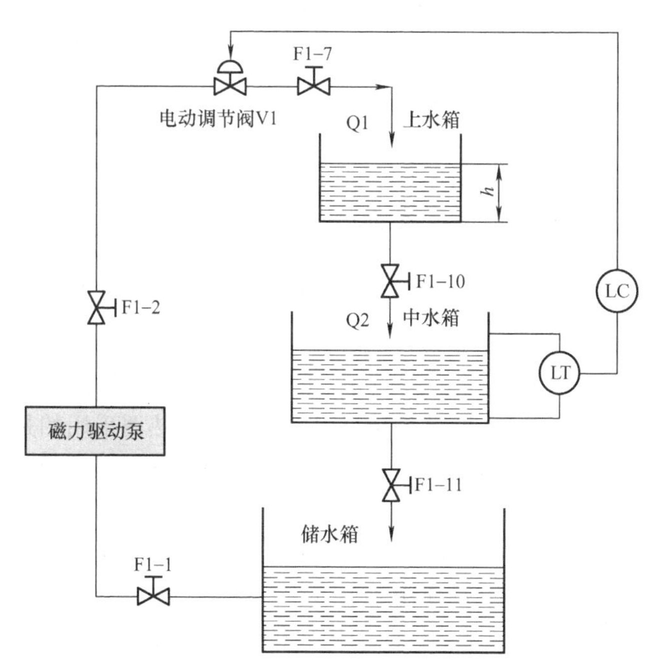

图 3-7　双容水箱单回路定值控制系统

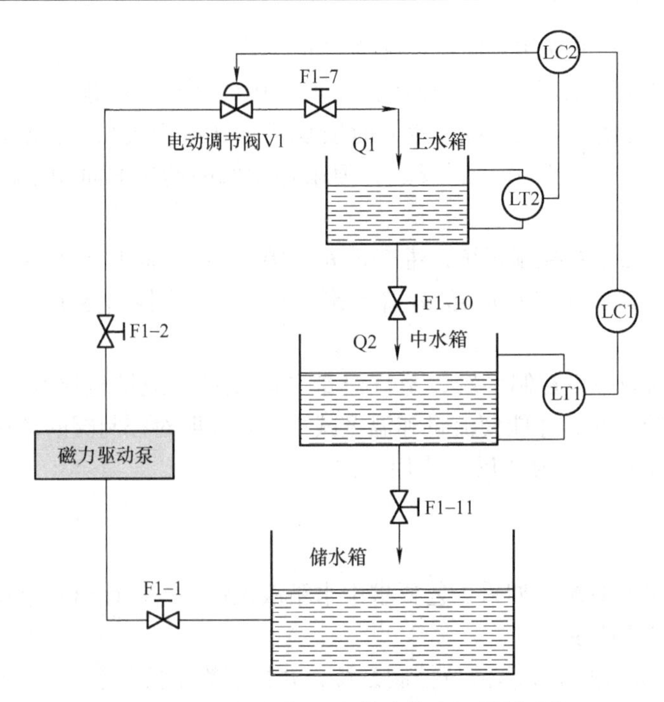

图 3-8　中水箱液位-上水箱液位串级控制系统

思考与讨论

1. 某聚合反应釜内进行放热反应，釜温过高会发生事故，为此采用夹套水冷却。由于釜温控制要求较高，且冷却水压力、温度波动较大，故设置控制系统如图 3-9 所示。试回答如下问题。

1）这是什么类型的控制系统？试画出其框图，说明其主变量和副变量。

2）选择控制阀的气开、气关形式。

3）选择控制器的正、反作用。

4）选择主、副控制器的控制规律。

5）如果主要干扰是冷却水的温度波动，试简述其控制过程。

6）如果主要干扰是冷却水的压力波动，试简述其控制过程，并说明这时可如何改进控制方案，以提高控制质量。

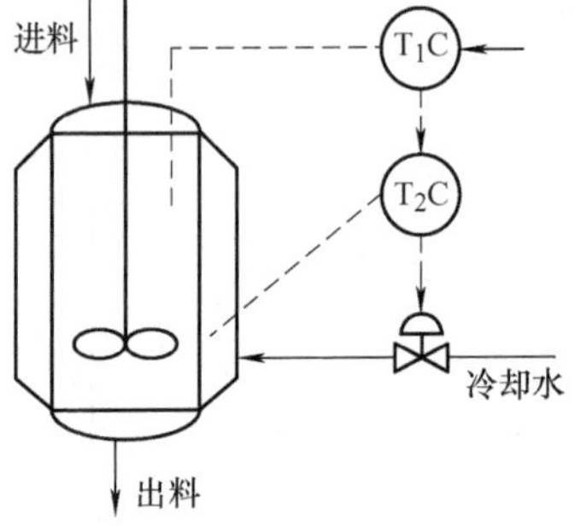

图 3-9　聚合釜温度串级控制系统

2. 某干燥器的流程如图 3-10 所示。干燥器采用夹套加热和真空抽吸并行的方式来干燥物料。夹套内通入的是经列管式加热器加热后的热水，而加热器采用的是饱和蒸汽。为了提高干燥速度，应有较高的干燥温度 θ，但 θ 过高会使物料的物性发生变化，这是不允许的，因此要求对干燥温度 θ 进行严格控制。

1）如果蒸汽压力波动是主要干扰，应采用何种控制方案？为什么？试确定这时控制阀的气开、气关形式与控制器的正、反作用。

2）如果冷水流量波动是主要干扰，应采用何种控制方案？为什么？试确定这时控制器的正、反作用和控制阀的气开、气关形式。

3）如果冷水流量与蒸汽压力都经常波动，应采用何种控制方案？为什么？试画出这时的控制流程图，并确定控制器的正、反作用。

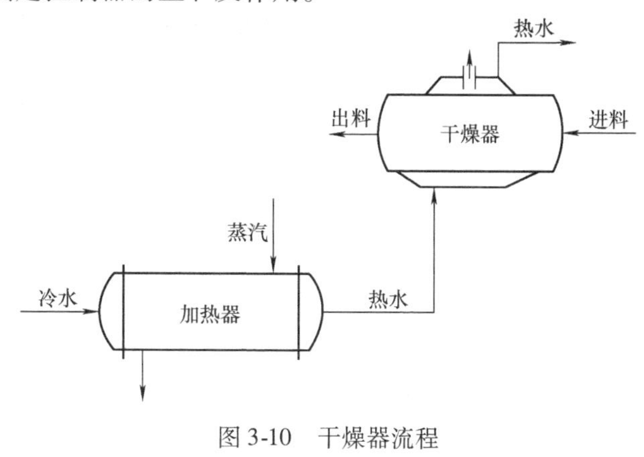

图3-10　干燥器流程

任务3.2　温度检测仪表的选型与安装

任务描述

温度检测仪表是温度控制系统中获取温度信息的主要装置。测温方法很多，要把所有的温度检测方法都进行讨论显然是不可能的，只能就普遍性检测方法进行讨论。考虑到温度检测原理在检测仪表相关课程中已经学习过，因此本任务主要介绍如何合理选择符合工业生产要求的温度测量仪表，其中重点讨论热电偶和热电阻的选型。

任务分析

3.2.1　温度测量方法与仪表类型

温度测量仪表按测温方式可分为接触式和非接触式两大类。通常来说，接触式测温仪表比较简单、可靠，测量精度较高；但因测温元件与被测介质需要进行充分的热交换，这需要一定的时间才能达到热平衡，所以存在测温延迟的现象，同时受耐高温材料的限制，不能用于很高温度的测量。非接触式仪表是通过热辐射原理来测量温度的，测温元件无须与被测介质接触，测温范围广，不受测温上限的限制，也不会破坏被测物体的温度场，反应速度一般也比较快；但受到物体的发射率、测量距离、烟尘和水汽等外界因素的影响，其测量误差较大。这两种测温方法的特点见表3-1。

表3-1　测温方法及其特点

测量方法	测量原理	测量范围	优　点	缺　点
接触式	利用两接触物体通过传导和对流后的热平衡进行测温	-270～2320℃	结构简单、价格便宜、使用方便、测量精度高	置入困难，容易受环境干扰，尤其对高温的测量较为困难，很多场合的应用受到限制
非接触式	利用物体的热辐射能（或亮度）随温度变化进行测温	-50～6000℃	响应快、寿命长、干扰小、耐腐蚀，尤其适于高温和远距离测量	结构复杂、价格贵、技术要求高、需日常维护保养

这两种测量方法根据不同的测量原理又可进行具体分类，常用的测温仪表类型及其特点见表 3-2。

表 3-2　常用的测温仪表类型及其特点

仪表类型	简单原理	特点		报警	远距离	记录	变送
		优　点	缺　点				
液体膨胀式	液体受热时体积膨胀	价廉、准确度较高、稳定性好	易破碎，只能装在易测的地方	可			
固体膨胀式	金属受热时线性膨胀	示值清楚、机械强度好	准确度较低	可			可
压力式	温包内工作介质因受热而改变压力	价廉、易就地集中测量（一般毛细管长20m）	毛细管长、机械强度差、损坏不易修复	可		可	可
热电阻	导体或半导体的电阻随温度改变	测量准确，可用于低温温差测量	比热电偶维护工作量大，振动场合易损坏	可	可	可	可
热电偶	两种不同金属的导体接点受热产生热电动势	测量准确、安装维护方便、不易损坏	需要补偿导线、安装费较高	可	可	可	可
光学高温计	加热体的亮度随温度高低而变化	测量范围广、携带使用方便、价格低	只能目测，必须熟练后才能测准				
光电高温计	加热体的颜色随温度高低而变化	反应速度快、测量较准确	构造复杂、价格高、读数较麻烦		可	可	可
辐射高温计	加热体的辐射能量随温度变化而变化	反应速度快	误差较大		可	可	可

综合以上各种测温仪表的比较可知，机械式的大多只能用作就地指示，辐射式的精度较差，只有电的测温仪表精度较高，信号又便于远传和处理。因此，热电偶与热电阻测温仪表得到了最广泛的应用。

3.2.2　热电偶的选用

1. 热电偶测温原理

热电偶是基于“热电效应”原理进行测温的。即当两种不同的导体或半导体连接成闭合时，若两个接点温度不同，回路中就会产生热电动势，并形成电流的现象。

如图 3-11 所示，如热端温度为 t，冷端温度为 t_0，则回路总热电动势为

$$E_t = E(t,\ t_0) = e_{AB}(t) - e_{AB}(t_0) \tag{3-1}$$

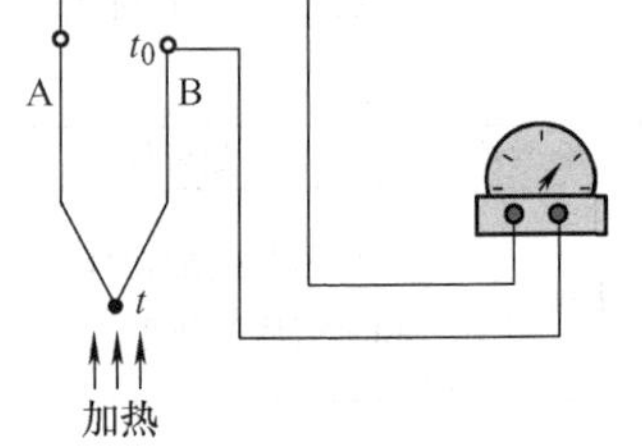

图 3-11　热电偶温度计测温原理图

从式（3-1）可知，如果组成热电偶回路的两种导体材料相同，无论两接点温度如何，闭合回路的总热电动势为零；如果热电偶两接点温度相同，尽管两导体材料不同，闭合回路的

总热电动势也为零。故热电偶产生的热电动势除了与两接点处的温度有关外，还与热电极的材料有关。

热电偶温度计通常由三部分组成：热电偶、测量仪表和连接导线。

由于热电偶具有结构简单、制造方便、测量范围宽（－270～＋1300℃）、精度高、惯性小和输出信号便于远传等许多优点，应用极为广泛，常用于测量炉子、管道内的气体或液体的温度及固体的表面温度。

2. 热电偶的结构类型

热电偶通常由热电极、绝缘子、保护套管和接线盒等几个主要部分组成，其内部结构、外部整体结构如图3-12所示。

由于工艺条件、控制要求等不同，因而形成了多种类型与性能各异的热电偶，主要有普通型热电偶、铠装热电偶、表面型热电偶等。普通型热电偶的热电极可以从保护管中取出，是一种可拆卸的工业热电偶。铠装热电偶是由导体、高绝缘氧化镁、不锈钢保护管等经多次一体拉制而成的。表3-3列出了这几种常用热电偶的性能特点、时间等级与应用场合。

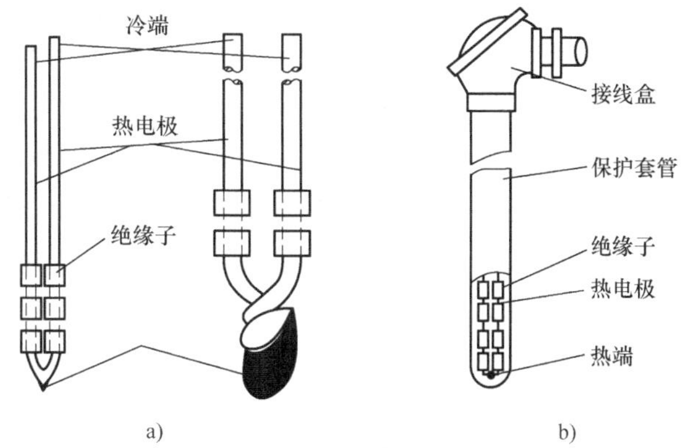

图3-12　热电偶内外结构图

表3-3　常用热电偶的性能特点、时间等级与应用场合

类　型	性能特点	时间等级	应用场合
普通型热电偶	时间滞后大，动态响应慢，安装较困难	分级	测量气体、蒸汽、液体介质的温度，实时性要求不高、但要求快速拆卸的场合
铠装热电偶	热惯性小；有良好的柔性，便于弯曲；抗振性好；动态响应快	秒级	测量狭小的对象上各点的温度或实时性要求较高的场合
表面型热电偶	热惯性小，动态响应最快	毫秒级	适用于各种物体表面温度的测量

3. 热电偶的材料

从理论上来说，任何两种不同的导体焊接在一起，都会产生热电动势。但这并不表示所有热电偶都具有实用价值，能被大量采用的材料必须在测温范围内具有稳定的化学及物理性质，热电动势要大，且与温度近似成线性关系。

从1986年起，我国按国际标准制定了热电偶生产和使用的国家标准。表3-4列出了几种我国常用的标准型热电偶的材料、分度号及主要特性，便于选用时参考。

表3-4　几种常用的标准型热电偶

热电偶材料	分度号	测温范围/℃	平均灵敏度/（μV/℃）	特　点	补偿导线
铂铑$_{30}$-铂铑$_{6}$	B	0～1800	10	价高、稳定、精度高，可用于氧化性环境	冷端在0～100℃可不用补偿导线

（续）

热电偶材料	分度号	测温范围/℃	平均灵敏度/（μV/℃）	特　点	补偿导线
铂铑$_{10}$-铂	S	0～1600	10	特点与B相同，但线性度比B好	铜-铜镍合金
镍铬-镍硅	K	0～1300	40	线性度好、价廉	铜-康铜
镍铬-康铜	E	-200～900	80	灵敏度高、价廉，可用于氧化及弱还原气氛中	
铜-康铜	T	-200～400	50	最便宜，但铜易氧化，用于150℃以下的温度测量	

4. 热电偶的选型与安装

（1）热电偶型号意义解读　一支普通型热电偶的型号及意义如图3-13所示。

下面以几支普通型热电偶为例进行介绍。

①WRE$_2$-120：分度号为E，双支式，无固定装置，防振式接线盒，ϕ16mm金属保护管，Ⅱ级精度，长1000mm。

②WRS-230：分度号为S，单支式，固定螺栓式，防水式接线盒，ϕ16mm金属保护管，Ⅱ级精度，总长800mm，置深650mm，保护管材料为不锈钢Gh3030。

以下为铠装热电偶型号含义说明。

①WRTK$_2$-431：分度号为T，铠装，双支式，固定法兰式固定，防水式接线盒，绝缘型，ϕ20mm金属保护管，Ⅱ级精度。

②WRNK-332：分度号为N，铠装，单支式，活动法兰式固定，防水式接线盒，接壳型，ϕ16mm陶瓷保护管，长度1000mm，Ⅰ级精度。

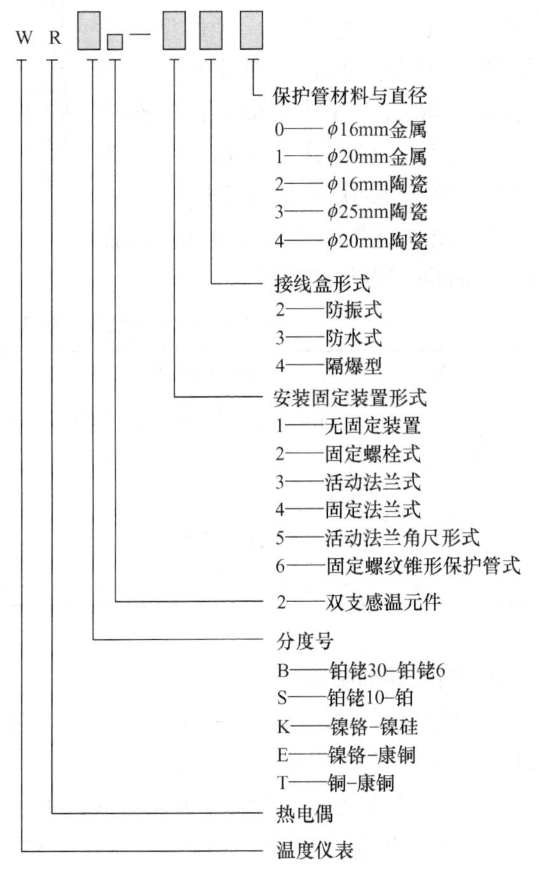

图3-13　普通型热电偶的型号及意义

（2）补偿导线的选用　从热电效应原理可知，热电偶产生的热电动势与两端温度有关。只有将冷端的温度恒定，热电动势才是热端温度的单值函数。在工业测量仪表中通常利用不平衡电桥产生的一个随冷端温度变化的附加电动势，来补偿热电偶因冷端温度变化而引起的热电动势变化值，以保证测量精度。考虑到补偿电桥距测量点较远，为了节约贵金属，工业上选用在较低温度下（100℃）与所用热电偶的热电特性相近的廉价金属作为热电偶丝在低温区的替代品，称为补偿导线。补偿导线可以将测量冷端延伸到温度相对稳定且与补偿电桥装置同温处。

热电偶与测量（或控制）仪表之间加接的导线，必须是与热电偶相匹配的补偿导线，不能随意用其他金属导线替代。表3-5列出了常见的补偿导线的型号与分度号，供选用时参考。

表3-5　补偿导线的型号与分度号

补偿导线型号	配用热电偶的分度号	补偿导线合金丝		补偿导线颜色	
		正极	负极	正极	负极
SC	S(铂铑10-铂)	SPC(铜)	SNC(铜镍)	红	绿
KC	K(镍铬-镍硅)	KPC(铜)	KNC(铜镍)	红	蓝
KX	K(镍铬-镍硅)	KPX(镍铬)	KNX(镍硅)	红	黑
EX	E(镍铬-铜镍)	EPX(镍铬)	ENX(铜镍)	红	棕
JX	J(铁-铜镍)	JPX(铁)	JNX(铜镍)	红	紫
TX	T(铜-铜镍)	TPX(铜)	TNX(铜镍)	红	白

(3) 热电偶的插入深度选择与安装注意事项　因为热电偶属于接触式温度计，要与被测介质有良好的接触，才能保证热电偶的测温精度。为确保测量的准确性，首先应根据管道或设备工作压力大小、工作温度、介质腐蚀性要求等，合理确定热电偶的结构形式和安装方式；其次是要正确选择测温点，测温点要具有代表性，不应把热电偶插在被测介质的死角区域，热电偶工作端应处于管道流速较大处；最后要合理确定热电偶的插入深度，一般在管道上安装可取150~200mm，在设备上安装可取≤400mm。热电偶在不同的管道公称直径和安装方式下，插入深度见表3-6，以供选择时参考。

表3-6　热电偶的插入深度标准　　（单位：mm）

安装方式 / 连接件公称直径/mm	普通型热电偶							铠装热电偶		
	直型连接头直插		45°角连接头斜插		法兰直插	高压套管		卡套螺纹直插		卡套法兰直插
						固定套管	可换套管			
28	60	120	90	150	150	40	70	60	120	60
32								75	135	75
40								75	135	75
50								75	135	100
65						100	100	100	150	100
80	100	150	150	200	200	100	100	100	150	100
100	150	150	150	200	200	100	150	100	150	100
125	150	200	150	200	200	100	150	150	200	150
150	150	200	200	250	250	150	150	150	200	150
175	150	200	200	250	250	150	150	150	200	150
200	150	200	200	250	250	150	150	150	200	150
225	200	250	250	300	250	300		200	200	200
250	200	250	250	300	300			200	200	200
>250	200	250	250	300	300					

选取插入深度及安装时需要注意以下几点。

1）选取插入深度应当使热电偶能充分感受介质的实际温度。在管道内安装的，通常使工作端处于管道中心线至管道直径1/3的区域内。

2）在安装中常采用直插、斜插（45°角）等插入方式。如果管道较细，宜采用斜插。用斜插或在管道弯头处安装时，其端部应对着被测介质的流向（逆流），不要与被测介质形成顺流，如图3-14所示。对于在管径小于80mm的管道上安装热电偶时，可以采用扩大管，其安装方式如图3-15所示。

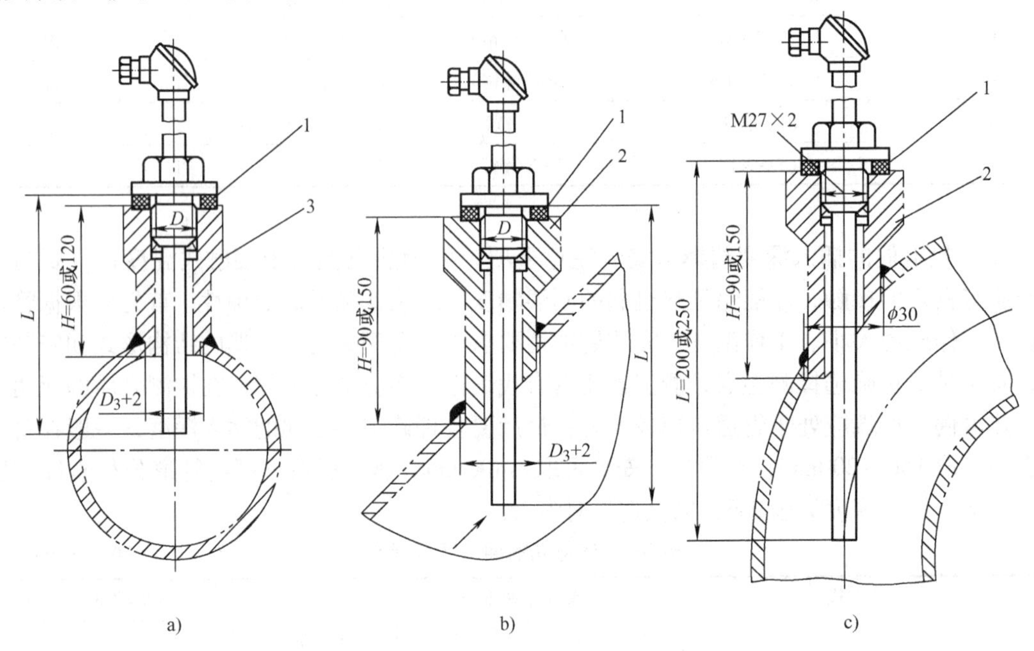

图3-14　热电偶的插入方式

a）直插　b）斜插　c）肘管安装

1—垫片　2—45°角连接头　3—直型连接头

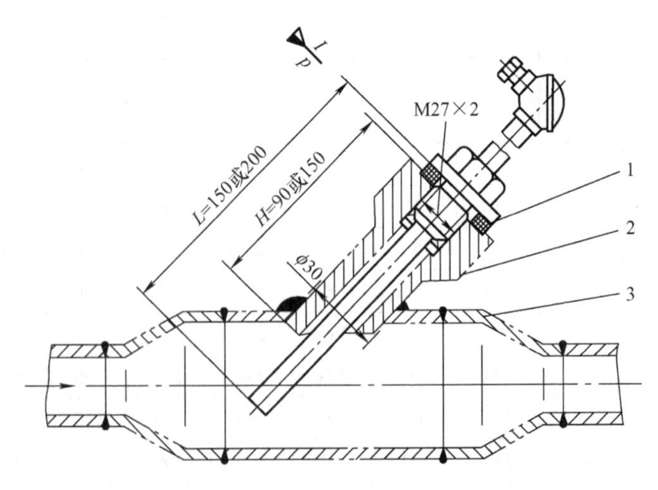

图3-15　热电偶在扩大管上的安装

1—垫片　2—45°角连接头　3—温度计扩大管

3）用热电偶测量炉膛温度时，应避免热电偶与火焰直接接触，避免安装在炉门旁或与加热物体距离过近之处。在高温设备上测温时，为防止保护套管弯曲变形，应尽量垂直安装。若必须水平安装，则当插入深度大于1m或被测温度大于700℃时，应用耐火黏土或耐热合金制成的支架将热电偶支撑住。

4）热电偶的接线盒引出线孔应向下，以防因密封不良而使水汽、灰尘与脏物落入接线盒中，影响测量。

5）为减少测温滞后，可在保护外套管与保护管之间加装传热良好的填充物，如变压器油（<150℃）或铜屑、石英砂（>150℃）等。

3.2.3　热电阻的选用

1. 热电阻工作原理

热电阻是中低温区最常用的一种温度检测元件。它的主要特点是测量精度高，性能稳定。其中铂热电阻的测量精确度是最高的，它不仅广泛应用于工业测温，而且被制成标准温度计。

与热电偶的测温原理不同的是，热电阻是基于电阻的热效应进行温度测量的，即电阻体的阻值随温度的变化而变化的特性。因此，只要测量出感温热电阻的阻值变化，就可以测量出温度。目前热电阻主要有金属热电阻和半导体热敏电阻两类。

金属热电阻的电阻值和温度一般可以用以下的近似关系式表示，即

$$R_t = R_{t0}[1 + \alpha(t - t_0)] \tag{3-2}$$

式中　R_t——温度为t时的阻值；

R_{t0}——温度为t_0（通常$t_0=0$℃）时对应电阻值；

α——温度系数。

半导体热敏电阻的阻值和温度关系为

$$R_t = Ae^{B/t} \tag{3-3}$$

式中　R_t——温度为t时的阻值；

A、B——取决于半导体材料的结构常数。

相比较而言，热敏电阻的温度系数更大，常温下的电阻值更高（通常在数千欧以上），但互换性较差，非线性严重，测温范围只有$-50\sim300$℃，大量用于家电和汽车用温度检测和控制。金属热电阻一般适用于$-200\sim500$℃范围内的温度测量，特点是测量准确、稳定性好、性能可靠，在工业控制中应用极其广泛。

2. 热电阻的类型与结构

（1）工业常用热电阻材料　从电阻随温度的变化关系来看，大部分金属导体都有这个性质，但并不是都能用作测温热电阻。用作热电阻的金属材料一般要求是：尽可能大而且稳定的温度系数，电阻率要大，在使用的温度范围内具有稳定的化学、物理性能，材料的复制性好，电阻值随温度变化要有单值函数关系（最好成线性关系）。

目前工业上常用的热电阻是铂热电阻和铜热电阻。

在$0\sim650$℃的温度范围内，铂热电阻与温度的关系为

$$R_t = R_0(1 + At + Bt^2 + Ct^3) \tag{3-4}$$

铂热电阻精度高，适用于中性和氧化性介质，稳定性好，具有一定的非线性，温度越高

电阻变化率越小。工业上常用的铂热电阻有两种：一种是 $R_0=10\Omega$，对应分度号为 Pt10；另一种是 $R_0=100\Omega$，对应分度号为 Pt100。

铜易加工提纯，价格便宜。铜热电阻在 −50 ~ 150℃内的测温范围，具有很好的稳定性，电阻值和温度成线性关系，温度系数大。但是只适用于无腐蚀介质，超过 150℃时易被氧化。最常用的铜热电阻有 $R_0=50\Omega$ 和 $R_0=100\Omega$ 两种，它们的分度号分别为 Cu50 和 Cu100。其中 Pt100 和 Cu50 的应用最为广泛。其测温范围与精度比较见表 3-7。

表 3-7　Pt100 和 Cu50 的测温范围与精度比较

名　称	型　号	允差等级	测量范围/℃	允许偏差 Δ/℃
铂热电阻	WZP	A	−200 ~ 420	$\pm(0.15+0.002\|t\|)$
铜热电阻	WZC	B	−50 ~ 120	$\pm(0.30+0.006\|t\|)$

（2）热电阻结构　热电阻按其保护管结构形式可分为装配式（可拆卸）、铠装式（不可拆卸）和端面型等。

1）装配式热电阻。装配式热电阻主要由接线盒、保护管、接线端子、绝缘套管和感温元件组成。结构图如图 3-16 所示。工业用 WZ 系列装配式热电阻可直接与二次仪表相连接使用。可以测量各种生产过程中 −200 ~ 420℃范围内的液体、蒸汽和气体介质及固体表面的温度。由于它具有良好的电输出特性，可为显示仪、记录仪、调节器、扫描器、数据记录仪以及计算机提供准确的温度变化信号。目前现场应用较多的装配式热电阻感温元件主要包括 Cu50 和 Pt100 两类，其内部结构如图 3-17 所示。

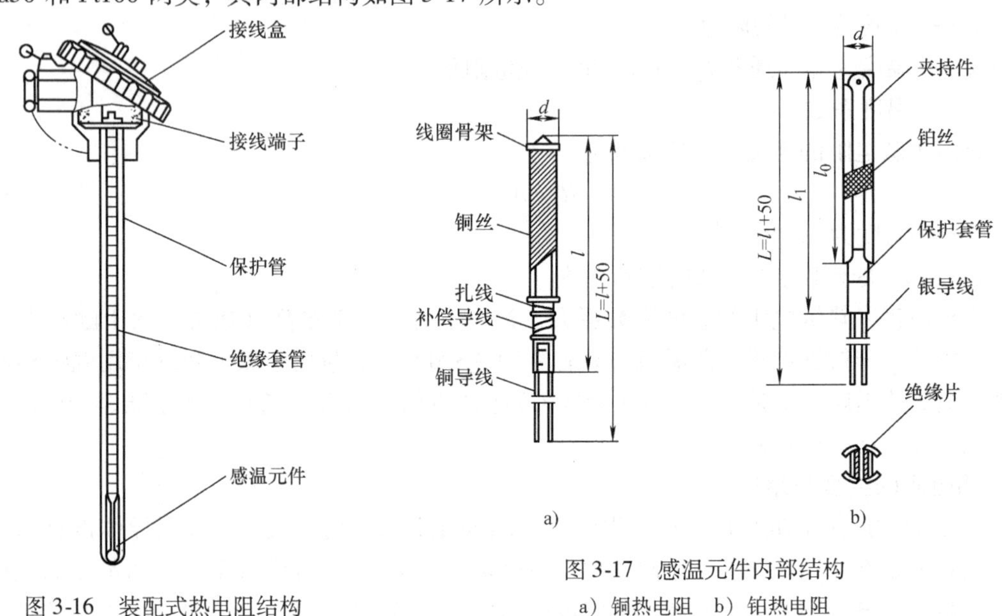

图 3-16　装配式热电阻结构

图 3-17　感温元件内部结构
a）铜热电阻　b）铂热电阻

2）铠装式热电阻。铠装式热电阻是由感温元件（电阻体）、引线、绝缘材料、不锈钢套管组合而成的坚实体。它的外径一般为 2 ~ 8mm，最小可达 1mm。与装配式热电阻相比，它具有体积小、内部无空气隙、热惯性小、测量滞后小，机械性能好、耐振、抗冲击，能弯曲、便于安装，使用寿命长等优点。

3）端面型热电阻。端面型热电阻感温元件由真空镀膜法处理后的电阻丝绕制，紧贴在温度计端面。它与一般轴向热电阻相比，能更准确、更快速地反映被测端面的实际温度，适用于测量轴瓦和其他机件的端面温度。

（3）热电阻的信号连接方式　热电阻是把温度变化转换为电阻值变化的一次元件，通常需要把电阻信号通过引线传递到计算机控制装置或其他一次仪表上。工业用热电阻安装在生产现场，与控制室之间存在一定的距离，因此热电阻的引线对测量结果会有较大的影响。

目前热电阻的引线主要有三种信号连接方式。

1）二线制。在热电阻的两端各连接一根导线来引出电阻信号的方式称为二线制。这种引线方法很简单，但由于连接导线必然存在引线电阻 r，r 的大小与导线的材质和长度等因素有关，因此这种引线方式只适用于测量精度较低的场合。

2）三线制。在热电阻的根部一端连接一根引线，另一端连接两根引线的方式称为三线制。采用三线制可以消除连接导线电阻引起的测量误差。这是因为测量热电阻的电路一般是平衡电桥。热电阻作为平衡电桥的一个桥臂电阻，安装在被测温度的现场，其连接导线（从热电阻到中控室）也成为桥臂电阻的一部分，这部分电阻是未知的，且随环境温度变化，会造成测量误差。采用三线制，就是由热电阻引出三根导线，与热电阻两端相连的两根导线分别接入热电阻所在的桥臂及与其相邻的桥臂上，而第三根导线接到电桥的稳压电源端。这样由于环境温度变化而引起的连接导线电阻值的变化对测量的影响基本得到克服。工业上一般都采用三线制接法。

3）四线制。在热电阻的根部两端各连接两根导线的方式称为四线制，其中两根引线为热电阻提供恒定电流 I，把 R 转换成电压信号 U，再通过另两根引线把 U 引至二次仪表。可见这种引线方式可完全消除引线的电阻影响，主要用于高精度的温度检测。

（4）热电阻型号意义解读　一支装配式热电阻的型号及意义如图3-18所示。

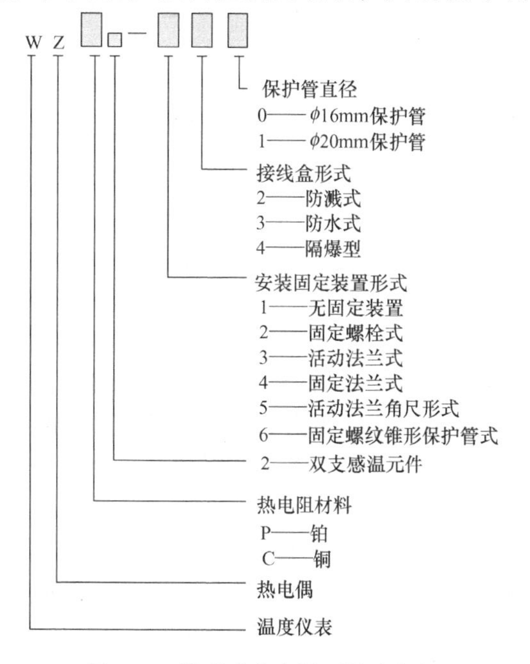

图3-18　装配式热电阻型号及意义

下面以几支装配式热电阻为例进行介绍。

①WZP-640（见图3-19）：热电阻材料为铂，单支式，固定螺纹锥形保护管，保护管直径16mm，隔爆型接线盒，总长300mm，锥形管长150mm，A级，4线制，测温范围0～400℃。

②WZP_2-430（见图3-20）：热电阻材料为铂，双支式，固定法兰式固定，防水式接线盒，保护管直径16mm，B精度，总长1000mm。

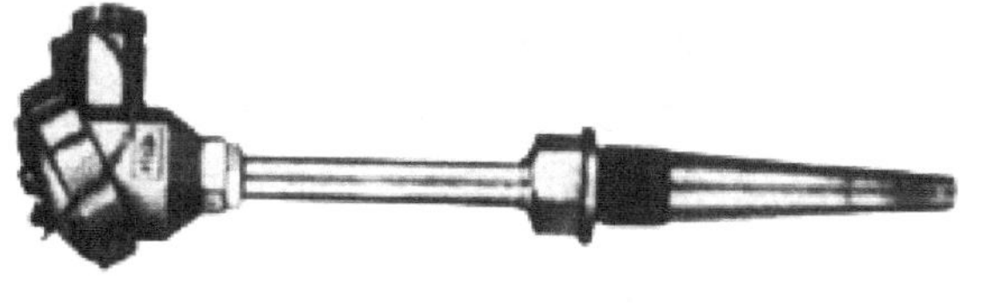
图3-19　WZP-640实物图

③WZC-231（见图3-21）：热电阻材

料为铜，单支式，固定螺纹式固定，防水式接线盒，保护管直径 20mm，总长 1000mm。

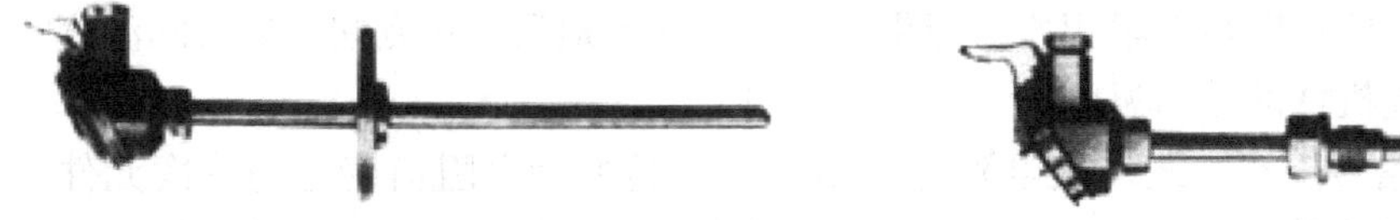

图 3-20　WZP_2-430 实物图　　　　图 3-21　WZC-231 实物图

3.2.4　温度测量仪表的选择

选择测温仪表必须要对被测对象进行以下几点分析。

1）被测对象的温度变化范围及变化的快慢。

2）被测对象是静止的还是移动的。

3）被测对象是液体还是固体，温度计的检测部分能否与它相接触，能否靠近，如果远离以后辐射的能量能否足以检测被测信号。

4）被测区域的温度分布是否相对稳定，要测量的是局部温度还是某一区域的平均温度。

5）被测对象及其周围是否有腐蚀性气体，是否存在水蒸气、一氧化碳、二氧化碳、臭氧、烟雾等介质，是否存在外在能源对辐射的干扰。

要选择符合工业生产要求的测温仪表，需考虑诸多因素，涉及的知识也是多方面的，但是都不能偏离下列基本选型要求。

1）根据工艺要求，正确选择温度测量仪表的量程和精度。正常使用的测温范围一般为全量程的 30% ~70%，最高温度不得超过刻度的 90%。

2）用于现场进行接触式测温并就地指示的仪表可选玻璃温度计（用于指示精度较高和现场没有振动的场合）、压力式温度计（用于 -80℃以下低温，无法近距离观察、有振动及精确度要求不高的场合）、双金属温度计（只要满足测量范围、工作压力和精确度要求，应优先选用，尤其有振动的场合）、半导体温度计（用于间断测量固体表面温度的场合）。

3）用于远传的接触式测温仪表可选热电偶温度计（用于测量中、高温区，一般场合）、热电阻温度计（用于测量中低温区，无振动场合）。应根据工艺条件与测温范围选用适当的规格品种、惰性时间、连接方式、补偿导线、保护套管与插入深度等。根据对测量响应速度的要求，热电偶有 600s、100s、20s 三级供选择，热电阻有 90 ~180s、30 ~90s、10 ~30s、<10s 四级供选择。

4）测量细小物体和运动物体的温度，或测量高温，或测量受振动、冲击而又不能安装接触式测量仪表的物质的温度，应采用光学高温计、辐射高温计、光电高温计与比色高温计等非接触式温度计。用辐射高温计测温时，必须考虑现场环境条件，如受水蒸气、烟雾、一氧化碳、二氧化碳、臭氧、反射光等影响，并应采取相应措施，防止干扰。

选型时应理清思路、抓住问题的核心，可以按照图 3-22 所示的选型流程来选择温度测量仪表。

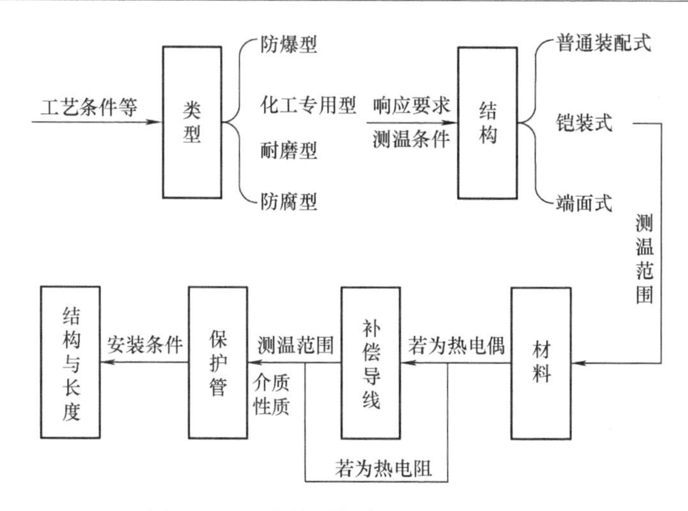

图3-22　温度检测仪表选用步骤流程图

下面以图3-22所示的选型流程图为参考就具体选型事宜做几点说明。

1）接线盒形式的选择。要根据使用环境条件选择接线盒的形式。条件较好的场所，选普通式；潮湿或露天的场所，选防溅式、防水式；易燃、易爆的场所，选隔爆型；仅在特殊场合，选插座式。

2）安装固定装置的连接方式的选择。在无腐蚀性介质的管道上安装测温元件时可选用螺纹连接方式，这种方式具有体积小、安装较为紧凑的优点。当在设备、衬里管道和有色金属管道上安装测温仪表，且测量对象是结焦淤浆介质、强腐蚀性介质、粉状介质或易燃、易爆和剧毒介质时，应优先选用法兰连接方式，以方便维护。

3）测温保护管的选择。要根据所确定的检测元件插入长度（应以检测元件插至被测介质温度变化灵敏且具有代表性的位置为原则确定插入长度）来选择保护管的长度，根据被测介质的条件选用合适的测温保护管材质。

4）特殊场合下温度计类型的选择。当测量设备、管道外壁和转体表面温度时，选用表面型或铠装型热电偶、热电阻；在温度>870℃、氢气的质量分数>5%的还原性气体、惰性气体及真空场合，应选用钨铼热电偶或吹气热电偶；当被测介质含坚硬固体颗粒时，选用耐磨型热电偶；若在同一个检测元件保护套管中要求多点测温时，选用多支热电偶。

3.2.5　温度测量仪表的安装注意事项

安装温度测量仪表，要从测量准确、安装与检修方便等方面考虑，注意以下几点。

1）测温元件在管道上安装，应保证测温元件与流体充分接触。因此，要求测温元件迎着被测介质流向，至少要与被测介质的流向成90℃，切勿与被测介质形成顺流。

2）安装水银温度计或热电偶，如果管道公称直径小于50mm，以及安装电阻温度计或双金属温度计的管道公称直径小于80mm，应将温度计安装在加装的扩大臂上。

3）测温元件的工作端应处于管道中流速最大处。膨胀式温度计应使测温点的中心置于管道中心线上；热电偶、铂热电阻、铜热电阻保护套管的末端应分别越过流束中心线5～10mm、50～70mm和25～30mm。压力表式温度计温包中心必须与管道中心线重合。

4）测温元件要有足够的插入深度，以减小测温误差。

5）热电偶和热电阻的接线盒引出孔应向下，以避免雨水或其他液体渗入影响测量，热电偶处不得有强磁场。

6）现场指示温度计的安装高度宜为1.2～1.5m。高于2.0m时宜设直梯或活动平台。为了便于检修，温度计的安装高度距离平台最低处不宜小于300mm。

7）对于有分支的工艺管道，安装温度计或热电偶时，要特别注意安装位置与工艺流程相符，且不能安装在工艺管道的死角、盲肠位置。

任务实施

现以电锅炉为被测对象，进行测温仪表的选型训练。电锅炉的高度为60cm，直径为30cm，最高水温为100℃。工艺要求测温精度为±1℃，请选择温度测量仪表类型，计算仪表的精度，并确定仪表型号、选择具体的测温仪表。需强调，凡选用温度仪表时，要求提供如下数据：型号、分度号、准确度等级、保护管材质及形式、法兰规格及形式、长度或插入深度。

思考与讨论

1. 在用热电偶测量温度时，除了要考虑冷端温度的影响外，还要注意热电偶极性不能接错，热电偶与补偿导线要配套，热电偶分度号与指示仪表要配套等问题。下面几个思考题，请自行讨论并证明。

1）如果热电偶热端为500℃，冷端为20℃，仪表的机械零点为0℃，没有加以冷端温度补偿，该仪表的指示值将高于还是低于500℃？

2）当热电偶补偿导线极性接错时，指示值偏高还是偏低？（提示：此处分两种情况讨论。一种情况是冷端温度高于显示仪表接线端温度；另一种情况是冷端温度低于显示仪表接线端温度。）

3）采用镍铬-镍硅热电偶测量温度，将仪表机械零点调至25℃，但是实际室温（冷端温度）为15℃，这时的仪表指示值是偏高还是偏低？

4）铂铑10-铂热电偶错接入铜-铜镍补偿导线（铂铑10与铜相接，铂与铜镍相接），指示值偏高还是偏低？（提示：此处分两种情况讨论。一种情况是冷端温度高于显示仪表接线端温度；另一种情况是冷端温度低于显示仪表接线端温度。）

2. 在用热电阻测量温度时，同样要考虑热电阻分度号与测量仪表配套、三线制接法等，请讨论下面几个问题。

1）当热电阻短路或断路时，与之配套的动圈仪表指针将分别指向哪里？

2）当热电阻测温时，若不采用三线制接法，而连接热电阻的导线因环境温度升高而增大时，其指示值偏高还是偏低？

任务3.3 流量检测仪表的选型与安装

任务描述

在具有流动介质的工艺过程中，物料通过工艺管道在设备之间来往输送和配比，生产过程中的物料平衡和能量平衡等都与流量有着密切的关系。介质流量是控制生产过程达到优质高产和安全生产以及进行经济核算所必需的一个重要参数。学生通过本任务可以在了解流量测量仪表的种类及测量原理的基础上，学会流量计的选型方法，并对选型时应考虑的因素进行讨论，还要熟悉流量计的安装注意事项。

任务分析

一般来说，流量的大小是指单位时间内流过管道某一截面的流体流量大小，即瞬时流量。在某一段时间内流过管道的流体流量的总和称为累积流量。不管是瞬时流量还是累积流量，可以用质量表示，也可以用体积表示。质量流量用 q_m 表示，体积流量用 q_V 表示，若流体的密度是 ρ，则体积流量与质量流量之间的关系是

$$q_m = \rho q_V \tag{3-5}$$

常用的流量单位有吨/时（t/h）、千克/时（kg/h）、立方米/时（m^3/h）和升/时（L/h）等。

测量流量的方法很多，测量原理及仪表结构形式也有很多种，大致可以把仪表分为速度式流量计、容积式流量计和质量式流量计三类。

（1）速度式流量计　速度式流量计是以流体在管道中的流速为测量依据的仪表，如差压式流量计、涡轮流量计、靶式流量计、转子流量计、涡街流量计、超声波流量计、电磁流量计等。常用的单位有 m^3/h、L/h 等。速度式流量计在工业流量测量中应用广泛。

（2）容积式流量计　容积式流量计是以单位时间内所排出流体的固定容积为测量依据的仪表，如腰轮流量计、椭圆齿轮流量计等。容积式流量计主要用于测量黏稠的介质。

（3）质量式流量计　质量式流量计是以测量流过的流体质量 m 为依据的仪表，如惯性力式流量计、补偿式流量计等。常用的单位有 t/h、kg/h 等。它具有被测流量的数值不受流体的温度、压力、黏度等变化的影响的优点，主要应用于需要精确测量的场合。

3.3.1　差压式流量计

差压式（也称为节流式）流量计是基于流体流动的节流原理，利用流体流经节流装置时产生的压力差而实现流量测量的。差压式流量计通常由四部分组成：节流装置（包括节流件、取压装置和测量所要求的直管段）、传送差压信号的引压管路（包括可能的隔离罐或集气罐、管路和三阀组）、检测差压信号的差压计或差压变送器，以及流量显示仪表。节流装置把流体流量转换成差压，通过引压管道传送到差压计，差压计进一步将差压信号转换为电流，显示仪表把接收到的电流信号通过标尺指示流量（或数字显示）数值。

1. 节流现象与节流装置

如果在管道中安置一个固定的中间小孔阻力件，当流体流过该阻力件的小孔时，由于流体流束的收缩而使流速加快、静压力降低，在节流装置前后的管壁处，流体的静压力产生差异的现象称为节流现象。流速在孔板前后壁分布情况如图3-23所示。

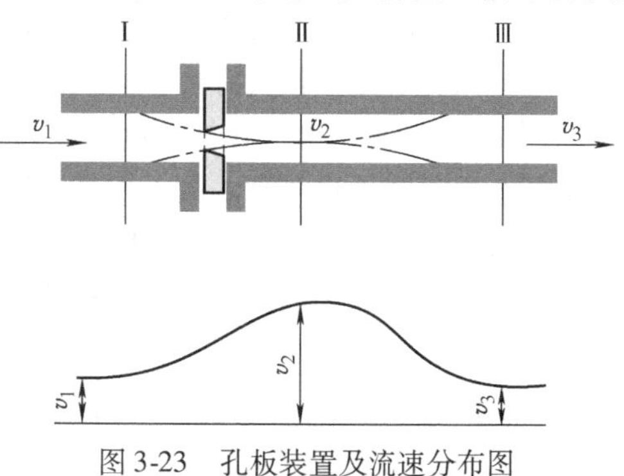

图3-23　孔板装置及流速分布图

节流装置前流体压力较高，称为正压，常以“+”标志；节流装置后流体压力较低，称为负压，常以“-”标志。节流装置前后压差的大小与流量有关。管道中流动的流体流量越大，在节流装置前后产生的压差也越大。只要测出孔板前后侧压差的大小，即可知道流量的大小。这就是节流装置测量流量的基本原理。

2. 节流装置的流量计算公式

流量基本方程式是阐明流量与压差之间定量关系的基本流量公式。它是根据流体力学中的伯努利方程和流体连续性方程推导而得的，即

$$q = \alpha\varepsilon F_0\sqrt{\frac{2}{\rho_1}\Delta p} \qquad m = \alpha\varepsilon F_0\sqrt{2\rho_1\Delta p} \tag{3-6}$$

式中　q——流量；

Δp——节流件前后实际测量的压差；

ε——膨胀校正系数，它与孔板前后压力的相对变化量、孔口截面积与管道截面积之比等因素有关；若是不可压缩性流体，则 $\varepsilon=1$；

ρ_1——节流装置前的流体密度（kg/m^3）；

α——流量系数，它与节流装置的结构形式、取压方式、孔口截面积与管道截面积之比 m、雷诺数 Re、孔口边缘锐度等有关。

由式（3-6）可以得出以下两点结论。

1）流量 q 与差压 Δp 的平方根成正比。所以，用差压流量计测量流量时，如果不加开方器，流量标尺刻度是不均匀的，起始部分的刻度很密，后来逐渐变疏。因此，用差压式流量计测量流量时，被测流量值不应接近仪表的下限，否则误差将会很大。

2）流量与差压的确切关系，关键取决于 α 的取值。α 是一个受多种因素影响的综合性系数，对于标准节流装置，其值可从有关手册中查出。一旦条件变化，必须另行计算。

3. 节流装置及其选择

作为流量测量用的节流装置，有标准节流装置和非标准节流装置两种。对于标准化的节流件，在设计计算时都执行同样的标准，可直接按照标准的规定制造、安装和使用，不必进行标定。常用的标准节流装置包括标准孔板、标准喷嘴。非标准节流件有双重孔板、偏心孔板、圆缺孔板、1/4 圆缺喷嘴等。

针对不同的情况，首先要尽可能选择标准节流装置，不得已时才选择非标准节流装置。从使用的角度看，具体选择节流装置时，应考虑以下几方面。

1）允许的压力损失。孔板的压力损失较大，可达最大压差的 50% ~90%；喷嘴的压损也可达 30% ~80%；文丘里管的压损可达 10% ~20%。根据允许的压力损失选定节流装置的类型。如果允许压力损失许可，应优先考虑选用孔板。

2）加工的难易程度。在加工制造及装配难易程度方面，孔板最简单，喷嘴次之，文丘里管最复杂，其造价也最高。故一般情况下均应选用孔板。

3）被测介质的腐蚀性。如果被测介质对节流装置的腐蚀性与磨损较强，最好选用文丘里管或喷嘴，孔板较不适宜。原因是孔板的尖锐进口边缘容易被磨损成圆边，将严重影响其测量准确度。

4）现场安装条件。直管段长度是由生产条件限定的。同样，只要条件允许就应选用孔板，虽然它要求的直管段长度较长；其次是喷嘴；较少选用文丘里管。

无论哪一种标准节流装置，都必须满足下列条件才能使用。

1）管道内被测介质必须是连续、稳定、充满整个管道，并沿着管道内径 $D\geqslant50$mm 的圆形管道流动；文丘里管的内径 100mm$\leqslant D\leqslant$800mm。

2）节流装置上下游必须配一定长度的直管段。直管段长度满足前 10D、后 5D 的要求。

3）被测介质通过节流装置时，其相态不变，如液体不蒸发，过热蒸汽仍然是过热的，溶解在液体中的气体不析出等。同时是单相存在的；对于成分复杂的介质，只有其性质与单一成分的介质类似时，才能使用。

4）测量气体（蒸汽）流量时所析出的冷凝水或灰尘，或测量液体流量时所析出的气体或沉淀物，既不得聚集在管道中节流装置附近，也不得聚集在连接管内。

5）在测量能引起节流装置堵塞的介质流量时，必须进行定期清洗。

6）在离开节流装置两端面 2D 的管道内表面上，没有任何凸出物和肉眼可见的粗糙与不平现象。

差压式流量计的主要优点是结构简单，使用方便，寿命长，适用性广，对各种工况下的单相流体、管径在 50～1000mm 范围内都可使用。它的不足之处是量程比较窄；压力损失较大，需消耗一定的动力；对安装要求严格，需要足够长的直管段。尽管如此，它仍是目前应用最广泛的流量测量仪表。

3.3.2 其他流量计

1. 转子流量计

工业生产中经常遇到对小流量的测量，流体流速较低，需要测量仪表具有较高的灵敏度，才能保证一定的精度。前文已经分析过，差压式流量计对于管径小于 50mm 的小管道流量是不适合的，而转子流量计则特别适合测量管径在 50mm 以下的管道流量。

（1）测量原理　指示式转子流量计的结构和测量原理如图 3-24 所示。它由两部分构成，一部分是由下向上逐渐扩大的锥形管，另一部分是放在锥形管中可以自由运动的转子。转子相当于节流元件，但与差压式流量计的节流原理不同。差压式流量计是在节流面积（孔板孔口大小）不变的条件下，以差压的变化来反映流量的大小。而转子流量计是以压降不变，利用转子与锥形管之间的环隙面积（即节流面积）的变化来测量流量的大小的。锥形管安装在垂直管道上。

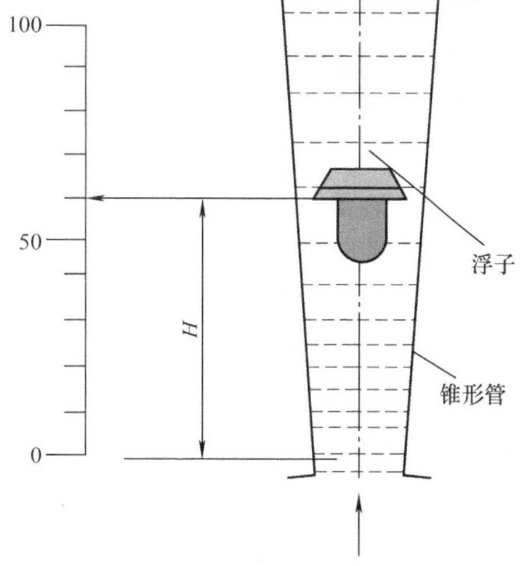

图 3-24　转子流量计的结构和测量原理图

被测流体由锥形管底部自下向上流过管子，位于管中的转子在流体中受到向上的浮力（即压降）与浮子本身的重力相互作用，使浮子上下运动。当压降等于转子重力时，转子停在某一高度，就可测得流量大小。假如流体流量突然变大，作用到转子上的力会增大，转子则向上移动，使得转子与锥形管之间的环隙增大，随着环隙增大，流速开始减慢，因而作用在转子上的力（压降）也就变小，直到压降再次等于重力时，转子又稳定在新的高度。这样，转子在锥形管中的平衡位置的高低与被测介质的流量大小相适应，根据转子在锥形管中的高度就可以直接读出流量的大小。这就是转子流量计测量流量的基本原理。

根据浮子在锥形管中所受的力，以及当浮子处于平衡时各个力之间的关系，可推导出流体的流量为

$$q = \Phi H\sqrt{\frac{2gV(\rho_t - \rho_f)}{\rho_f A}} \tag{3-7}$$

式中　Φ——仪表常数；

H——转子高度；

V——转子体积；

ρ_t——转子材料密度；

ρ_f——被测流体密度；

A——转子最大横截面积。

可见，流量与浮子在锥形管中的高度近似成线性，流量越大，浮子平衡位置越高。

（2）特点与应用　转子流量计主要适用于中小管径、雷诺数较小的中、小流量的检测，其特点是结构简单，使用方便，工作可靠，仪表前直管段长度要求不高。转子流量计的基本误差为仪表量程的 ±1% ~ ±2%，量程比可达 10∶1。流量计的测量准确度易受被测介质密度、黏度、温度、压力、纯净度、安装质量等影响。

转子流量计主要用来测量单相非脉动（液体或气体）流体的流量。它可分为两类：一类是直接指示型转子流量计，其锥形管一般由玻璃制成，并在管壁上标有流量刻度，这类流量计也称为玻璃转子流量计；另一类为电远传转子流量计，其锥形管一般由金属制成。

在选用时，可以根据转子流量计的特点合理选用。当安装位置只有垂直管道（流体自下而上流动），或者直管段不够长，同时被测介质黏度不大，有就地指示的条件下，特别是对水介质的流量指示，应该首选转子流量计。

（3）安装注意事项　转子流量计必须垂直安装，不允许有倾斜，介质的流向由下向上，不能反向。

2. 涡轮流量计

（1）测量原理　如图 3-25 所示，涡轮流量计主要由涡轮、导流器、磁电转换装置、外壳以及信号放大电路等部分组成。流体冲击涡轮叶片，使涡轮旋转，涡轮的旋转速度随流量的变化而变化，通过涡轮外的磁电转换器可将涡轮的旋转转换成电脉冲。经放大电路后输出的电脉冲信号需进一步放大整形以获得方波信号，对其脉冲进行计数和单位换算可得到累积流量，再通过频率-电流转换后可得到瞬时流量为

$$q_v = f/K \tag{3-8}$$

式中　q_v——瞬时流量（m^3/h）；

f——测量的脉冲频率（Hz）；

K——流量计的仪表系数（次/m^3）。

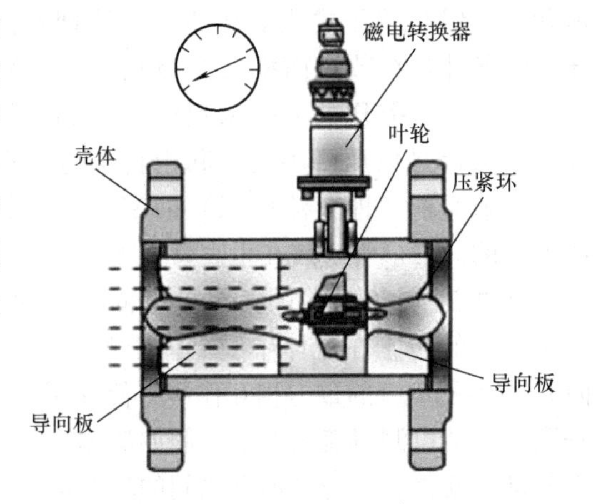

图 3-25　涡轮流量计

因此，测出叶轮的转速，就可以确定流过管道的流体流量或总量。

（2）特点与应用　涡轮流量计的特点是测量准确度较高，精度可达0.5级以上；反应迅速，可测脉动流量；流量与涡轮转速之间成线性关系，主要用于中小口径的流量检测。涡轮流量计仅适用于洁净的被测介质，其转换系数一般是在常温下用水标定的，当介质的密度和黏度发生变化时需重新标定或进行补偿。

（3）安装注意事项　为防止被测介质中机械杂质对涡轮叶片造成机械损伤，通常要在涡轮前安装过滤装置。流量计必须水平安装，前后需要有一定的直管段，一般上下游侧的直管段长度要求分别是管径的10倍和5倍以上。

3. 电磁流量计

（1）测量原理　电磁流量计主要由磁路系统、测量管、电极、衬里、外壳及转换电路等部分组成。测量原理如图3-26所示。在与测量管轴线和磁力线相垂直的管壁上安装了一对检测电极，根据法拉第电磁感应原理，当导电液体沿测量管轴线运动时，导电液体切割磁力线产生感应电动势，此感应电动势由两个检测电极检出，数值大小与流量成比例，其值为

$$E = KBVD \tag{3-9}$$

式中　E——感应电动势；

K——与磁场分布及轴向长度有关的系数；

B——磁感应强度；

V——导电液体平均流速；

D——电极间距（测量管内径）。

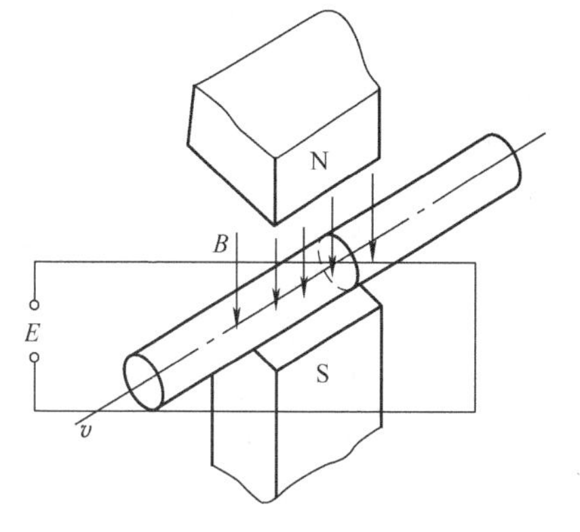

图3-26　电磁流量计测量原理图

传感器将感应电动势E作为流量信号，传送到转换器，经放大、变换滤波及一系列的数字处理后，显示瞬时流量和累积流量。转换器可以有4～20mA输出、报警输出及频率输出，并设有RS-485等通信接口。

（2）特点与应用　与前面介绍的几种流量计不同，电磁流量计的测量管内无可动部件或凸出于管道内部的部件，因而几乎无压力损失。电磁流量计的适用范围很广，被测流体只要导电即可，可以含颗粒、悬浮物等，也可以是酸、碱、盐等腐蚀性介质。流量计的输出与体积流量成线性关系，并且不受液体的温度、压力、密度、黏度等参数的影响。此外，电磁流量计反应迅速，可以测量脉动流量。

电磁流量计的测量口径范围大，小到1mm，大到2m以上都能测量，特别适用于口径在1m以上的水流量的测量。测量准确度一般优于0.5%。电磁流量计除了对介质有选择外，几乎在其他任何条件下都可以使用。

电磁流量计最大的缺点是被测流体必须是导电的，不能测量气体、蒸汽和石油制品等的流量；由于衬里材料的限制，一般使用温度为0～200℃；因电极是嵌装在测量管上的，这也使最高工作压力受到一定程度的限制，一般小于205MPa。

（3）安装注意事项　电磁流量计安装正确与否对其测量的精确度影响非常大。具体的安装注意事项如下。

1）变送器应安装于管内任何时候均充满液体的地方，一般应垂直、同心、无应力安装，预防液体流过电极时形成气泡造成误差。

2）电磁流量计的信号较为微弱，因而在使用时要特别注意外来干扰对其测量精度的影响。所以变送器的外壳、屏蔽线、测量导线、变送器两端的管道均需接至单设的接地点，以免因为电位不等而引入附加干扰。

3）应安装在远离一切磁源和机械振动的地方。

4）内壁沉积垢层要定期清理，以防电极短路，甚至无法检测流量。

5）仪表上下游要有一定长度的直管段，一般保证前 $5D$、后 $3D$。

6）表体安装方向和流体方向保持一致。

7）尽可能避免测量管内变成负压。

4. 涡街流量计

（1）测量原理　涡街流量计由漩涡发生体、测量探头和检测线路板等部分组成。如图3-27所示，在流体中垂直于流动方向放置一个非流线型的物体（如圆柱体、棱柱体），当流体流经漩涡发生体时，在它的下游两侧就会交替出现不规则的漩涡，单列漩涡产生的频率与柱体附近的流体流速成正比。通过测量探头检测漩涡产生的频率，再通过检测线路板对探头检测出的频率信号进行进一步整形并放大，然后转换成电压或电流标准信号。

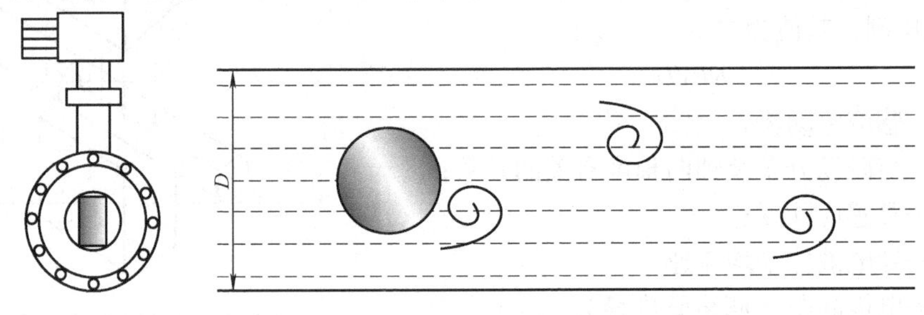

图3-27　卡曼涡街

（2）特点与应用　涡街流量计的特点是管道内无可动部件，使用寿命较长，压力损失较小，维护方便，节能效果明显；测量准确度高，为 ±0.5% ~ ±1%；量程较宽，量程比（最大测量范围和最小测量范围之比）最高可达30∶1；在一定的雷诺数范围内，几乎不受流体的温度、压力、密度、黏度等变化的影响，故用水或空气标定的涡街流量计可用于其他液体和气体的流量测量而不需要标定，尤其适用于大口径管道的流量测量。除此之外，涡街流量计还具有结构简单、通用性好和稳定性高、便于与计算机联用等优点。

（3）安装注意事项

1）流量计上游侧和下游侧应尽可能留有较长的直管段。对于弯管、缩/扩径管，在流量计上游应保证 $10D$ 的直管段长度，下游应保证 $5D$ 的直管段长度；当流量计上游有全开阀门时，直管段长度应保证 $20D$；有半开阀门时，直管段长度应保证 $40D$；测压点应选在流量计下游 $2D \sim 7D$ 之间，而测温点应取在流量计下游 $D \sim 2D$ 之间。

2）漩涡发生体的轴线必须与管路轴线垂直。应安装于远离一切磁源和机械振动的地方。

5. 容积式流量计

（1）测量原理　容积式流量计采用了一种直接的流量测量方法，让被测流体充满具有一定容积的空间，然后再把这部分流体从出口排出。根据单位时间内排出的流体体积可直接确定体积流量，根据一定时间内排出的总体积数可确定流体的体积总量，即累积流量。

常见的容积式流量计有椭圆齿轮流量计（图3-28a）、腰轮流量计（图3-28b），其中腰轮流量计可以用于测量气体流量。

容积式流量计的工作特性与流体的黏度、密度以及工作温度、压力等因素有关，相对来说，黏度的影响要大一些。流体流过流量计的压力损失随流量的增加几乎成线性上升，流体黏度越高，在相同流量下压力损失也越大。

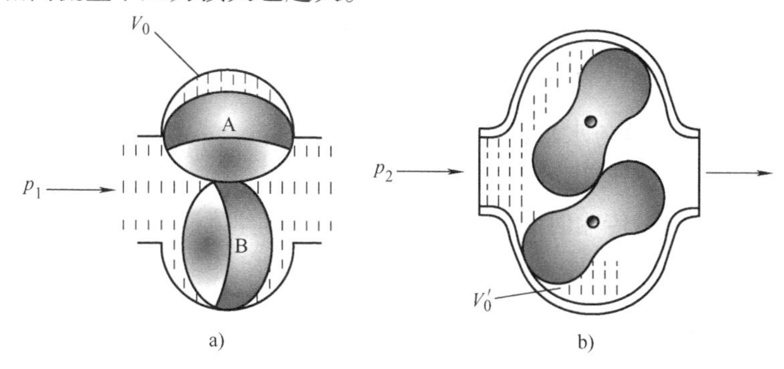

图3-28　容积式流量计

a）椭圆齿轮流量计　b）腰轮流量计

（2）特点与应用　容积式流量计具有测量精度高、量程比较宽（一般为10∶1）、安装方便、对仪表前后直管段没有要求等优点。

容积式流量计适宜测量黏度较高的液体的流量，在正常工作范围内，温度和压力对测量结果的影响很小。由于仪表的准确度主要取决于壳体与活动壁之间的间隙，因此，对仪表制造、装配的精度要求高，传动机构也比较复杂。要求被测介质干净，不含固体颗粒。常用的测量口径为10～150mm，当测量口径较大时，成本高，质量和体积大，维护不方便。

（3）安装注意事项

1）椭圆齿轮流量计的入口端必须加装过滤器，以防杂质使仪表磨损或卡住，甚至损坏仪表。

2）椭圆齿轮流量计的使用温度有一定范围，若温度过高，会使齿轮膨胀，无法旋转。

6. 超声波流量计

（1）测量原理　超声波流量计是根据声波在静止流体中的传播速度与流动流体中的传播速度不同这一原理工作的，测量原理如图3-29所示。超声波流量计的管壁两面外侧分别斜置一个超声波传感器，构成一组传感器。每个传感器兼作声波的发射和接收。这组传感器声道与水平管道中心线成θ角几何关系。

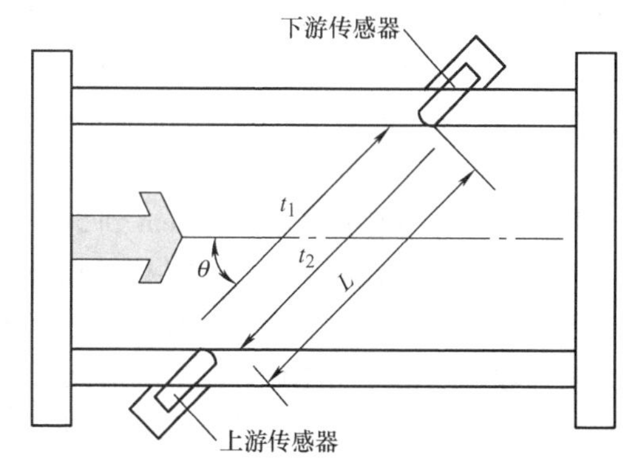

图3-29　超声波流量计测量原理图

声脉冲穿过管道从一个传感器到达另一个传感器，当流体不流动时，声脉冲以相同的速度（声速c）在正、逆两个方向上传播。如果管道中的气体有一定流速v（$v \neq 0$），则顺着流动方向的声脉冲会传输得快些，传输时间t_1短些；而逆着流动方向的声脉冲会传输得慢些，传输时间t_2会长些。这里所说的长些和短些都是与流体不流动时的传输时间相比的。

这样就有

$$t_1 = \frac{c - v\cos\theta}{L} \tag{3-10}$$

$$t_2 = \frac{c + v\cos\theta}{L} \tag{3-11}$$

式中　c——声速；

θ——两个传感器声道与水平管道中心线的夹角；

L——两个传感器之间声道的直线距离。

采用电子学的手段测量传输时间，可按式（3-12）计算流速 v，即

$$v = \frac{MD}{\sin\theta} \cdot \frac{\Delta t}{t_1 t_2} \tag{3-12}$$

式中　M——声束在流体中直线传播次数；

θ——两个传感器声道与水平管道中心线的夹角；

D——管道内径；

t_1——声束在正方向上的传播时间；

t_2——声束在逆方向上的传播时间；

Δt——时差，$\Delta t = t_1 - t_2$。

最后求得体积流量为

$$q = 900\pi D^2 v \tag{3-13}$$

超声波流量计由超声波传感器、电子线路及流量显示和累积系统三部分组成。超声波流量计的电子线路包括发射、接收、信号处理和显示电路。测得的瞬时流量和累积流量值用数字量或模拟量显示。超声波发射传感器将电能转换为超声波能量，并将其发射到被测流体中，接收器接收到的超声波信号，经电子线路放大并转换为代表流量的电信号供给显示和计算仪表进行显示和计算。

（2）特点与应用　超声波流量计可实现非接触测量。超声波传感器可以安装在管道外壁，不会影响管内流体的流动状态，不产生附加阻力和压力损失，并且仪表的安装及检修均不影响生产管线运行，因而是一种理想的节能型仪表，适于测量不易接触和观察的流体以及大管径流量。根据检测原理的不同，超声波流量计可分为传播时间法、多普勒效应法、波束偏移法等。传播时间法超声波流量计可测量清洁的流体，如水轮机进水量、汽轮机循环水量等；而多普勒超声波流量计测量的流体必须是有一定数量的颗粒或气泡的离散体，否则声波无法散射，因而适宜测量像下水道及排污水等含双相介质的流量；超声波流量计也可用于气体测量。其管径的适用范围很宽，从2cm到5m，从几米宽的明渠、暗渠到500m宽的河流都适用。

超声波流量计在应用中也有一定的限制条件，主要表现在可测流体的温度范围受超声波传感器与管道之间的耦合材料耐温程度的限制，以及高温下被测流体传声速度的原始数据不全。目前我国只能测量200℃以下的流体。另外，超声波流量计的测量线路比一般流量计复杂。这是因为一般工业计量中液体的流速常常是每秒几米，而声波在液体中的传播速度约为1500m/s，被测流体流速变化带给声速的变化量最大也是10^{-3}数量级的。若要求测量流速的

准确度为1%，则对声速的测量准确度需为$10^{-6}\sim10^{-5}$数量级，因此必须有完善的测量线路才能实现，这也正是超声波流量计只有在集成电路技术迅速发展的前提下才能得到实际应用的原因。

（3）安装注意事项

1）对于干式安装（不接触液体）的超声波流量计，要知道确切的管道外径、壁厚、材质以及衬里情况，管道内壁不应锈蚀、结垢、凹凸不平。

2）安装传感器时，管道外表面应去掉保温层、去漆、磨平锈迹、涂匀耦合剂，不能有空隙，以免声波在固、气界面上发生折射，无法传到被测流体。传感器前后要有足够长的直管段（要求前10D后5D），以确保流体所需的流速分布。

3）传感器安装在倾斜和水平管道上时，不要装在上部和底部，以免管道内的气体或杂质进入测量声道。应尽可能使换能器处于和水平面呈45°角的范围内。除特殊情况外，换能器的安装要使超声波传播途径通过管道中心。

7. 质量流量计

（1）测量原理　质量流量的测量是通过一定的检测装置，使它的输出直接反映出质量流量，而无须进行换算。测量质量流量的方法有许多种，其中基于科里奥利力的质量流量检测方法最为成熟。科里奥利质量流量计的应用已十分广泛。

科里奥利质量流量计有直管、弯管、单管、双管等多种形式，目前应用最多的是双弯管型，如图3-30a所示，它是由两根金属U形管组成的，其端部连通并与被测管路相连，这样流体可以同时在两个U形管内流动。在两管的中间A、B、C处各装一组压电换能器。换能器A（又称为电磁驱动器）在外加交变电压的作用下产生交变力，使两根U形管彼此一开一合地振动，流体为了反抗这种强迫振动，会给管子一个与其流动方向垂直的反作用力，即科里奥利力。在科里奥利力的作用下，管子的振动不同步了，由于入口段和出口段流体流向是相反的，入口段管与出口段管的振动时间先后会出现差异，即相位时间差。换能器B和C（又称为位置检测器）就是用来检测两管的振动情况的。换能器B处于进口侧，C处于出口侧，由于出口侧振动相位超前于进口侧，C输出的交变信号的相位将超前于B，得到的相位差的大小与流体的质量流量大小成正比。如果通过电路能检测出这种时间差异的大小，则就能确定质量流量的大小。

（2）特点与应用　质量流量计与其他流量计的最大不同是它测量的是质量流量的大小，不受流体密度和黏度的影响，因而是一种更准确、快速、高效、灵活的流量测量仪表，其测量精度高、量程比宽、稳定性好、维护量低，主要用于黏度和密度相对较大的单相流体和混流体的流量测量。由于结构等原因，这种流量计适用于中小尺寸管道的流量测量。

（3）安装注意事项　质量流量计的安装对前后直管段无特殊要求，但必须满足下列几个条件。

1）传感器和变送器出厂前是配套标定的，安装时需一一对应。

2）传感器测量管内应保证充满被测介质。

3）对于液体介质，应使流量计处于管道低点。避免因背压过低而使介质汽化，影响测量结果。对于气体介质，不能使流量计处于管道局部低点，以避免测量管中有积液而产生测量误差。

4）传感器法兰前后必须加装具有足够刚度和质量的支架。

5）安装时传感器和管道要同轴对准，做到无应力安装。

6）注意安装方向要正确。

7）尽量避免电磁干扰。

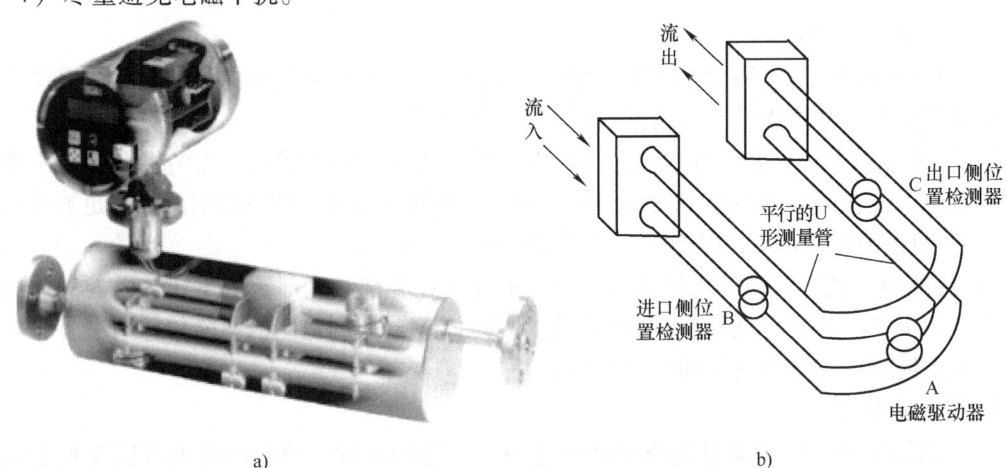

图 3-30　科里奥利质量流量计及传感器结构图

a）质量流量计　b）传感器结构图

3.3.3　流量计的选型

流体流量是一个动态量，处于运动状态的流体内部不仅存在着黏性摩擦作用，还会产生不稳定的漩涡或二次流等复杂流动现象。流量仪表本身受众多因素影响，所以在对流量仪表选型前，要收集各类仪表样本、技术数据和选用手册等，充分了解各类仪表规范性能；再分别根据安全性能要求、流体特性、环境条件和经济性等因素，逐一分析，合理选型。目前，市场上大约有超过 100 种不同的流量仪表，随着科学技术的发展，新型的流量仪表还在不断涌现。在选型时可以参照表 3-8 给出的四大类型及其特性，选择能满足生产要求、安全可靠、准确节能、经济耐用的流量仪表。

表 3-8　流量仪表的类型与主要性能特点

类　型	仪表名称	可测流体种类	适用管径/mm	测量精度	安装要求、特点
差压式流量计	孔板	液、气、蒸汽	50 ~ 1000	±1% ~ ±2%	需直管段，压力损失大
	喷嘴	液、气、蒸汽	50 ~ 500		需直管段，压力损失中等
	文丘里管	液、气、蒸汽	100 ~ 1200		需直管段，压力损失小
	均速管	液、气、蒸汽	25 ~ 9000	±1%	需直管段，压力损失小
	转子流量计	液、气	4 ~ 150	±2%	垂直安装
	靶式流量计	液、气、蒸汽	15 ~ 200	±1% ~ ±4%	需直管段
	弯管流量计	液、气		±0.5% ~ ±5%	需直管段，无压力损失
容积式流量计	椭圆齿轮流量计	液	10 ~ 400	±0.2% ~ ±0.5%	无直管段要求，需装过滤器，压力损失中等
	腰轮流量计	液、气			
	刮板流量计	液		±0.2%	无直管段要求，压力损失小
速度式流量计	涡街流量计	液、气、蒸汽	150 ~ 1000	±0.5% ~ ±1%	需直管段
	涡轮流量计	液、气	4 ~ 600	±0.1% ~ ±0.5%	需直管段，装过滤器
	电磁流量计	液、气	6 ~ 2000	±0.5% ~ ±1.5%	直管段要求不高，无压力损失
	超声波流量计	液、气、蒸汽	>10	±1%	需直管段，无压力损失

（续）

类　型	仪表名称	可测流体种类	适用管径/mm	测量精度	安装要求、特点
直接式质量流量计	热式质量流量计	液、气		±1%	
	冲量式质量流量计	液、气		±0.2% ~ ±2%	
	科里奥利质量流量计	液、气、蒸汽		±0.15%	

1. 安全性能要求

安全性能要求是指流量传感器在运行中不会发生机械强度或电气回路故障而引起事故。因此，高温高压流体的流量传感器一般选用无可动部件、强度高的标准节流装置或非接触式流量计，且材质要求耐磨，而不能选用插入式流量计或结构强度低的靶式流量计、涡轮流量计，以确保在高速气流冲刷下不发生节流装置损坏造成介质泄漏。测量腐蚀性介质时，根据腐蚀性强度选用合适的内衬材质。用于可燃性气体环境时，可选用防爆仪表。

2. 流体特性

流体特性主要指流体的成分、温度、压力、密度、黏度、化学腐蚀、磨蚀性等。根据实际情况逐步确认选型范围。首先从成分（液体、气体、蒸汽、脏污程度）区分。差压式流量计和涡街流量计基本适应以上各种成分的流体，导电性液体首选电磁流量计，小管径液体、气体流量测量可选转子流量计，洁净单相高黏度液体或气体流量的测量可选用容积式流量计。一些机械式具有热胀冷缩特性的流量仪表（如容积式流量计、涡轮流量计、电磁流量计），不适合测量高低温流体。流体压力变化，会使其密度发生变化，导致测量数据变化，差压式流量计和涡街流量计需要引入温压补偿以修正测量数据。黏度主要受温度、压力影响，黏度变化会改变流体的流动状态，从而影响流量计的流量系数，最终导致测量数据不准确。

3. 现场安装环境

现场安装环境是指管道布置方向、流动方向、检测件上下游侧直管段长度、管道口径、管道是否有振动、周围是否有强磁场干扰或高温辐射热等。管径 >800mm 时可选用插入式流量计；涡街流量计由于测量漩涡释放频率，故而振动干扰大；强磁场对电磁流量计和电信号放大处理器干扰大，高温辐射造成电子元件发热进而影响使用寿命。基于这些考虑，可把测量元件部分和信号处理部分分开，即选用分体式流量计。

4. 节能性

流体经过流量仪表前后会产生压力损失，压力损失值越小的节能性越好。非接触式如超声波流量计、电磁流量计无压力损失。差压式节流装置都存在压力损失，只是非标准节流装置如涡街、均速管、圆缺孔板等压力损失相对较小；而标准节流装置的压力损失相对较大，其中孔板的压力损失最大，喷嘴次之，文丘里管最小。

5. 准确度和经济性

要求流量测量系统的误差小、准确度等级高、重复性好、量程比宽。一般本身性能可靠、量程比较宽的流量计有利于后期增加工艺设备测量参数调节，从而减少投资，不过价格也相对较高。在保证工艺要求的准确度范围内，要综合后期维护费用来合理选择。流量计的标定非常重要，由于大部分类型的流量系数和仪表常数都是实体标定得出的，标定系数的数据直接影响运行参数的准确性，因此要选择有能力进行实体标定的仪表制造商。

6. 介质工况

生产过程中需要特别注意的是流体流向可发生变化的问题。有些工艺生产中流体流向会发生短暂的改变，如石灰窑炉膛在燃烧和蓄热变换期间煤气需切断，为了保护前方煤气加压，把连接煤气加压机进出口管道的回流阀打开了。在回流阀打开期间，管道内压力瞬间降低，管道内残存的煤气发生倒流现象，从而影响仪表的使用和安全。

7. 工艺参数

根据工艺参数选择仪表的型号和规格。工艺参数是确定仪表具体型号和规格的最终依据，工艺参数要详细、清楚，稍有差错就会导致仪表数据不准确，甚至不能使用。例如，低压流体（如煤气）工作压力变化引起的流量变化较大，因而压力参数范围要小且准确。一般流量计耐压要高于现场工作压力一个等级，流体流速要达到流量计要求的最低流速，否则要进行缩径处理。流量检测元件材质要满足流体要求，量程范围应该合适。

3.3.4　差压流量计的安装与投运

差压式流量计的压力损失较大，要保证管道内的流体有一定的流速。因此，孔板流量计不能测量直径在50mm以下的小口径与大于1000mm的大口径的流量。在现场实际应用时，往往具有比较大的测量误差，有的甚至高达10%～20%。

产生这么大误差的原因可能有：①被测流体工作状态的改变；②节流装置安装不正确；③孔板入口边缘有磨损；④导压管安装不正确，或有堵塞、渗漏现象；⑤差压计安装或使用不正确。

因此，不仅需要合理的选型、准确的设计计算和加工制造，更要注意正确的安装和维护，这样才能保证差压式流量计有足够的实际测量精度。下面从几个方面进行说明。

1. 差压式流量计的安装

（1）取压点的选取

1）要选在被测介质直线流动的管段部分，不要选在管路拐弯、分叉、死角或其他易形成漩涡的地方。

2）测量流动介质压力时，应使取压点与流动方向垂直，取压管内端面与生产设备连接处的内壁应保持平齐，不应有凸出物或毛刺。

3）测量液（气）体压力时，取压点应在管道下（上）部，使导压管内不积存气（液）体。取压口的方位应符合下列规定。

①测量液体流量时，取压口应位于管道下半部与管道水平中心线成0°～45°角范围内（见图3-31a）。

②测量蒸汽流量时，取压口应位于管道上半部与管道水平中心线成0°～45°角范围内（见图3-31b）。

③测量气体流量时，取压口应位于管道上半部与管道垂直中心线成0°～45°角范围内（见图3-31c）。

在垂直管道上，两个差压取压口可在管道的同一侧或分别位于两侧。

（2）安装前的检查　安装前除了检查管道直径、节流装置孔径、节流装置加工精度等与设计要求是否相符以外，还要查看是否满足下列几项要求。

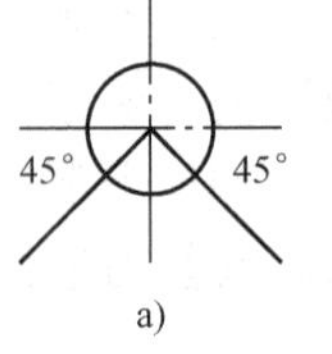

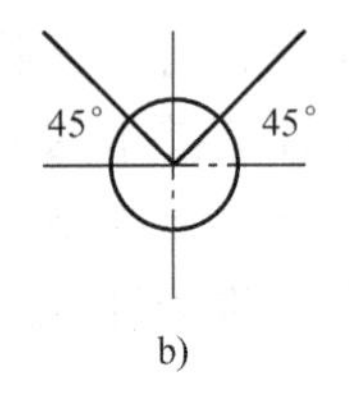

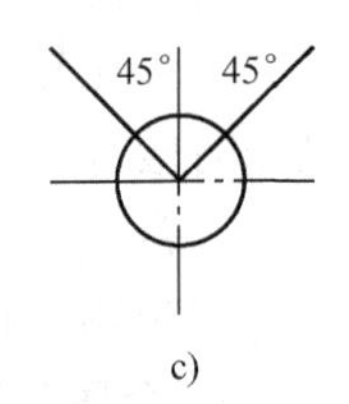

图3-31　测量不同介质时节流装置取压口方位规定示意图
a）液体　b）蒸汽　c）气体

1）节流装置用的垫圈内径不得小于管径，可比管径大 2 ~3mm。

2）节流装置用的法兰焊接后必须与管道垂直，不得歪斜。法兰中心与管道中心应重合；焊缝必须平整光滑。

3）节流装置的管道前后，在至少管道直径 2 倍的距离内应无明显不光滑的凸块，无电、气焊的熔渣，无露出的管接头、铆钉等。

4）环室取压时，环室内径不得小于管道的直径，可比管道直径稍大一些。

5）孔板、环室及法兰等在安装前应清除积垢和油污，并注意保护开孔锐边不得碰伤。节流装置安装应在管道吹洗干净后及试压前进行，以免管道内污物将节流装置损坏或将取压口堵塞。

（3）流量计安装　导压管要正确地安装，防止堵塞与渗漏，否则会引起较大的测量误差。对于不同的被测介质，导压管的安装也有不同的要求，下面仅就图 3-32 所示的最简单的测量液体介质流量的仪表管路连接进行讨论。

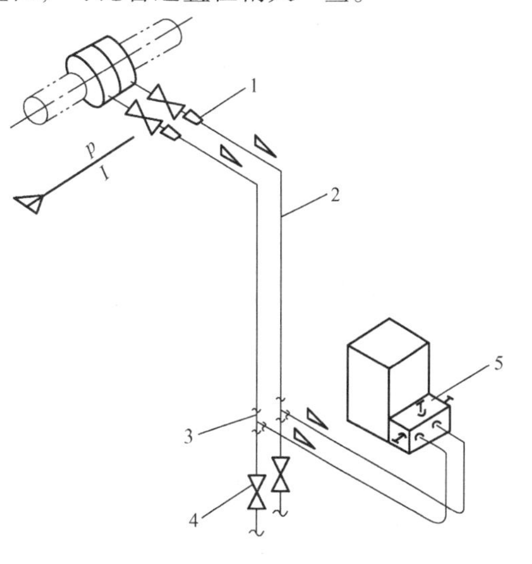

图 3-32　测量液体流量的仪表管路连接图
1—头道阀　2—垂直引压导管　3—拐角活接头
4—排污阀　5—三阀组

测量液体的流量时，要使两根导压管内都充满同样的液体而无气泡，以使两根导压管内的液体密度相等。安装时应注意以下几点。

1）取压点应位于节流装置的下半部，与水平线夹角 $\alpha=0° \sim 45°$。

2）引压导管最好垂直向下，如条件不允许，引压导管也应下倾一定坡度（至少 1:20 ~1:10），使气泡易于排出。

3）在引压导管的管路中，应有排气的装置。

4）由引压导管接至差压计或变送器前，必须安装三阀组。

5）测量腐蚀性（或因易凝固而不适宜直接进入差压计）介质流量时，必须采取隔离措施。

2. 差压式流量计的投运

差压式流量计在投运时其三阀组的动作顺序非常重要。

首先，开启正压阀这一项的前提是在确认平衡阀已经打开的情况下，这样该测量点的偏高压部分就已经被同时导入到变送器的正、负压室中，然后关闭平衡阀再开启负压阀，负压室中的压力下降至负压侧压力，从而保证了开启正、负压侧阀门时始终不会对敏感原件造成单向的压力冲击。

另外，在差压式流量计测量液体或导压管有冷凝液（隔离液）的情况下，启用和关闭流量计时，三阀组是严禁同时处于开启状态的。否则会因为正负压室的差压将导压管的冷凝液（隔离液）冲跑，造成测量误差。如果是测量的气体，可以直接打开或关闭平衡阀。

任务实施

以差压式流量计为工作对象，按照下列步骤完成仪表的投运、停用任务。

1. 投运前的检查与准备

1）检查一次仪表、管路系统、阀门及接头锁母连接是否牢固。

2）检查一次、二次仪表连接线路是否正确。

3）检查差压计是否在停用状态（正负压二次阀关闭，平衡阀打开，排污阀门关闭）。

4）对于新装或大小修后久停未用的仪表，投运前应进行管路冲洗。

2. 投运

1）接通电源。

2）打开头道阀（一次阀）。

3）先打开正压二次阀，再关平衡阀，最后打开负压二次阀，差压计即可投运。

3. 停用

1）先关负压二次阀，再开平衡阀，最后关闭正压二次阀。

2）断开电源。

3）如长期停用或需要拆卸差压计，则要关闭头道阀（一次阀）。

思考与讨论

1. 关于节流装置特性的相关问题的讨论。

1）在孔板、喷嘴、文丘里管这几种标准节流装置中，当差压相同时哪一种压力损失最大?

【提示】压力损失的大小和节流装置的孔型有很大关系，可以从这方面思考。由于孔板的入口是锐角边缘，会使流体突然收缩和扩大，涡流强，压力损失大；而喷嘴的结构为在流体流入的那一面是特殊型曲面和一段很短的圆柱形管段，这样可以使流体在一定型面的引导下，在喷嘴内得以收缩，减小了涡流区，从而减小了压力损失；而文丘里管又在喷嘴的基础上增加了一段扩散管段，这样流体从收缩到扩大都有一定的型面引导，产生的涡流更小，压力损失更小。

2）当管径和差压相同时，哪一种流量最大?

【提示】在相同的管径和差压下，压力损失越小，该节流装置的流量系数应该越大。而在相同的管径下，孔板的压力损失比喷嘴大4%～20%，比文丘里管大3～6倍。

2. 某一涡轮流量计的仪表常数 $K=150.4$ 次/L，测量流量时的输出频率 $f=400\text{Hz}$，此时其相应的瞬时流量是多少?

【提示】涡轮流量计是应用流体的运动速度来实现测量的。当被测流体通过涡轮流量计的传感器时，冲击叶轮叶片，使叶轮转动，在一定的流体条件和流量范围内，叶轮转速与流体的流量成正比，涡轮流量计的流量公式为

$$q=f/K$$

任务3.4　识读仪表回路图

任务描述

仪表回路图是仪表工排查控制系统线路故障的重要依据。本任务以电锅炉为对象，介绍锅炉温度-流量串级系统模拟仪表回路图及DCS仪表回路图的识读方法，为学生能够在一个

新的控制系统实施过程中完成仪表回路图的绘制打下基础。

任务分析

仪表回路图是采用直线连线法，将一个系统回路中所有仪表、自控设备的连接关系表达出来的图样。这种图样的一个突出特点是它把安装、施工、检验、投运、维护等所需的全部信息方便地表示在一张按一定规格绘制的图纸上，改善了回路信息的完整性和准确性，便于使用仪表回路图的各类人员的交流和理解。

在仪表回路图中，所有设备和元件有清楚的标记和标志。这些标记和标志由图形符号和文字符号组合而成。所有标志和数字与管道仪表流程图一致，相互连接的电线、电缆、多芯或单芯气动管线以及液压管线都有编号，接线箱、接线端子、接管箱、接口、计算机 I/O 接口等也都使用标记。仪表回路图有 DCS 仪表回路图、模拟仪表回路图之分。

仪表回路图的主要情况如下。

1）通常一个回路对应一张仪表回路图。

2）回路图从左向右划分出现场和控制室两大区域，控制室内再分区。

3）用规定的图形符号表示接线端子板、穿板接头、仪表信号屏蔽线、仪表及端子通道等。

4）用规定的文字符号标注所有仪表的位号和型号，标注电缆、接线箱和端子排编号等。

5）用细实线将回路各端子连接起来，用系统链将 DCS 各功能模块及 I/O 卡件连接起来。

任务实施

以电锅炉为对象，选择 WZP-220 型铂热电阻温度检测元件、5251-3206 型温度变送器、K300-2001142-1020 涡轮流量变送器、AI-519 人工智能 PID 调节器作温度控制器、AI-719 型人工智能 PID 调节器作流量控制器、AI-518 无纸记录仪、5262-5006 型安全栅、ZMAN-16B 型控制阀（仪表的技术性能可以从仪表选型样本中查明）等模拟仪表构成温度-流量串级控制系统，绘制出仪表回路图如图 3-33 所示。图中 TE101RC、JBR1001RC、FT101SC、JBS1003SC、FY101SC、JBS1006SC 等均为电缆编号。1IP 为 1 号仪表盘代号，1IR 为仪表盘后架装代号，AS 0.14MPa 为气源。完成该图的识读训练，回答以下几个问题。

1）TE101 选择的是哪种检测元件？采用几线制？

2）指出 FIC101 的测量输入、外给定、输出等信号端子序号，说明主、副控制器之间的连接关系。

3）现场仪表到接线箱的电缆编号采用什么编号方法？温度检测元件 TE101 到接线箱 JBR1001 的电缆编号是什么？

4）从接线箱到架装仪表信号端子板的电缆编号采用什么编号方法？1001SX 表示什么含义？JBS1003 到 1001SX 的电缆编号是什么？

5）该模拟仪表回路图中有几种仪表设备安装形式？

6）FY101 的名称是什么？它起什么作用？

思考与讨论

如今 DCS 仪表已经渐渐代替了模拟仪表，一个控制单元可以实现多回路的控制。以图 3-34 所示的一个控制系统的 DCS 仪表回路图为例，完成读图，并分析讨论下列问题。

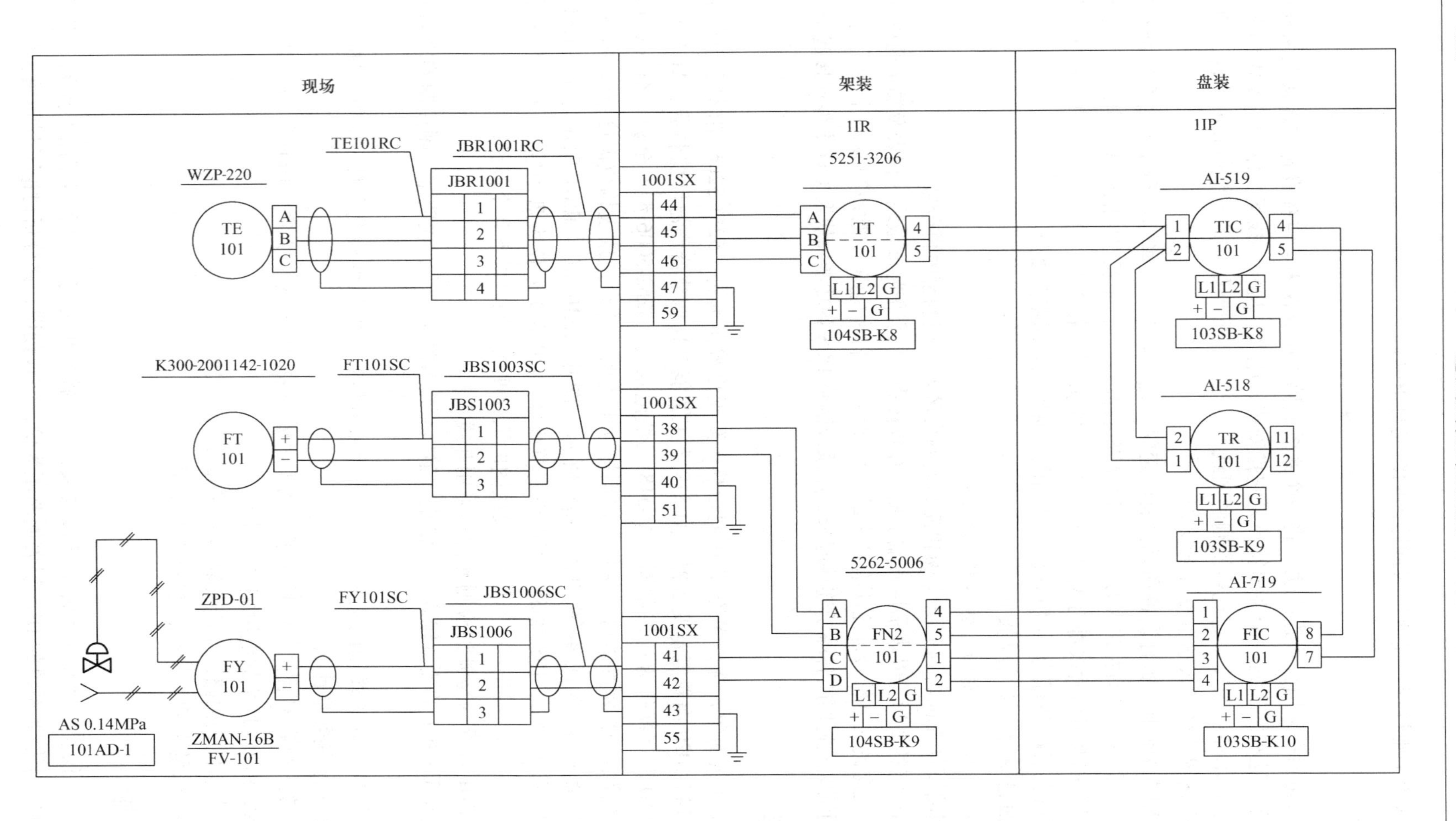

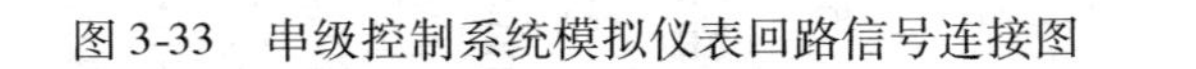
图 3-33　串级控制系统模拟仪表回路信号连接图

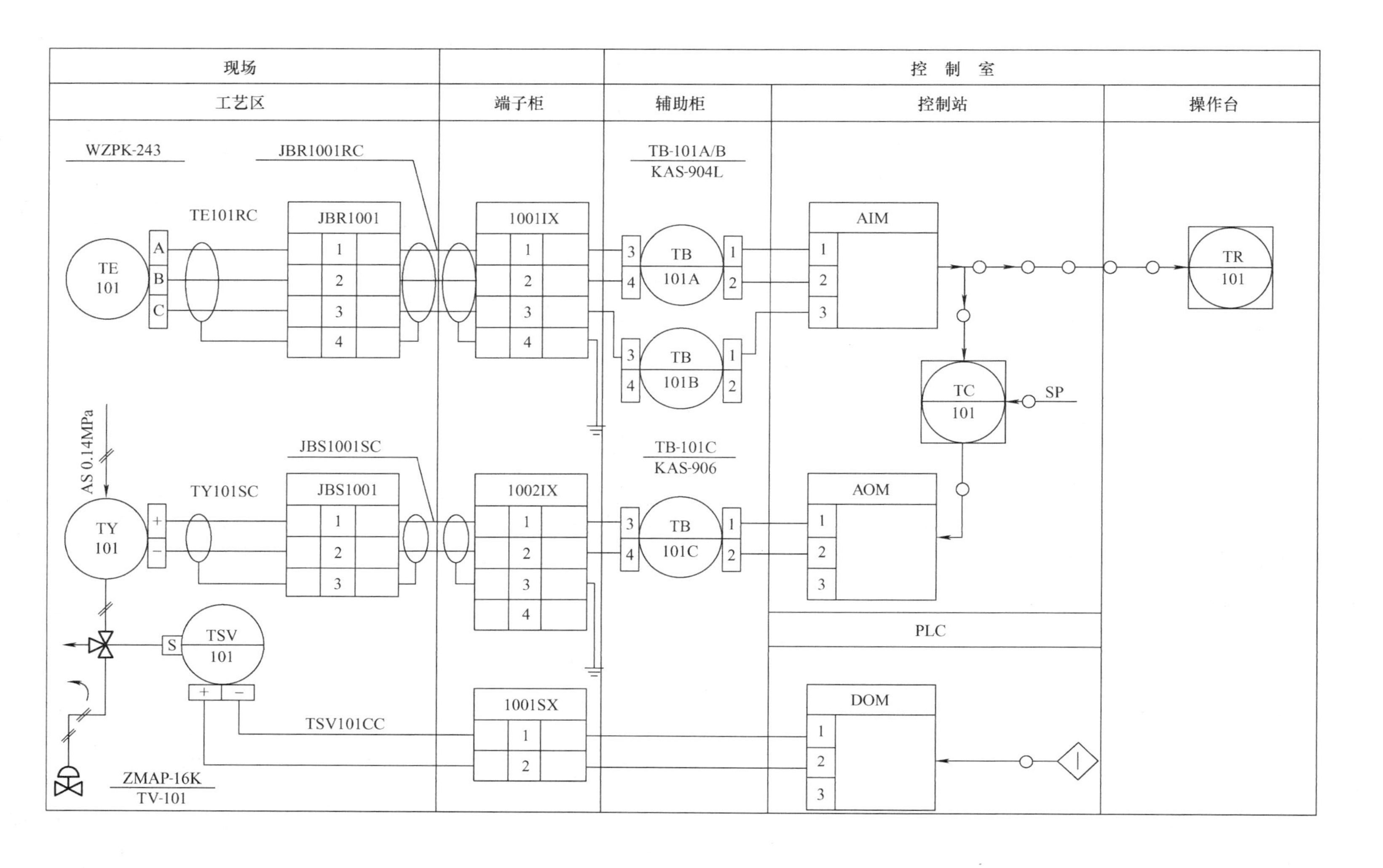

图 3-34　DCS 仪表回路图

1）该系统是简单控制还是复杂控制？假设对象是加热器，操纵变量是蒸汽流量，画出系统框图。

2）除了控制功能外，它还有其他什么功能？

3）从接线箱编号能否分辨出它们分别是哪几种信号的接线箱？

4）端子柜中有 IX 和 SX 两种编号的接线端子板，为什么要使用这两种不同的端子板？

5）控制站中的 AIM、AOM、DOM 分别是什么设备？TC101 是模拟仪表还是虚拟仪表？

6）指出该回路中联锁信号的连接。TSV101 是什么仪表？它的作用是什么？

任务 3.5　串级控制系统投运

任务描述

与简单控制系统一样，在串级控制系统方案设计、仪表调校安装就绪后，接下来的工作就是将系统投入运行。而主、副控制器各项参数必须进行调整后，才能使得系统的过渡过程达到最为满意的质量指标要求。学生通过本任务将学会如何将串级控制系统投运并调整好系统的状态。

任务分析

3.5.1　系统投运工作步骤

选用由不同类型的仪表组成的串级系统，投运方法也有所不同，但是遵循的原则基本相同。其一是投运顺序，一般采用“先投副环、后投主环”的投运顺序；其二是投运过程要求必须保证无扰动切换，这一点可以由控制器自动完成。

如果是由 DDZ-Ⅲ仪表组成的串级系统，其投运工作步骤如下：

1）将主控制器设定值设置好，主控制器设置为内给定，副控制器设置为外给定，再将主、副控制器的正、反作用置于正确位置。

2）副控制器设置为手动状态遥控控制阀动作，等待主被控变量慢慢在设定值附近稳定下来，这时则可以按照先副后主的顺序，依次将副控制器和主控制器切入自动状况，就完成了串级系统的投运动作。

整个投运过程是无扰动的。

3.5.2　控制器参数整定

为了使系统运行达到最佳状态，必须对系统进行校正，即对控制器进行参数整定。

在整定串级控制系统的控制器参数时，首先必须明确主、副控制器的作用，以及主、副被控变量的控制要求；然后通过控制器参数整定，才能使系统运行在最佳状态。

从整体上看，串级控制系统的主回路是一个定值控制系统，要求主被控变量有较高的控制精度，其品质指标与单回路定值控制系统一样。而副回路是一个随动系统，只要求副被控变量能快速、准确地跟随主控制器的输出变化即可。

在工程实践中，串级控制系统常用的整定方法有一步整定法和两步整定法。

1. 两步整定法

两步整定法是指按照串级控制系统主、副回路的情况，先整定副控制器，后整定主控制器的方法。

1）主、副控制器设为纯比例作用，将主控制器的比例度先固定在100%的刻度上，逐渐减小副控制器的比例度，求取副回路在满足某种衰减比（如4:1）过渡过程下的副控制器比例度和操作周期，分别用δ_{2s}和T_{2s}表示。

2）在副控制器比例度等于δ_{2s}的条件下，逐步减小主控制器的比例度，直至得到同样衰减比下的过渡过程，记下此时主控制器的比例度δ_{1s}和操作周期T_{1s}。

3）根据上面得到的δ_{1s}、T_{1s}、δ_{2s}、T_{2s}，按表2-9的规定关系计算主、副控制器的比例度、积分时间和微分时间。

4）按"先副后主"和"先比例次积分后微分"的整定规律，将计算得到的参数加到控制器上。

5）观察控制过程，适当调整，直到获得满意的过渡过程。

2. 一步整定法

根据经验将副控制器一次放好，不再变动，然后按一般单回路控制系统的整定方法直接整定主控制器参数。实践证明，这种整定方法，对于对主变量要求较高，而对副变量没有什么要求或要求不严，这对于允许它在一定范围内变化的串级控制系统是很有效的。

一步整定法的整定步骤如下。

1）在正常生产，系统为纯比例运行的条件下，按照表3-9所列的数据，将副控制器的比例度调到某一适当的数值。

2）利用简单控制系统中任一种参数整定方法整定主控制器的参数。

3）如果出现"共振"现象，可加大主控制器或减小副控制器的参数整定值，一般即能消除。

表3-9　采用一步整定法时副控制器参数选择范围

副变量类型	副控制器比例度δ_{2s}/(%)	副控制器比例放大倍数K_{P2}
温度	20~60	1.7~5.0
压力	30~70	1.4~3.0
流量	40~80	1.25~2.5
液位	20~80	1.25~5.0

任务实施

本任务以中水箱为主要被控对象，完成中水箱液位-管道流量串级系统的构成、投运与调试任务。要求应做好以下工作。

1）做好串级控制系统投运前的各项准备工作。

2）把握串级系统投运方法和操作要领。

3）会用一步整定法对主、副控制器进行参数整定。

在构成串级系统之前，先分组讨论水箱液位简单控制系统的缺点是什么？应如何改进？再画出水箱液位-流量串级系统方案的流程图。

图3-35所示为水箱液位串级控制系统流程图。按照该流程图构成串级系统，然后按照

下列步骤完成串级系统投运任务。

1. 投运前的准备

接通总电源和相关仪表的电源；打开阀 F1-1、F1-2、F1-7、F1-10、F1-11，且使阀 F1-10 的开度略大于 F1-11；主、副控制器打到“手动”状态。

2. 系统投运

设置主、副控制器的正、反作用，设定 AI719 为副控制器（具有设定值跟踪功能），AI519 为主控制器，正确接线，构成串级回路。调节器输出设置为 4～20mA。手动操作副调节器的输出，以控制电动调节阀支路给下水箱送水的大小，待下水箱进水流量相对稳定，且下水箱的液位趋于给定值后，按照“先副后主”的顺序，先将副控制器的“手动/自动”方式切换到“自动”状态，再将主控制器切换至“自动”状态。

3. 控制器参数整定

按经验数据预先设置好副调节器的比例度（参数 $P=1500$），调节主调节器的比例度，使系统的输出响应出现 4∶1 的衰减比，记下此时的比例度 δ 和周期 T_{i}。此时可按表 3-9 查得副控制器的参数后对主调节器进行参数整定。

4. 加入扰动信号，进行系统分析

当系统稳定运行后，设定值加一合适的阶跃扰动，观察并记录系统的输出响应曲线。打开阀 F2-4，以较小的频率启动变频器支路，观察并记录阶跃扰动作用于主对象时，记录中水箱液位变化的过程。

关闭阀 F2-4，待系统稳定后，适量打开电动阀两端的旁路阀 F1-7，观察并记录阶跃扰动作用于副对象时水箱液位变化的过程。

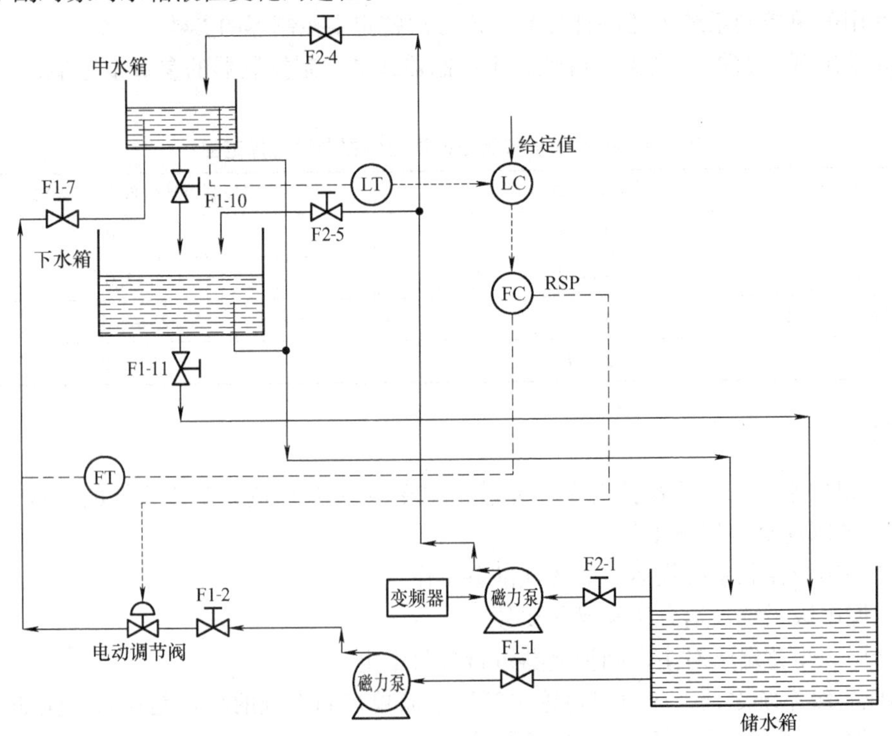

图 3-35　水箱液位串级控制系统流程图

思考与讨论

下面是关于采用一步整定法和两步整定法进行控制器参数整定问题的思考与讨论。

1. 某工厂在石油裂解气冷却系统中，通过液态丙烯的汽化来吸收热量，以保持裂解气出口温度的稳定。组成以出口温度为主被控变量、汽化压力为副被控变量的温度与压力串级控制系统。若采用一步整定法，主、副控制器的参数应分别如何设置？并讨论方法与具体步骤。

【提示】该系统中，副被控变量为压力，该参数反应快、滞后小，比例度可选大些，取值 $\delta_2=35\% \sim 45\%$；再按照4∶1衰减曲线法整定主控制器参数，假设获得4∶1衰减比的曲线时得到的比例度 $\delta_{1s}=30\%$、$T_{1s}=2\text{min}$，那么参照表2-9可求得主控制器的参数 δ_1、T_{i1}、T_{d1}。

2. 在硝酸生产过程中，有一个氧化炉的炉温-氨气流量串级控制系统，炉温为主被控变量，工艺要求较高，温度偏差范围为±5℃；氨气流量为副被控变量，允许在一定范围内变化，要求不高。若采用两步整定法，主、副控制器的参数应分别如何设置？并讨论方法与具体步骤。

【提示】主控制器选择PID控制规律，副控制器选择P控制规律。在系统稳定运行条件下，主、副控制器均置于纯比例作用，主控制器的比例度先置于100%上，用4∶1衰减曲线法整定副控制器参数。若得到 $\delta_{2s}=30\%$、$T_{2s}=10\text{s}$，设置副控制器比例度 $\delta_2=30\%$，再用一步整定法中相同的方法获得主控制器的参数。

项目4　蒸汽锅炉控制工程方案设计

现代化工业生产有很多对象具有大滞后、非线性时变特性，或存在频率与幅度很大的扰动信号非常复杂的问题，这使得除了串级控制系统外，还需要有前馈、比值、分程、均匀、选择性控制等复杂控制系统。

锅炉是工业生产过程中必不可少的重要动力设备，它所产生的蒸汽不仅能够为工业生产的蒸馏、干燥、蒸发、化学反应等过程提供热源，而且还可以为压缩机、泵、透平机等提供动力源。随着工业生产规模的不断扩大，生产设备的不断革新，锅炉也向着大容量、高参数、高效率方向发展。提高热效率，降低耗煤量，降低耗电量，已成为锅炉工艺与过程控制改革和革新的主要课题。本项目将以锅炉设备的过程控制系统的方案设计为典型案例，介绍复杂控制方案的设计与应用。

任务4.1　认识蒸汽锅炉过程控制

任务描述

我国现有的中、小型锅炉种类多样，工艺流程也各不相同。学生通过本任务将了解常见锅炉设备的工艺流程，并能对其过程控制要求进行分析。

任务分析

4.1.1　锅炉工艺流程简介

锅炉是重要的大型动力设备，它主要为工业生产提供合格的蒸汽。由于锅炉设备所使用的燃料种类、燃料设备、炉体形式、锅炉功能和运行要求的不同，锅炉有各种各样的工艺流程。某蒸汽锅炉主要工艺流程如图4-1所示。

1. 锅炉蒸汽发生系统工艺流程

蒸汽发生系统主要由汽包、省煤器、过热器、减温减压器、锅炉给水管线构成。锅炉给水来自于水处理工段的脱盐、脱氧水，温度在104℃左右，由给水泵P1001A/B加压至6.0MPa。分成两路：一路经省煤器预热进入汽包V1001提供产生蒸汽的锅炉给水；一路进入减温减压器E1002作为冷水循环对蒸汽降温降压。由汽包产生的255℃的饱和蒸汽首先送入二段过热器E1004中加热后为354℃，经E1002减温减压后，再送入一段过热器E1003中进行加热，形成温度为450℃的过热蒸汽，汇集到蒸汽管网输出，经负荷设备控制阀供给生产负荷设备使用。

2. 锅炉燃烧系统工艺流程

锅炉燃烧系统主要由锅炉、油枪、引风机、烟囱等设备构成。渣油作为锅炉燃烧系统的主燃料从油灌区经渣油泵P1002A/B升压后，经预热器E1007加热至150~170℃送至炉前，

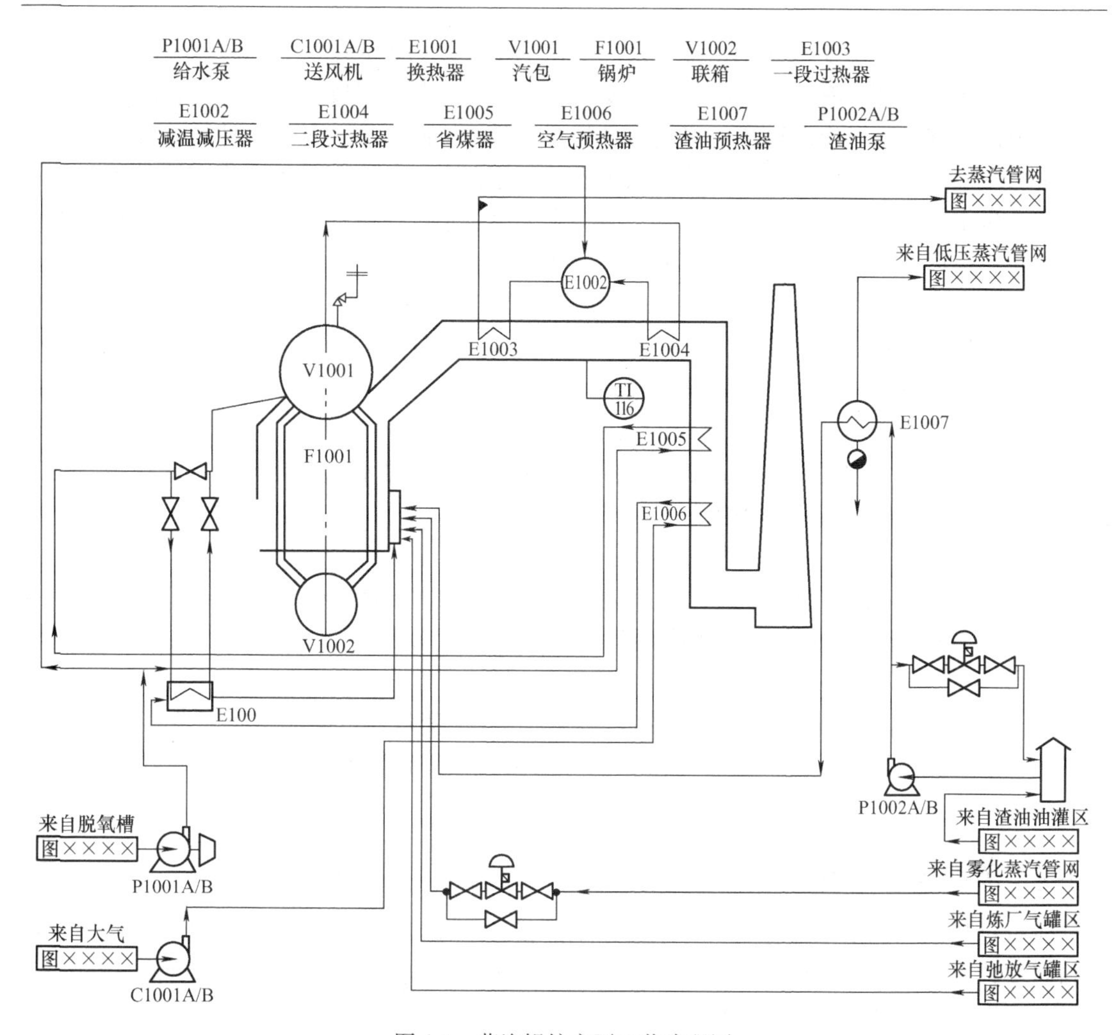

图4-1　蒸汽锅炉主要工艺流程图

与作为辅助燃料的炼厂气、吹扫气和能加大燃烧面积的雾化蒸汽一起由四个油枪喷入炉膛，形成可燃物料。冷空气则由送风机C1001A/B升压至6.3kPa左右。经空气预热器E1006预热，空气升温到250℃后送至炉前，作为助燃物与渣油成比例送入炉膛。燃烧产生的烟气传热给汽包，将饱和蒸汽变成过热蒸汽。同时还作为省煤器及预热器的加热载体，使给水和空气升温。产生的高温烟气在烟道中经降温后再由送风机送至除尘系统，最后通过烟囱排入大气。

4.1.2　主要生产过程分析

对锅炉的要求主要是提供合格的蒸汽，使锅炉产汽量要适应负荷的需要，为此，生产过程的各个工艺参数必须加以严格控制。从工艺流程可以看出，锅炉设备的主要输入变量（即操纵变量）有蒸汽负荷、锅炉给水、燃料流量、减温水、送风和引风等。主要的输出变量（即被控变量）有蒸汽压力、汽包水位、过热蒸汽温度、炉膛负压及烟气含氧量等。

这些输入变量和输出变量之间相互关联。如果蒸汽负荷发生变化，必然引起汽包水位、蒸汽压力和过热蒸汽温度的变化；燃料量的变化不仅会影响蒸汽压力，同时还会影响汽包水位，对过热蒸汽温度也有影响；减温水的变化会导致过热蒸汽温度、蒸汽压力和汽包水位的变化。所以，锅炉是一个多输入、多输出且相互关联的控制对象。对于这种复杂对象，目前工程上将其控制方案规划为若干个控制系统进行实施，主要的控制系统有蒸汽的温度与压力控制、汽包水位控制、锅炉燃烧控制等，能够实现汽包水位控制适中、避免蒸汽压力超高的安全运行目标以及燃料充分燃烧的节能环保目标。

（1）汽包水位控制系统　根据蒸汽负荷变化或蒸发量的变化，及时地调整进入锅炉的给水量，维持汽包水位在工艺允许的范围内；保证水的蒸发始终保持在最大面积状态，保持锅炉内生产的蒸汽量和给水量的物料平衡。这是锅炉正常运行的主要标志之一。

（2）锅炉燃烧系统　该系统要控制的变量有三个。第一个是维持锅炉出口蒸汽压力的稳定，当蒸汽负荷大幅度波动时，必须确保蒸汽压力稳定。这不仅是评价锅炉设备安全经济运行的重要条件，也是衡量锅炉控制系统的重要质量指标。因此，锅炉控制的实质是维持蒸汽负荷平衡。第二个是控制燃料量和空气量的比值，使燃料充分燃烧，始终保持最佳燃烧状态。第三个是维持炉膛负压在一定范围内。三个变量互相关联，需要统筹兼顾，才能满足燃料燃烧时产生的热量适应蒸汽负荷的需要，以保证燃烧的经济性和锅炉的安全性。

（3）过热蒸汽系统的控制　以过热蒸汽温度为被控变量，以减温水流量为操纵变量组成的控制系统，使过热器出口温度保持在允许范围内，并且管壁温度不超过允许的工作温度，保证过热蒸汽的安全性。

4.1.3　蒸汽温度控制

蒸汽过热系统包括一段过热器、减温减压器和二段过热器。蒸汽过热过程控制的任务是保持过热器出口蒸汽温度在允许范围之内，并保持过热器管壁温度不超过额定值（450℃）±5℃。这也是蒸汽质量控制的要求。

过热蒸汽温度是生产中的重要变量，是锅炉水、汽通道中的最高温度。通常，过热管正常运行温度接近过热管材料所允许的最高温度。蒸汽温度过高会烧坏过热管，同时还会造成汽轮机等后续负荷设备因内部器件过度热膨胀而受损，严重影响设备的运行安全。过热蒸汽温度过低，设备效率下降，汽轮机最后几级蒸汽湿度增加，造成汽轮机叶片磨损，以致不能正常运行。

影响过热器出口温度的主要因素有蒸汽流量、燃烧工况、减温水量、流经过热器的烟气温度和流速等。过热器出口温度的各个动态特性都有时滞和惯性。

过热蒸汽温度控制系统中的被控变量是过热器出口温度，操纵变量是减温水流量，由于控制通道长引起控制滞后较大，简单温度控制系统不能满足控制要求。因此，引入中间变量即减温器出口温度作为副被控变量，组成串级控制系统。如图 4-2 所示，过热蒸汽温度控制器（TC_1）为主控制器，减温器出口温度控制器（TC_2）为副控制器。TC_1 的输出是 TC_2 的设定值，TC_2 的输出直接作用于减温水流量控制阀 TV 上。串级温度控制系统加快了响应速度，增强了自适应和抗干扰能力，提高了控制质量。

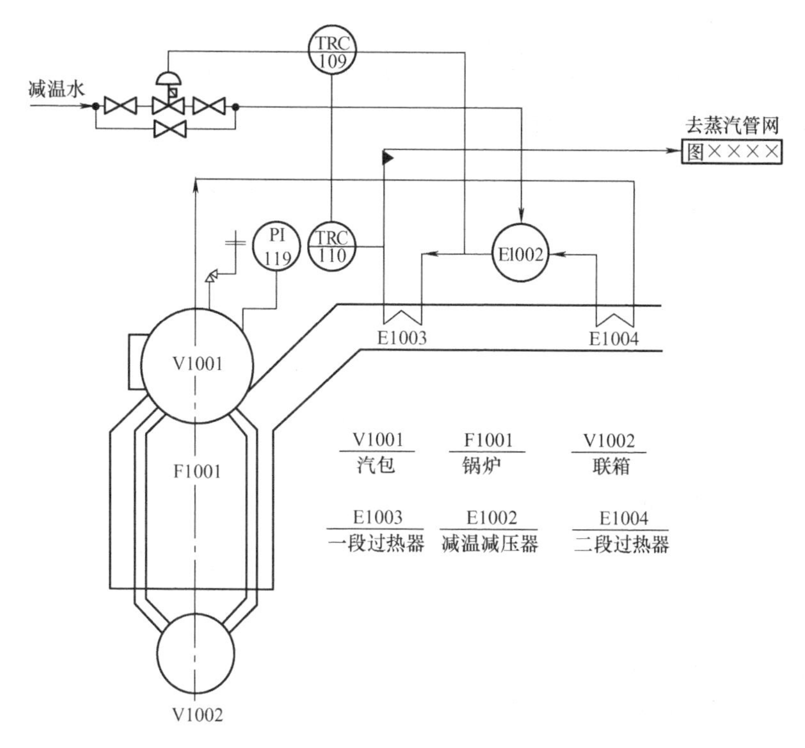

图4-2　锅炉蒸汽温度串级控制系统

任务实施

本任务以自然循环锅炉实训装置为对象，对学生进行工业锅炉工艺流程的模拟训练。在训练中，学生要观察锅炉在自然循环条件下平行管汽液双相的流动，以及平行管在不同负荷下的流动偏差现象；了解自然循环故障中停滞与倒流现象。目的是让学生通过自己操作，真切体会自然循环锅炉的蒸发系统（汽包产出蒸汽）的工作过程，为后面进行锅炉过程控制分析及方案设计打下基础。

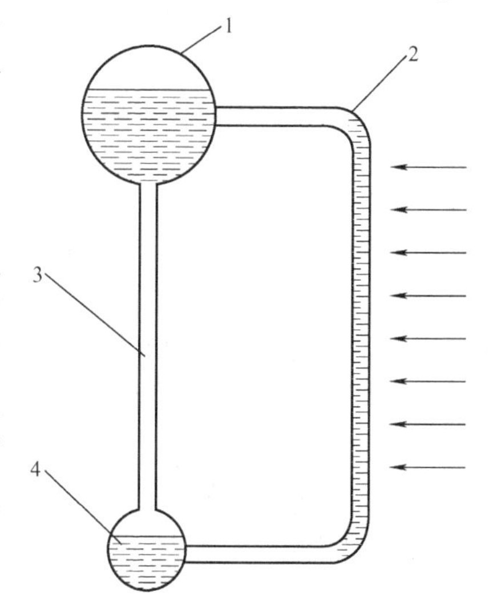

图4-3　单循环流程图
1—汽包　2—上升管　3—下降管
4—下联箱

首先，了解自然循环锅炉蒸发系统的工作原理。单循环流程如图4-3所示，由汽包、下联箱、下降管和上升管组成。锅炉的循环动力是靠上升管与下降管之间的压差来维持的。上升管由于受热，工作介质（简称工质）随温度升高而密度变小；或在一定的受热强度及时间条件下，上升管会产生部分蒸汽，形成汽水化合物，从而也使上升管工质密度大为降低。这样，不受热的下降管工质密度与受热的上升管工质密度存在一个差值，依靠这个密度差产生的压差，上升管的工质向上流动，下降管的工质向下流动进行补足，这便形成了循环回路。只要上升管的受热足以产生密度差，循环便不会停止。

循环回路是否正常将影响到锅炉的安全运行。如果是单循环回路（只有一根上升管和下降管），由上升管上升至汽包的工质将由下降管中完全得到补充，使上升管得到足够的冷却，因而循环是正常的。但锅炉的水冷却并非由简单的回路各自独立而组成，而是由上升管并排组成受热管组，享有共同的汽包、下降管、下联箱。如图 4-4 所示，这样组成的自然循环比单循环具有更高的复杂性，各平行管之间的循环相互影响，在各管受热不均匀的情况下，一些管子将出现停滞、倒流现象。

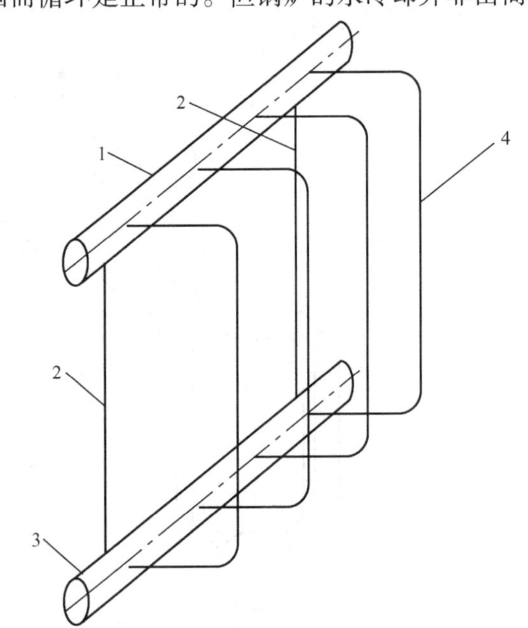

图 4-4　多循环流程图

1—汽包　2—下降管　3—下联箱　4—上升管

循环停滞是指在受热弱的上升管中，其有效压力不足以克服下降管的阻力，使汽水混合物处于停滞的状态或流动得很慢，此时只有气泡缓慢上升，在管子弯头等部位容易积累气泡使管壁得不到足够的水来冷却，而导致高温破坏。循环倒流是指原来工质向上流的上升管，变成了工质自上而下流动的下降管的现象。产生倒流的原因也是在受热弱的管子中，其有效压力不能克服下降管的阻力所致。如倒流速度足够大，也就是水量较多，则有足够的水来冷却管壁，管子仍能可靠地工作。如倒流速度很小，则气泡受浮力作用可能处于停滞状态，容易在弯头等处积累，使管壁得不到水的冷却而过热损坏。这两种循环破坏都是锅炉运行中应该避免的。在进行操作训练中学生会对这两种循环故障有深刻的认识。

工业锅炉实训装置如图 4-5 所示，每一上升管处套有电阻丝，电阻丝的电压可由调压器调节，可调节每根电阻丝的功率。每一组管分别装配一个功率调节器。

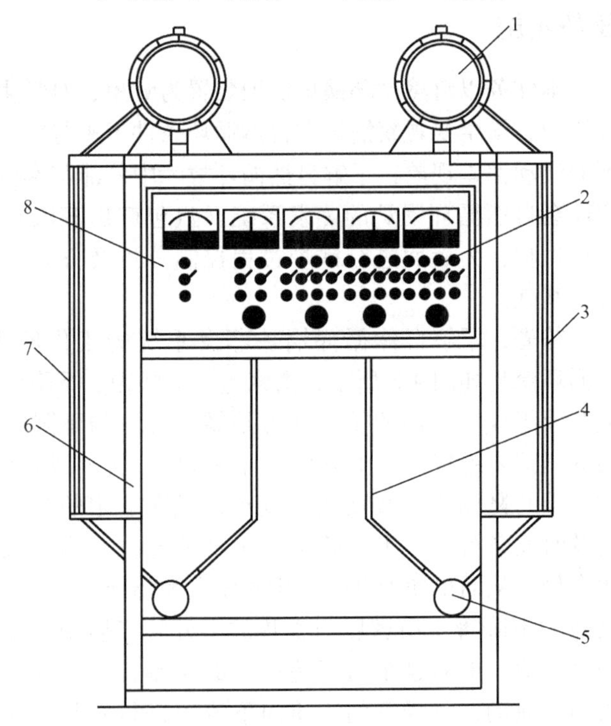

图 4-5　工业锅炉实训装置

1—汽包　2—加热控制开关组　3—上升管　4—下降管　5—下联箱　6—固定架　7—保护板　8—总电源开关

可按下列步骤操作运行。

1）充水到汽包中心线上。

2）开启总电源开关。

3）加热一定时间后，将所有管组的调压器调至适当位置，直到观察到透明平衡管内的双相流体流动。

4）改变所有管组的调压器位置，观察平衡管在不同热负荷下的流动偏差现象。

5）将第二管组的调压器调到较高的刻度，其他管组调到适当的位置，设置自然循环故障，观察停滞与倒流现象。

通过观察不同条件下平衡管中水流动的情况，以及不同工况下出现的各种现象，讨论并总结规律。

思考与讨论

查找锅炉工艺相关学习资料，思考并讨论以下几个问题。

1. 汽包的作用主要有哪些?

【提示】汽包是锅炉蒸发系统中的核心设备，是工质加热、蒸发、过热三个过程的连接枢纽。

2. 省煤器的作用是什么? 省煤器的哪些部位容易磨损?

【提示】①省煤器是利用锅炉排烟余热加热给水的热交换器。省煤器吸收排烟余热，可降低排烟温度，提高锅炉效率，节约燃料。改善汽包的工作条件，可延长汽包的使用寿命。

②当烟气从水平烟道进入布置有省煤器的垂直烟道时，由于烟气转弯流动所产生的离心力作用，将大部分灰粒抛向尾部烟道的后墙，使该部位飞灰浓度大大增加，造成锅炉后墙附近的省煤器管段磨损严重。

3. 锅炉起动过程中，如何控制汽包水位?

【提示】锅炉起动过程中，应根据锅炉工况的变化控制调整汽包水位。可以划分为起动初期、气压气温升高期、蒸汽流量用量忽然增大期这几个阶段来分析。

4. 锅炉运行中汽包压力为什么会发生变化?

【提示】锅炉运行中汽包压力的变化实质上反映了锅炉蒸发量与外界负荷间的平衡关系发生了变化。引起变化的原因可以从外界负荷的变化与锅炉内工况变化两方面去分析。

5. 锅炉运行中汽包水位为什么会发生变化? 为什么要保持水位在正常范围内?

【提示】①水位的变化应源于给水量与蒸发量的平衡。②主要讨论水位过高或水位过低会导致的不良后果。

任务 4.2　前馈控制与锅炉汽包水位控制方案设计

任务描述

前馈控制是一种基于扰动信号的控制策略，其基本原理就是测量进入过程的扰动量，并根据扰动的大小产生合适的控制作用去改变控制量，使被控变量维持在设定值上。如果过程具有严重的可测扰动，前馈控制就可以在反馈回路产生纠正作用前减少干扰对回路的影响。前馈控制还能与反馈控制相结合，构成前馈-反馈控制系统。前馈控制能经济且有效地改善控制系统的性能。锅炉水位的控制系统设计中就应用了前馈-反馈控制方案。

任务分析

4.2.1 前馈控制的原理及特点

以换热器温度控制系统的设计为例进行介绍。假设进料量波动是影响温度的主要扰动，设计一个简单控制系统方案如图 4-6a 所示。温度检测仪表将换热器出口温度的变化值反馈到控制器 TC 中，控制器再根据偏差产生相应的控制作用，去调节蒸汽流量的大小，达到控制温度稳定的目的。其实质就是负反馈控制系统。

反馈控制系统的特点在于控制器总是在扰动产生后才开始产生控制作用。如果扰动已经产生，但是被控变量还未变化时，控制器则不会有任何控制作用。这样就会产生一定的滞后，控制很难实现及时。

化工生产过程中，因容量滞后或纯滞后的存在，常使得扰动变化一段时间后，被控变量才显出变化，控制器产生控制作用，驱动控制阀动作，又经过一段时间，才能对被控变量产生影响。控制系统的滞后越大，被控变量波动就越大，持续时间也越长。如温度控制和成分控制过程，都经常出现波动幅度大、持续时间长、不易稳定的现象，这种情况对生产极为不利。

可以设想一下：如果进料量产生波动的一瞬间，也就是还没有影响到温度变化时，就让系统动作消除扰动，这样会大大提高系统的反应速度。

如果直接检测扰动量的变化，使控制器不是根据偏差而是根据扰动信号的大小产生控制作用，就可以起到以上希望的效果。

照此想法，设计出了图 4-6b 所示的控制方案。用流量检测仪表测量出进料流量值，当进料流量变化的同时，这种变化将传送到一个专门控制器 FC 上，由控制器直接根据进料流量变化的大小和方向发出控制信号调节蒸汽流量大小，起到了及时校正的作用，补偿了扰动量（进料量）对被控变量（温度）的影响。这种系统就称为前馈控制系统。

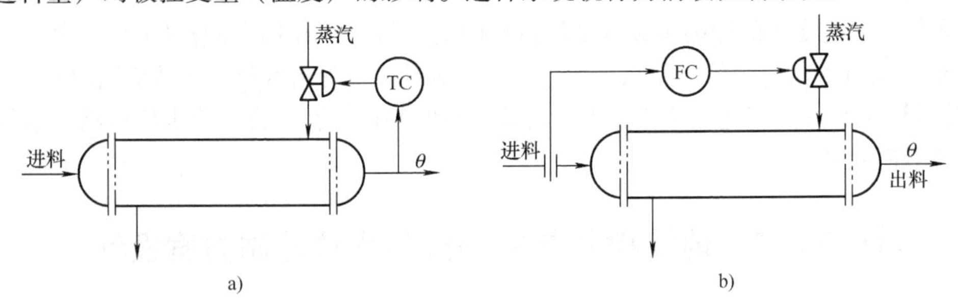

图 4-6　两种换热器温度控制方案

反馈和前馈控制系统框图如图 4-7 所示。

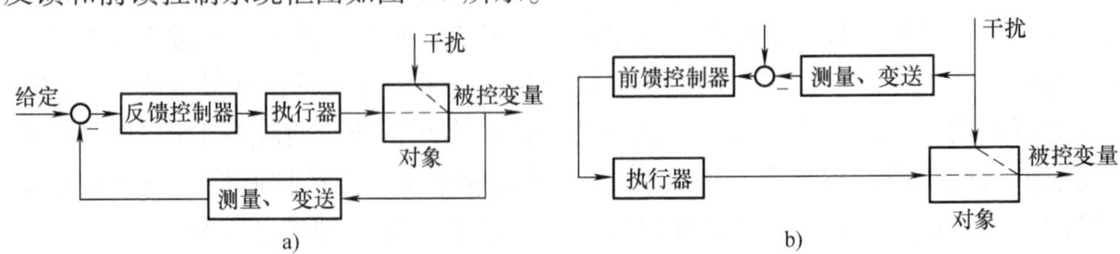

图 4-7　反馈和前馈控制系统框图

a）反馈　b）前馈

比较这两种系统，前馈控制有以下特点。

1）基于不变性原理，比反馈控制及时。反馈控制的依据是被控变量与给定值的偏差，检测的信号是被控变量，控制作用发生的时间是在偏差出现以后。前馈控制的依据是干扰的变化，检测的信号是干扰量大小，控制作用的发生时间是在干扰作用瞬间而无须等到偏差出现之后。前馈控制作用如能恰如其分，可以使被控变量不再因扰动而产生偏差，因此它比反馈更及时。

2）属于开环控制系统。反馈控制系统是一个闭环控制系统，而前馈控制系统是一个开环控制系统。

3）前馈控制使用的是视对象特性而定的“专用”控制器。一般的反馈控制系统均采用通用类型的PID控制器，而前馈控制系统要采用专用前馈控制器。前馈控制器的控制规律取决于干扰通道的特性与控制通道的特性。对于不同的对象特性，就应该设计具有不同控制规律的控制器。

4）一种前馈作用只能克服一种干扰。反馈控制只用一个控制回路就可克服多个干扰。

4.2.2　前馈-反馈控制方案

从图4-6可以看出，前馈控制器仅对前馈信号（进料流量）有校正作用，但是对未引入前馈控制器的其他扰动（如进料量的温度、成分等）却无任何校正作用。由于人们对被控对象的特性不能准确掌握，因此单纯前馈控制的效果不理想，在生产过程中很少使用。前面比较过前馈和反馈的优缺点，如果能把两者结合起来构成控制系统，取长补短，二者协同工作，就能提高控制质量。这种系统称为前馈-反馈控制系统。

将前面换热器温度控制设计成如图4-8所示的换热器前馈-反馈温度复合控制系统，选择进料量为前馈信号，温度信号为反馈信号，使前馈控制作用在前，克服进料量波动这个主要干扰；反馈控制作用在后，用来克服其他的多种干扰，框图如图4-9所示。比较起前两种方案，既发挥了前馈控制系统及时性的优点，又保持了反馈控制系统能克服多个干扰影响的优点。另外，由于反馈回路的存在，降低了对前馈控制模型的精度要求，为工程上实现比较简单的模型创造了条件。

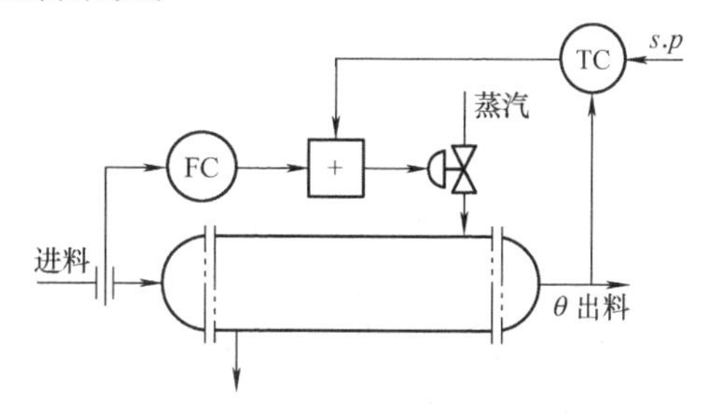

图4-8　换热器前馈-反馈温度复合控制系统

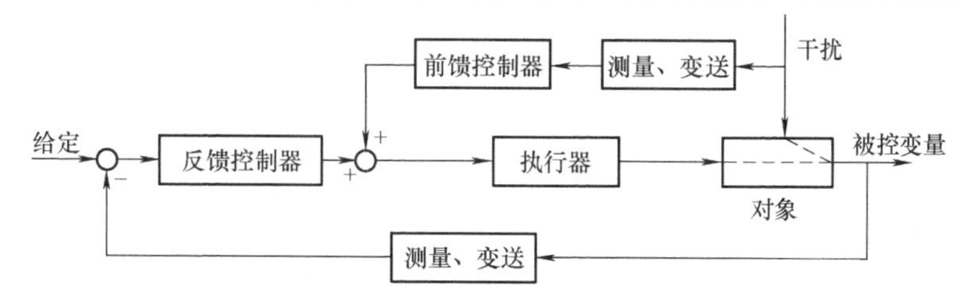

图4-9　前馈-反馈温度复合控制系统框图

4.2.3　锅炉汽包水位控制方案设计

锅炉汽包水位是确保锅炉安全运行和提供优质蒸汽的重要变量。如果水位过低，而蒸汽负荷却很大，水的汽化速度又快，会导致汽包水量加速减少，水位迅速下降。如不及时控制，就会使汽包内的水全部汽化，可能导致锅炉烧坏和爆炸；水位过高会影响汽包内汽水分离，产生蒸汽带液现象，会使过热器管壁结垢，导致损坏，同时过热蒸汽温度骤然下降，该蒸汽如果作为汽轮机的动力，会损坏汽轮机的叶片，影响设备运行的安全性和经济性。由此可见，水位过低和过高的后果都是极为严重的。所以汽包水位操作的平稳显得尤为重要。

1. 单冲量水位控制系统

单冲量水位控制系统如图 4-10 所示，它是以汽包水位为被控变量、以锅炉给水流量为操纵变量而组成的一个单回路控制系统。对于小型锅炉，由于水在汽包中停留时间较长，蒸汽负荷变化时，虚假水位的现象并不明显，配上一套联锁装置，是可以保证安全操作的，也能满足工艺要求。但是对于大、中型锅炉，该控制方案有着严重的缺陷。以下首先分析影响水位的扰动因素。

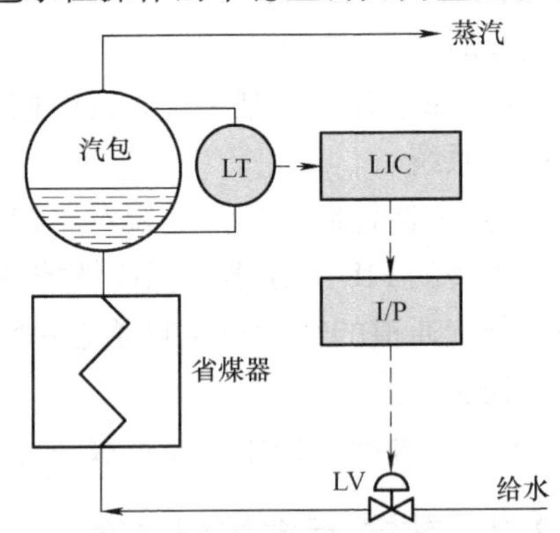

图 4-10　单冲量水位控制系统原理图

1）蒸汽用量的扰动。包括用户蒸汽流量的变化、管路阻力变化和负荷设备控制阀开度变化等。在燃料量不变的情况下，蒸汽用量的突然增加，瞬间必然会导致汽包压力下降，汽包内水的沸腾会突然加剧，水中气泡会迅速增加，将整个水位抬高，形成虚假水位上升现象。

2）给水量的扰动。包括给水压力、减温水控制阀开度变化等。由于给水温度比汽包内饱和水温度低，所以给水量变化之后，使汽包中气泡的含量较少，从而导致水位下降，因此一开始水位不会立即变化，而呈现一段起始的纯滞后段，给水温度越低，纯滞后时间越大。

3）燃料量的扰动。包括燃料热值、燃料压力、含水量等。

4）汽包压力变化。通过汽包内部汽水系统，即压力升高时的“自冷凝”和压力降低时的“自汽化”来影响水位。

特别是蒸汽用量变化大时，汽包内沸腾严重，会形成严重的虚假水位，使得所测水位与实际水位变化反向，控制器不但不能开大控制阀增加给水量，以维持锅炉的物料平衡，而且会关小控制阀的开度，减少给水量，使水位严重下降，波动很剧烈，严重时甚至会使汽包水位下降到危险区域而引起严重后果。由上述分析可知，单冲量控制系统只适用于用汽量较为稳定的场合，对于大型锅炉，很难满足安全与平稳运行的工艺要求。

2. 双冲量水位控制系统

在水位的控制中，最主要的扰动是蒸汽负荷的变化，如果根据蒸汽流量来进行校正，可避免蒸汽量波动所产生的“假液位”而引起控制阀误动作，而且使控制阀的动作十分及时，从而减少水位的波动，改善控制品质，防止事故发生。将蒸汽量引入系统，这样就构成了双冲量控制系统。图 4-11 所示是一个典型的双冲

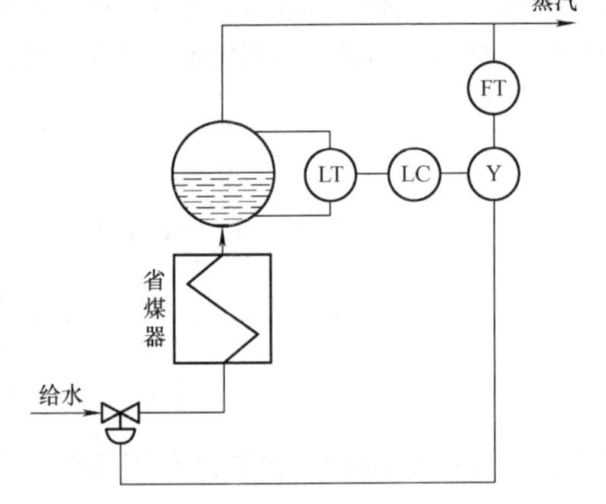

图 4-11　双冲量水位控制系统原理图

量水位控制系统原理图，它是一个前馈（蒸汽流量）加汽包水位单回路反馈控制的复合控制系统。

双冲量水位控制系统还存在两个缺点：一是仍然不能克服给水量的波动对水位的影响；二是控制阀的工作特性不一定是线性的，因而要做到静态补偿比较困难。由此可见双冲量水位控制系统只适用于给水压力变化不大，额定负荷在30t/h以下的锅炉。

3. 三冲量水位控制系统

考虑到给水流量的扰动，可再将给水流量信号引入到控制系统中。这样，将汽包水位作为主被控变量，给水流量作为副被控变量，蒸汽流量作为前馈信号，可组成图4-12所示的三冲量水位控制系统。三冲量水位控制系统实际是一个前馈-串级复合控制系统。由于引入了蒸汽流量作为前馈信号，给水流量作为反馈信号，改善了系统的动态特性，增强了抗干扰能力和工作稳定性，提高了自适应能力，进而提高了控制质量。

该三冲量水位控制系统中，采用了加法器Σ连接在水位控制器LIC之后的方案，水位偏差可由控制器的比例积分作用来校正，水位在过渡过程结束时能做到无差调节，降低了对蒸汽流量前馈控制器补偿特性的要求。由于给水流量变送器和蒸汽流量变送器DPT都采用差压变送器加开方器模式，因此利用蒸汽流量前馈信号实现了静态前馈控制。这种方案从结构上看虽然具有多回路的形式，但在动态特性上，由于给水量能适应蒸汽负荷量的变化，使其具有单回路控制系统的特点。因此，系统的投运和控制器的参数整定可按简单控制系统进行。

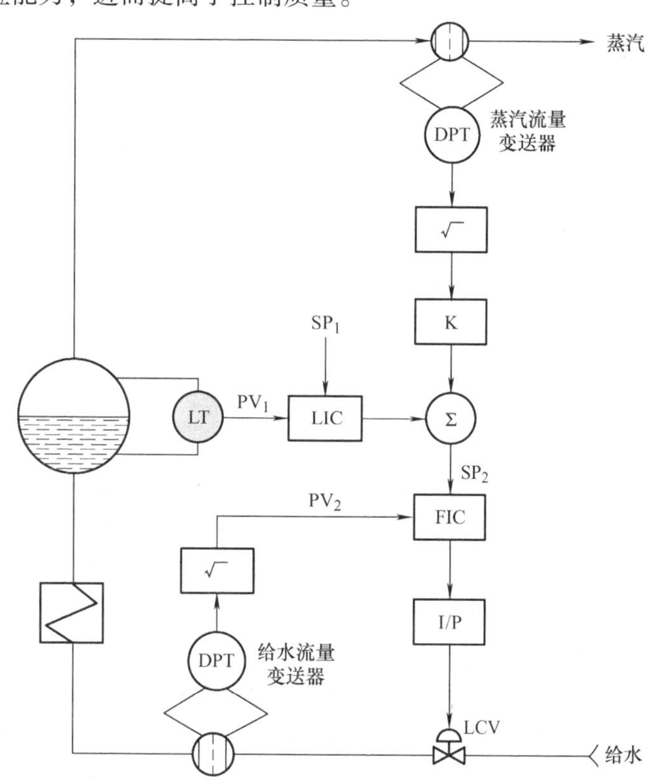

图4-12　三冲量水位控制系统

有些控制装置中，采用了比较简单的三冲量水位控制系统。只用一台控制器和一台加法器，加法器可接在控制器之前（图4-13a），也可接在控制器之后（图4-13b）。图中加法器的正负号是针对采用气关阀正作用控制器的情况。图4-13a所示方案的优点是使用的仪表最少，只要一台多通道的控制器就可以实现。但如果系数设置不能确保物料平衡，当负荷变化时，水位将有余差。图4-13b所示方案的接法较前者多，而且投运及系数设置等方面都麻烦一些，但是可以消除水位余差。

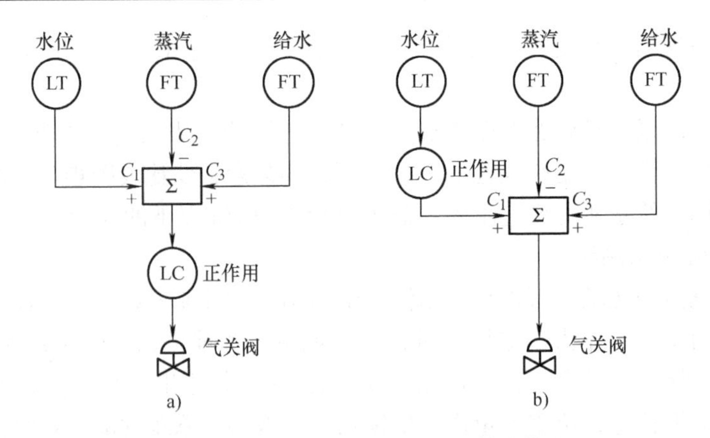

图 4-13　三冲量水位控制系统的简化接法

任务实施

以过程控制 DCS 系统（包括实训对象、控制屏及和利时（HollySys）MACS-DCS 系统）为载体，完成流量前馈-下水箱液位反馈复合控制系统的投运。学生应熟悉前馈-反馈控制系统的投运步骤，并且学会前馈-反馈控制的 PID 参数整定方法及目的。

下水箱液位前馈-反馈控制系统流程如图 4-14 所示。系统采用两个水泵注水。2 路泵由变频器控制，可模拟流量扰动信号，扰动流量的大小由涡轮流量计 FT_2 测量，作为前馈信号与液位控制器 LC 的输出相加（或相减）后，输出到电动调节阀。该系统可以快速地补偿流量干扰对液位的影响。为了能实现完全的扰动补偿，要对 1 路的调节阀开度和管道流量（由电磁流量计 FT_1 测量）关系进行测试。

按照下列步骤投运该系统。

1）对象连线。将三相电源输出端 U、V、W 对应接三相磁力泵（~380V）的输入端 U、V、W；将电动调节阀的~220V 输入端 L、N 接至单相电源Ⅲ的 3L、3N 端；变频器输出端 A、B、C 对应接三相磁力泵（~220V）的输入端 A、B、C；变频器切换 RH 和正转 STF 接公共端 SD；流量计电源 24V＋、COM－接 24V 开关电源输出＋、－端；并将 LT_3 下水箱液位、FT_2 变频器支路流量开关拨到“ON”位置。

2）现场仪表与 DCS 输入输出模块连线。将 LT_3 下水箱液位（＋、－）相应连接到 FM148 模块的 AI_1；涡轮流量计 FT_2 接 AI_0，涡轮流量计 FT_1 接 AI_2；将 FM151 模块第三通道的 AO_2 接到电动调节阀 4~20mA 输入；将 FM151 模块第八输出通道的 AO_7 接到变频器 4~20mA 输入。

3）合上 DCS 控制屏电源，启动服务器和主控单元。启动对象总电源，并合上相关电源开关（三相、单相、变频器开关）。

4）流程准备。打开对象相应的水路（打开阀 F1-1、F1-2、F1-7、F2-1、F2-5），将阀 F1-10、F1-11 开至适当开度（一般要求 F1-10 开度稍大于 F1-11），其余阀门均关闭。

5）计算电动阀开度与流量的关系。将电动阀开到一个预定值上，启动 1 路泵，观察并记录不同调节阀开度下的涡轮流量计 FT_1 的数值，画出调节阀开度与管道流量的关系曲线，得出关系函数。

6）反馈回路投运。不加补偿器，使系统处于反馈运行状态。启动上位机，在流程图的

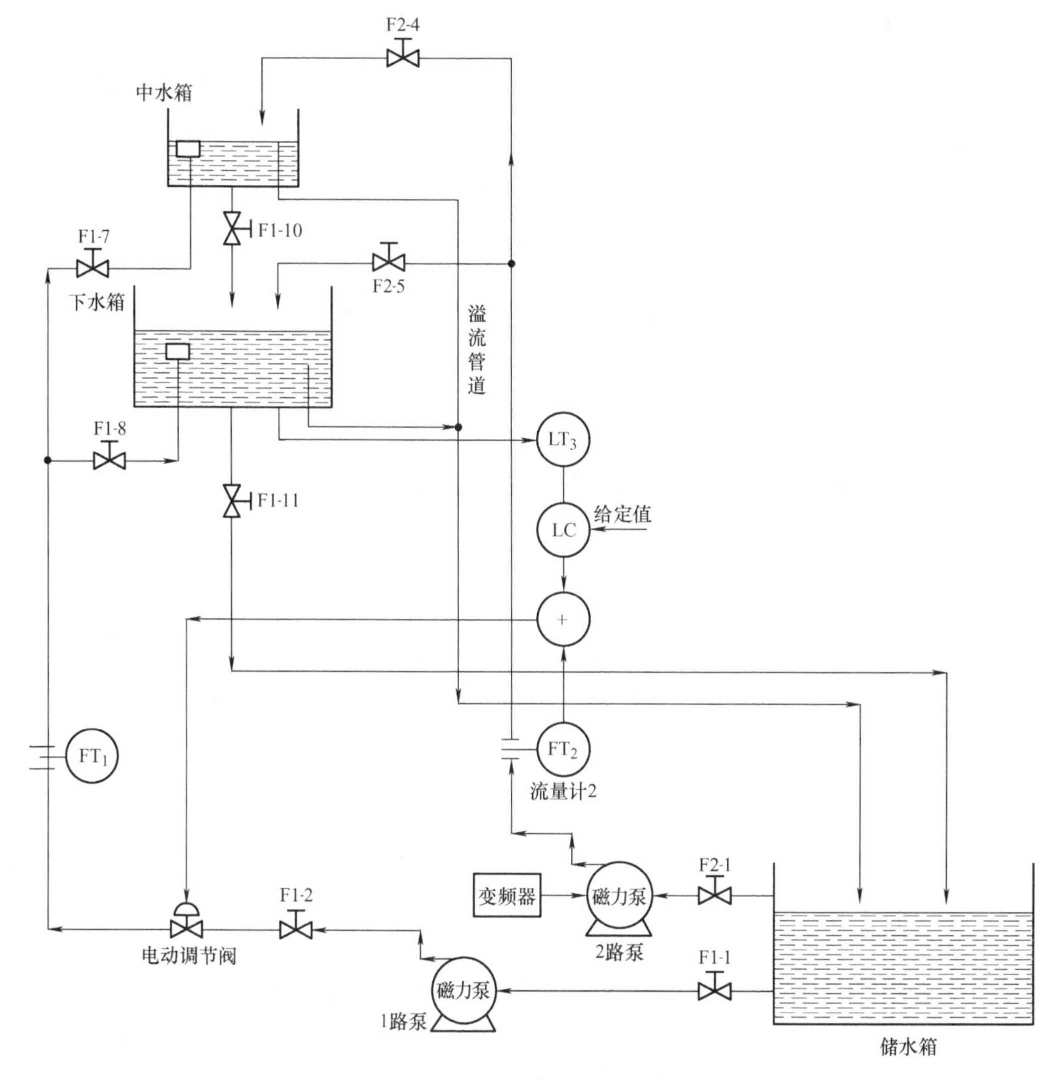

图 4-14　下水箱液位前馈-反馈控制系统流程图

各测量值上单击左键，弹出相应的 PID 窗口，按单回路参数的整定法，初步整定控制器参数（δ、T_i 参数设置方法与步骤参见单回路控制系统实验）。

7）前馈-反馈控制系统投入运行。通过变频器改变 2 支路水流量，给系统加一适量扰动（即前馈信号），观察并记录控制曲线的变化，设置前馈系数 K_{ff}、T_1、T_2。设计虚拟加法器。

8）反复进行步骤 5），并修正 K_{ff}、T_1、T_2 参数的值，设计出虚拟加法器。

思考与讨论

1. 能否用普通的 PID 控制器实现前馈控制？为什么？

【提示】DCS 中的普通型 PID 控制算法无法加入前馈信号，故无法实现前馈控制，但可以采用 DCS 中的前馈型 PID 控制算法，这样就可以将前馈信号加入到原 PID 算法中去，实现前馈-反馈控制。

2. 图 4-15 所示为蒸汽加热器前馈-反馈温度控制系统方案图。请讨论以下几个问题。

1）该系统中被控变量是什么？前馈量是什么？

2）温度控制器 TC 和 FC 的作用方向分别为正作用还是反作用？

3）运算器Σ采用的是加运算还是减运算？

4）如果主要扰动来自蒸汽量的波动，而进料量非常稳定，那么图 4-15 所示的方案是否适用？为什么？设计出一个你认为合理的方案。

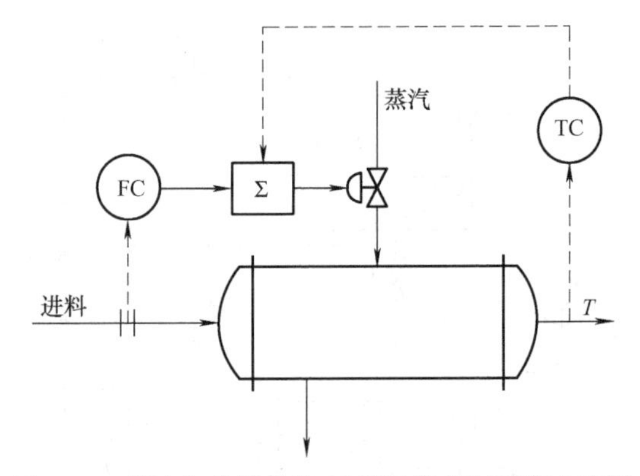

图 4-15　蒸汽加热器前馈-反馈温度控制系统方案图

任务 4.3　比值控制与锅炉燃烧控制系统方案设计

任务描述

在工业生产过程中，经常需要保持两种或两种以上的物料按一定的比例混合或参与化学反应。一旦比例失调，则会造成所生产的产品不合格，甚至发生生产事故或产生危险。因此，比值控制是工业过程中重要的控制方式，其应用非常广泛。学生通过本任务先学习比值控制系统的几种基本类型，进而深入学习锅炉燃烧控制中的空气/燃料流量比值控制方案的设计思路与设计方法。

任务分析

化工生产工艺上要求物料间流量保持一定比例的问题是大量存在的。例如，氨氧化生成一氧化氮和二氧化氮，需要严格控制氨和空气之比，否则化学反应不能正常进行，而且当氨量和空气量之比超过一定极限时会引起爆炸。又如，在合成甲醇中，采用轻油转化工艺流程，以轻油为原料，加入转化水蒸气，若水蒸气和原料轻油比例适当，可获得原料气；若水蒸气量不足，两者比例失调，则转化反应不能顺利进行，进入脱碳反应，游离炭黑附着在催化剂表面，从而破坏催化剂活性，造成重大生产事故。从上述例子可见，要保证几种物料间的流量成比例，是保证混合物或化学生成物质量，满足工艺要求的其他指标的有力保障。

在比值控制方案中，需要保持一定比值关系的两种物料，必然有一种处于主导地位，这种物料称为主动量（用 Q_1 表示），如氨氧化生产中的氨和轻油转化生产合成甲醇中的轻油，或者生产中不允许控制的物料。另一种物料则处于跟随地位。

4.3.1　比值控制系统的类型

所谓比值控制，就是要实现从动量 Q_2 与主动量 Q_1 成一定比值关系，满足关系式

$$K = Q_2/Q_1 \tag{4-1}$$

式中　K——从动量与主动量的工艺流量比值。

根据结构形式的不同，比值控制系统可分为几种不同的类型，如定比值控制系统和变比值控制系统等，其实施方式也各有不同。比值控制系统大多是流量比值控制，但是保持流量

比只是一种控制方式，保持最终的质量才是控制的目的。

下面分别介绍四种系统的结构与特点。

1. 开环比值控制系统

开环比值控制系统如图4-16所示。

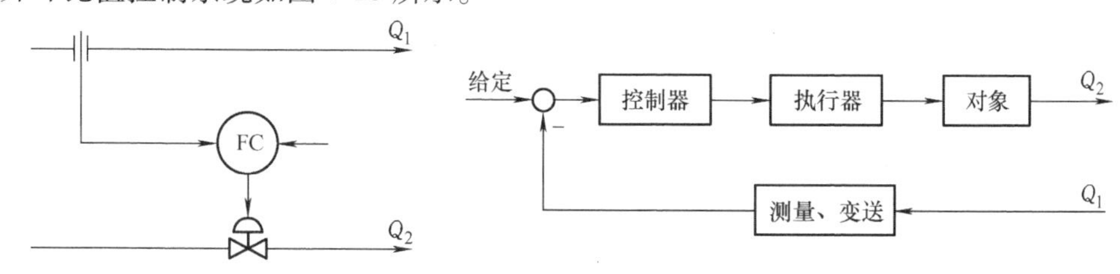

图4-16　开环比值控制系统流程图及框图

其优点是结构简单，操作方便，投入成本低。但是主、副流量均为开环特性，当副流量受阀前后压力变化等扰动而波动时，副流量没有反馈，系统不能予以克服，无法保证两流量间的比值关系。因此，开环比值控制系统适用于副流量比较平稳，且对比值要求不严格的场合。在生产中很少采用这种控制方案。

2. 单闭环比值控制系统

单闭环比值控制系统是为了克服开环比值控制系统的不足，在开环比值控制系统的基础上，通过增加一个副流量的闭环控制系统而构成的。

单闭环比值控制系统如图4-17所示。

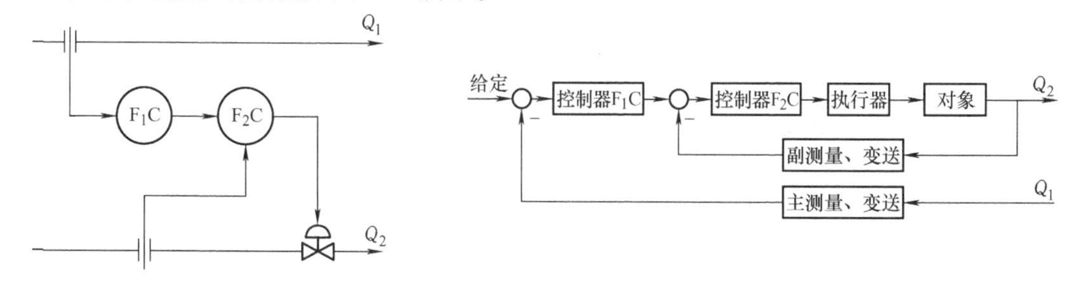

图4-17　单闭环比值控制系统流程图及框图

单闭环比值控制系统不但能实现从动量跟随主动量的变化而变化，而且还可以克服从动量本身干扰对比值的影响，因此主、副流量的比值较为精确。另外，这种方案的结构形式较为简单，实施起来也比较方便，所以得到了广泛的应用，尤其适用于主物料在工艺上不允许进行控制的场合。

单闭环比值控制系统虽然能保持两物料量比值一定，但由于主动量是不受控制的，所以主动量变化时，总的物料量也会跟着变化。

3. 双闭环比值控制系统

在单闭环比值控制系统的基础上，增加主动料 Q_1 流量的闭环定值控制系统，即构成了双闭环比值控制系统，如图4-18所示。

双闭环比值控制系统的优点很明显，实现了比较精确的流量比值，也确保了两物料总量基本不变。提降负荷比较方便，只要缓慢地改变主动量控制器的给定值，就可以提降主动量，同时从动量也就自动跟随提降，并保持两者比值不变。

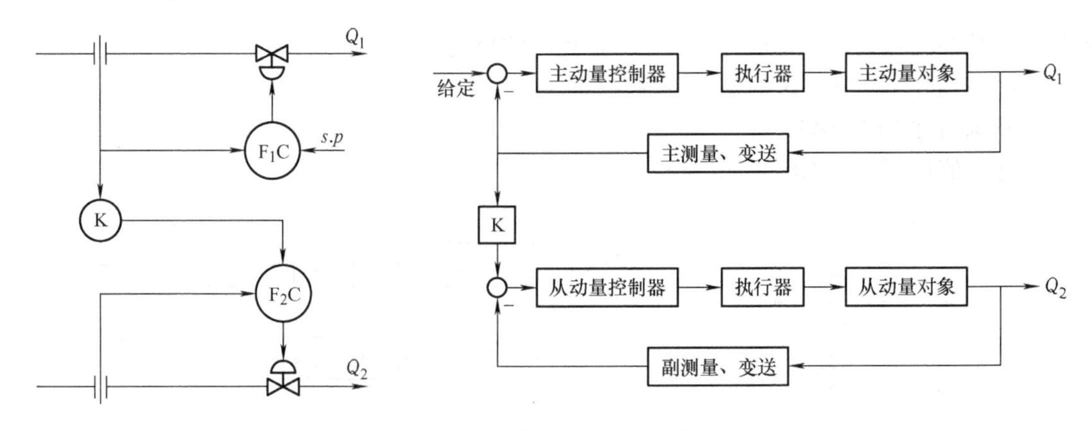

图 4-18　双闭环比值控制系统流程图及框图

但双闭环比值控制系统所用设备较多，设计成本较高。此方案适用于比值控制要求较高，主动量干扰频繁，工艺上不允许主动量有较大的波动，经常需要升降负荷的场合。

4. 变比值控制系统

有些生产过程工艺要求两种物料的比值能灵活地随第三变量的需要而加以调整，以保证产品质量，这可以构建一种变比值控制系统。

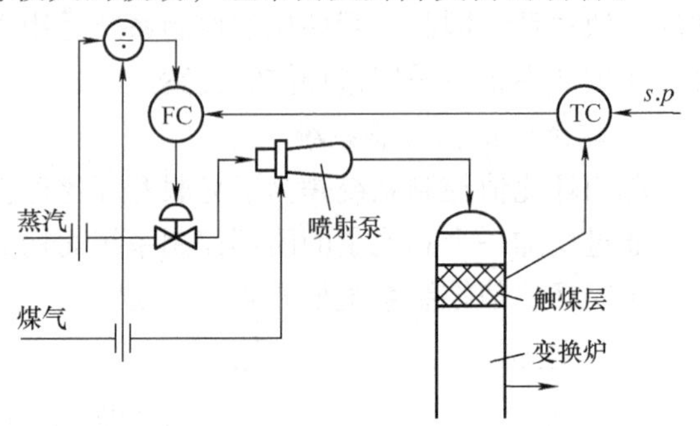

图 4-19　制氢变换炉煤气/蒸汽比值控制系统流程图

制氢变换炉蒸汽/煤气比值控制系统就是一个典型的变比值控制系统。其流程如图 4-19所示。当变换炉温度波动时，必须及时调整蒸汽/煤气流量比值，以保证氢气产品质量。因为该系统又是一个温度-流量串级控制系统，因此整体上可以称为温度-煤气蒸汽流量串级单闭环比值控制系统。

4.3.2　锅炉燃烧控制系统方案设计

锅炉燃烧过程控制的基本任务是使燃料燃烧时产生的热量适应蒸汽负荷的需要，同时保证锅炉的安全和经济运行。所以，保持过热蒸汽压力稳定，是燃烧过程控制的主题。其次，应该保持燃料的经济燃烧。不能因为空气量不足而使烟囱冒黑烟，造成环境污染；也不能因空气量过大而增加热量损失。因此，为了保证燃料完全燃烧，燃料量应保持一定的比例关系。第三，为了防止燃烧过程中火焰或烟尘外喷，应保持炉膛为负压。另外，还要加强安全措施，例如火嘴背压太高时，可能会使流量过高而脱火，火嘴背压太低又有可能回火。

1. 蒸汽压力与空燃比控制系统

锅炉在运行过程中，蒸汽压力是衡量蒸汽供求关系是否平衡的重要指标，是锅炉产汽质量的重要参数。蒸汽压力过高或过低，对于导管和设备都是不利的。压力过高，会影响机、炉和设备的安全；压力太低，就不可能为各用热设备提供足够的动力。同时，蒸汽压力的突然波动会造成锅炉汽包水位的急剧波动，出现“虚假水位”，影响正确操作。锅炉在运行中蒸汽压力的降低，表明蒸汽消耗量大于锅炉产汽量；反之，蒸汽压力升高，表明蒸汽消耗量小于锅炉产汽量。因此，严格控制蒸汽压力，是确保安全生产的需要，也是维持正常负荷平衡的需要。

当蒸汽负荷受干扰而变化时，必须通过及时调节燃料量使其稳定。而要燃气量升降，空气量也要随之变化，因此蒸汽压力控制和空燃比值控制是统一设计的。

本任务将介绍一种蒸汽压力-燃料油流量串级控制、单闭环比值控制方案。

该方案如图4-20所示。蒸汽压力的控制采用串级控制，它是由蒸汽压力控制器PIC（主控制器）的输出作为燃料油控制器FIC_Y（副控制器）的设定值，用FIC_Y的输出控制燃料阀FCV_Y来实现控制的。而空燃比则采用单闭环比值控制，燃料油作为主动量，而空气流量作为从动量，当蒸汽压力变化引起燃料量变化时，空气流量随燃料量的变化而变化，可以克服空气量本身干扰对比值的影响。

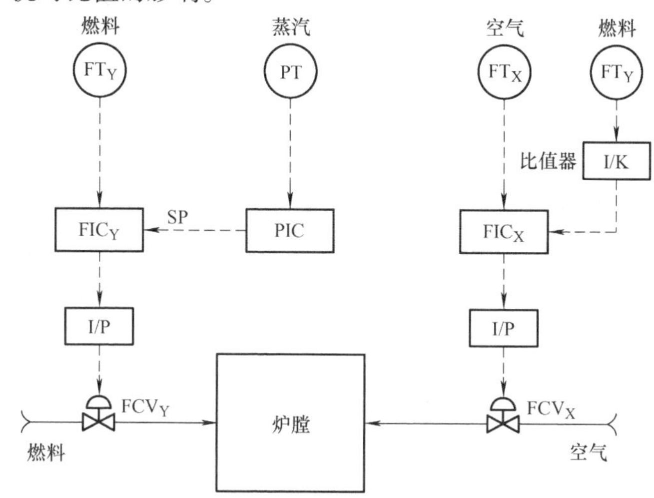

图4-20　蒸汽压力串级控制、单闭环比值控制方案

但是这种单闭环比值控制方案有其不足之处，具体如下。

1）锅炉负荷变化幅度较大时，蒸汽压力反应较慢，调节不及时；且系统长时间处于调节过程中，这时空燃比值关系难以保证。

2）锅炉负荷提降过程中，因为总是燃料量先变化，所以无法保证空燃比值始终大于1，具有低空气过剩率值的要求。

在任务4.4中将提出一种改进方案来解决上述问题。

2. 炉膛负压控制

锅炉在正常运行中，炉膛压力必须保持在规定的范围内。如果负压过小，局部区域容易喷火，不利于安全生产；负压过大，漏风严重，总风量增加，烟道出口温度上升，热量损失增大，也不利于经济燃烧。通常要求把炉膛压力控制在－40～－20Pa范围内。当锅炉负荷变化不大时，可采用炉膛压力为被控变量，烟气量为操纵变量的简单控制系统。当锅炉负荷变化较大时，应引入前馈，组成前馈-反馈控制系统。该控制方案如图4-21所示。以供风量为前馈（也可以采用蒸汽量为前馈量），将其变化的信号加给炉膛压力控制器PIC输出信号，可以及时补偿负荷变化对炉膛负压的影响。该方案中考虑到控制阀在出口管线上形成节流，可能导致离心泵效率低下，造成电能浪费。因此，采用变频器改变电动机定子的供电频率来调速的方案，非常适用于锅炉负荷变化大、长期低负荷运行的场合。

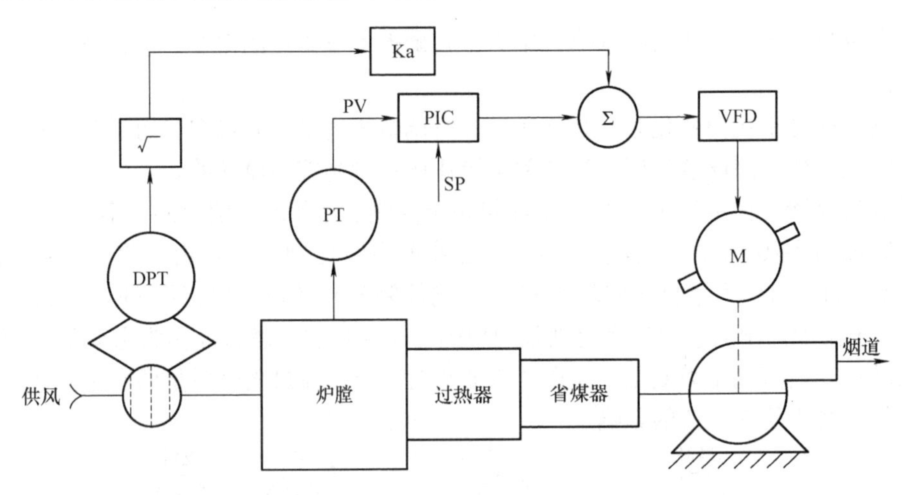

图 4-21　炉膛负压前馈-反馈控制系统

任务实施

以过程控制 DCS 系统（包括实训对象、控制屏及和利时 MACS-DCS 系统）为载体，完成下水箱两支路进水流量单闭环比值控制系统投运。通过训练，学生应了解单闭环流量比值控制系统的工作过程，掌握比值控制的 PID 参数整定方法和对系统主控制量的影响。

该系统流程图如图 4-22 所示，是以变频器支路流量为从动量，电动阀支路流量为主动

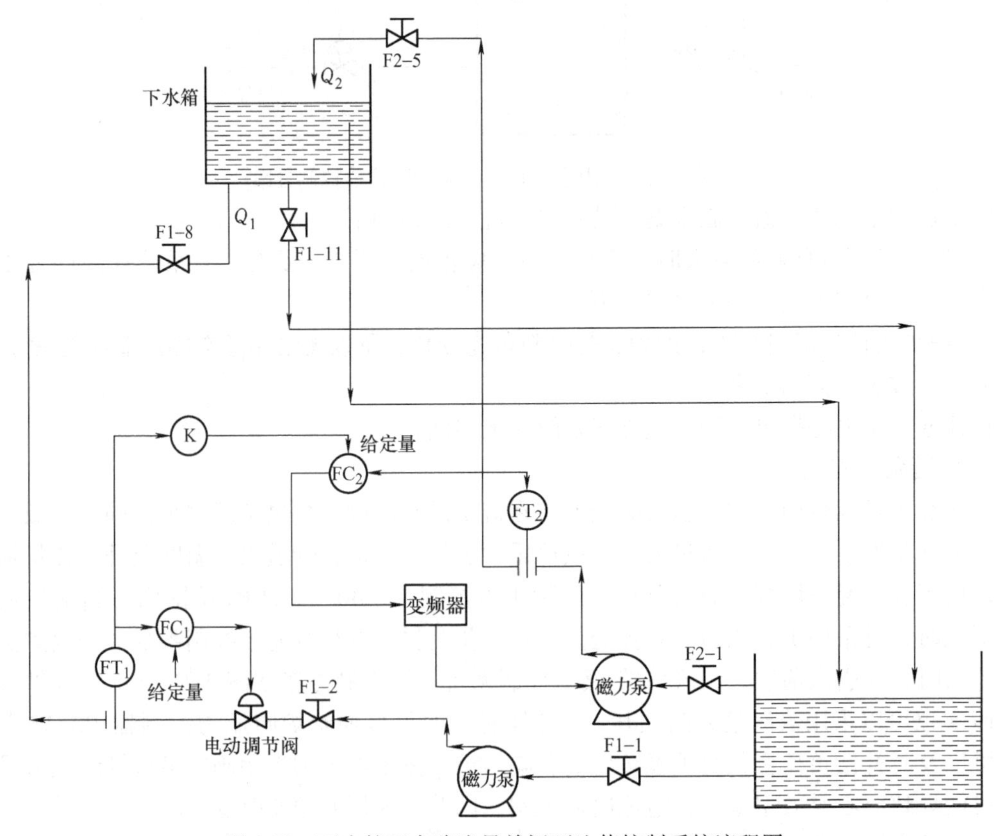

图 4-22　下水箱两支路流量单闭环比值控制系统流程图

量构成的单闭环比值控制系统。按照以下步骤进行操作。

（1）现场对象线路连接　将三相电源输出端对应连接到三相磁力泵（~380V）的输入端；将电动调节阀的~220V 输入端 L、N 接至单相电源Ⅲ的 3L、3N 端；变频器输出端 A、B、C 对应连接三相磁力泵（~220V）的输入端 A、B、C；变频器切换端 RH 和正转端 STF 接公共端 SD；流量计电源 24V+、COM-分别接 24V 开关电源输出+、-端；将 FT_2 电动阀支路流量、FT_2 变频器支路流量开关拨到“ON”位置。

（2）流程准备　打开对象对应的水路。打开阀 F1-1、F1-2、F1-8、F1-11、F2-1、F2-5，其余阀门均关闭。开启对象总电源，并合上相关电源开关（三相、单相Ⅲ、变频器开关），开始实训。

（3）PID 参数设置　在流程图的各流量测量值上单击左键，弹出相应的 PID 窗口，进行相应参数的设置，并根据实训需要设定好比值系数 K。

（4）单闭环比值控制系统投运

1）将控制电动阀支路的调节器 FC_1 设置为手动输出，并将其输出设定在某一数值，以控制电动调节阀支路的流量 Q_1（即主动量）。

2）对主、副调节器进行参数整定。FC_1、FC_2 均为 PI 调节器，按单回路的整定方法进行。先将控制变频器支路流量 Q_2（即从动量）的调节器 FC_2 设置为手动，待 Q_2 接近给定值时再把 FC_2 由手动状况切换为自动运行。

3）等变频器支路流量 Q_2 趋于不变时（系统进入稳态），适量改变电动阀支路流量 Q_1 的大小，然后观察并记录变频器支路流量 Q_2 的变化过程。

4）待系统稳定后，改变比值器的比例系数 K，观察变频器流量 Q_2 的变化，并记录相应的动态曲线。

思考与讨论

1. 某反应炉，有两种原料按一定比例投入，该原料组分常有波动，在设计调节系统时，应选择哪一种比值控制系统？

【提示】比较几种比值控制系统的适用范围，进行合理选择。

2. 一比值控制系统用 DDZ-III 型乘法器来进行比值运算，其中 I_1 与 I_0 分别为乘法器的两个输入信号，流量用孔板差压变送器来测量，但没有加开方器，如图 4-23 所示。已知 $Q_{1\max}=3600\text{m}^3/\text{h}$，$Q_{2\max}=2000\text{m}^3/\text{h}$，如果要求 $Q_1:Q_2=2:1$，应如何设置乘法器的设置值 I_0？

【提示】DDZ-III 型乘法器的输入、输出计算公式为

$$I=\frac{(I_1-4)(I_0-4)}{16}+4(\text{mA}) \tag{4-2}$$

当使用开方器，且流量与信号成线性关系时，可得

$$I_0=16k\frac{Q_1}{Q_2}+4(\text{mA}) \tag{4-3}$$

因为流量比为

$$K=Q_2:Q_1$$

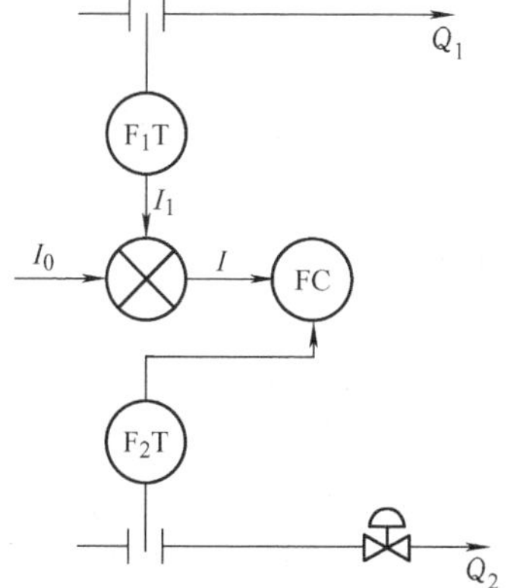

图 4-23　比值控制系统

而差压式流量计的输出电流信号与所测流量之间成平方根关系，即

$$\sqrt{I} \propto Q \tag{4-4}$$

则有

$$K' = K^2\left(\frac{Q_{1\max}}{Q_{2\max}}\right)^2 \tag{4-5}$$

可得

$$K' = \left(\frac{1}{2}\right)^2 \times \left(\frac{3600}{2000}\right)^2 = 0.81$$

最后得

$$I_0 = 16K' + 4 = 16.96\text{mA}$$

3. 一丁烯洗涤塔比值控制系统如图 4-24 所示。洗涤塔的任务是用水去除丁烯馏分中所含的微量乙腈。讨论该方案，主动量和从动量分别是什么物料？该系统方案采用的是什么类型的比值控制系统？

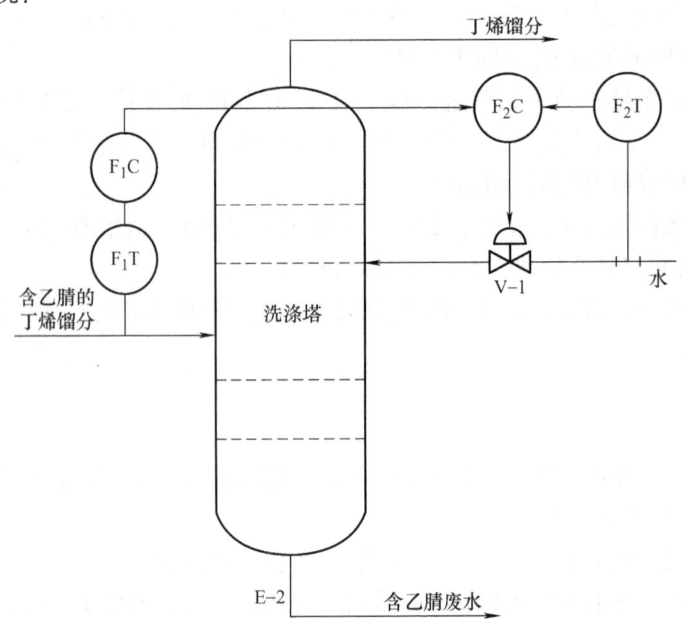

图 4-24　丁烯洗涤塔比值控制系统

任务 4.4　选择性控制与空燃比控制方案改进设计

任务描述

自动选择性控制系统又称为取代控制或超驰控制，它考虑了生产工艺过程限制条件的逻辑关系，能够在生产短期内处于不正常情况时，不停车而又对生产进行自动保护。通过本任务学生能够学习到选择性控制系统的工作原理和设计方法，能够进行选择性控制系统的初步设计，学会对系统进行参数整定，并能对锅炉燃烧空燃比值控制方案进行改进。

任务分析

4.4.1　系统构成要素

在大型工艺生产过程中，除了要求控制系统在生产处于正常运行情况下，能够克服外界干扰、维持生产的平稳运行外，当生产操作达到安全极限时，控制系统应有一种应变能力，能采取相应的保护措施，促使生产操作离开安全极限，回到正常情况。

生产保护性措施有两类：一类是硬保护措施，另一类是软保护措施。生产的软保护措施就是通过一个特定设计的自动选择性控制系统，当生产短期内处于不正常情况时，既不使设备停车又起到对生产进行自动保护的目的。

构成选择性控制系统的要素如下。

1）生产操作必须具有一定选择性的逻辑关系。

2）选择性控制的实现必须依靠具有选择功能的自动选择器（高值选择器 HS 或低值选择器 LS）或有关的切换装置（切换器、带电接点的控制器或测量仪表）来完成。

简言之，选择性控制系统就是把生产过程中的限制条件所构成的逻辑关系叠加到正常的自动控制系统，实现逻辑控制保护与常规控制的有机结合。

4.4.2　选择性控制系统的类型

根据非正常和正常工况的切换方式不同，选择性控制系统可分为以下两类。

1. 开关型选择性控制系统

开关型选择性控制系统中的控制阀，当控制系统从正常工况向非正常工况切换时不是全开就是全关。这种控制系统一般有两个可供选择的变量。其中一个变量是工艺操作的主要技术指标，另一个变量只在工艺上对其有一限值要求，只要不超出该限值，就能保证生产的正常进行。

下面以丙烯冷却器裂解气出口温度控制的设计为例进行说明。图 4-25a 所示是一个简单控制系统方案，它通过改变液态丙烯流量大小实质改变换热面积的方法达到控制温度的目的。

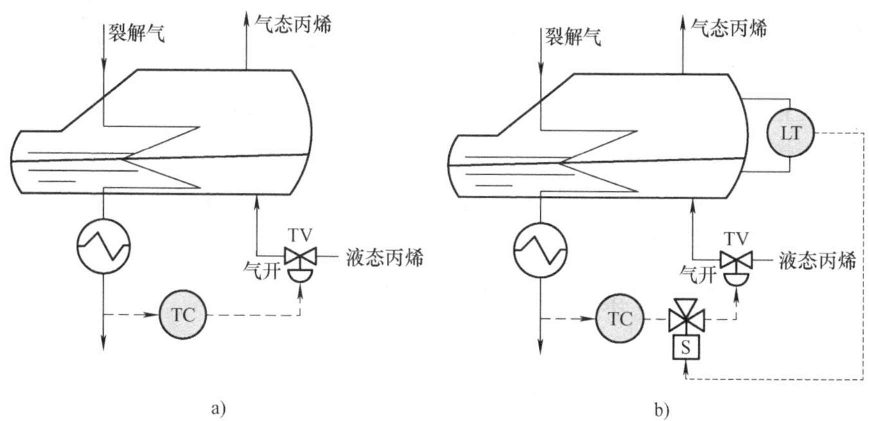

图 4-25　丙烯冷却器裂解气出口温度控制方案

a）简单控制系统　b）开关型选择性控制系统

但是该方案的局限性很大。当裂解气温度过高或负荷量过大时，控制阀将要大幅度地打开。当冷却器中的列管全部为液态丙烯所淹没，而裂解气出口温度仍然降不到希望的温度时，就不能再一味地使控制阀开度继续增加了。

因此，根据选择性思想又设计了第二种方案（见图 4-25b）。它是在第一种方案的基础上增加了一个带上限节点的液位变送器（或报警器）和一个连接于温度控制器 TC 与执行器 TV 之间的电磁三通阀。

正常工况下，三通阀将温度控制器的控制信号送到气动控制阀的气室，此时系统与简单控制系统相同。当液位上升到一定位置时，液位变送器的上限节点接通，使电磁阀断电失磁，切断控制信号的通路，将气室内的气体排到大气中去，阀门关闭。液位回降至一定位置时，液位变送器上的上限节点断开，电磁三通阀通电得磁，系统恢复。

2. 连续型选择性控制系统

与开关型选择性控制系统不同的是：当取代作用发生后，控制阀不是立即全开或全关，而是在阀门原来的开度基础上继续进行连续控制。一般具有两台控制器，它们的输出通过一台选择器（高选器或低选器）后送往执行器。这两台控制器，一台在正常情况下工作，另一台在非正常情况下工作。

例如，一个辅助锅炉，其蒸汽负荷随用户需要量的多少而经常波动。正常工况下，用控制燃料量的方法维持蒸汽压力稳定。当蒸汽用量剧增时，蒸汽总管压力显著下降，不断开大燃料阀增加燃料量，这同时造成阀后压力大增。当阀后压力超过一定值时，会造成喷嘴脱火现象。为此设计了图 4-26 所示的蒸汽压力/燃料压力选择性控制系统。

该系统的工作过程如下：正常情况下，阀后压力低于脱火压力，燃料压力控制器 P_2C（反作用）输出信号 a 大于蒸汽压力控制器 P_1C（反作用）的输出信号 b。由于低选器 LS 自动选择低值作为输出，因此选中 b 作为此时的输出，即按照蒸汽压力控制燃料阀。而当阀门开大致使阀后压力大到脱火压力时，LS 则选中 a，即按照燃料压力控制燃料阀，使阀门关小，避免阀后压力过高造成喷嘴脱火事故。当阀后压力降低，蒸汽压力回升后，达到 $b < a$，蒸汽压力回路再次恢复正常控制。

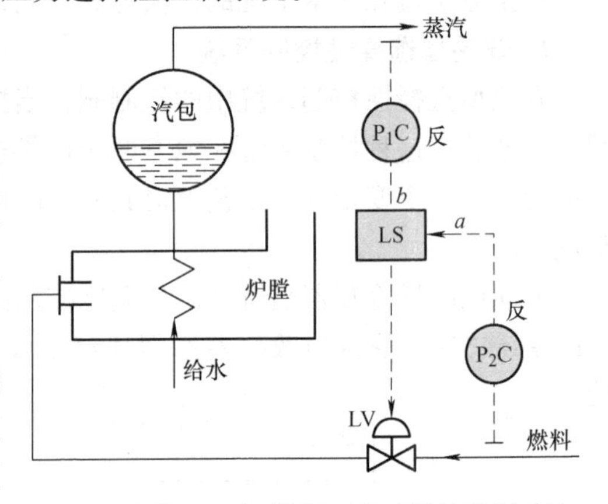

图 4-26　蒸汽压力/燃料压力选择性控制系统

当系统处于燃料压力控制时，蒸汽压力的控制质量将会明显下降，但这是为了防止事故发生所采取的必要的应急措施，这时的蒸汽压力控制系统实际上停止了工作，被属于非正常控制的燃料压力控制系统所取代。

4.4.3　选择性控制系统方案设计应注意的问题

1. 选择器的选型

选择器的选型过程可按如下步骤进行。

1）从安全角度考虑，确定控制阀的气开和气关类型。

2）确定正常工况和取代工况时的对象特性，即放大倍数的正、负。

3）确定正常控制器和取代控制器的正、反作用。

4）根据取代控制器的输出信号类型，确定选择器是高选器还是低选器。

下面以图4-26所示系统为例，介绍如何确定选择器的类型。

1）从安全角度出发，燃料气阀LV应选择故障关（FC）阀，即气开阀型，特性为“正”。

2）蒸汽管线和燃料气管线分别为正常工况时被控对象和取代工况时被控对象。由于燃料气阀开大时，上述两管线压力均会上升，因此两对象特性均为“正”。

3）同简单控制系统控制器正反作用的判断方法一样，闭环系统最终应构成负反馈，按照这个原则，P_1C和P_2C均选择反作用控制器。

4）因为取代条件为燃料阀后压力超过限值，当阀后压力增大时，因为P_2C为反作用，所以其输出信号a反而减小。则确定选择器类型为低选器LS。

2. 控制规律的确定

在选择性控制系统中，对于正常控制器可以按照简单控制系统的设计方法处理。一般来讲，由于正常控制器起着保证产品质量的作用，因此，应选用PI控制规律；如果过程存在较大的滞后，可以考虑选用PID控制规律；对于取代控制器而言，只要求它在非正常情况时能及时采取措施，故一般选用P控制规律，以实现对系统的快速保护。

4.4.4　锅炉空燃比控制方案的改进

前面介绍过的单闭环比值控制方案有较大的局限性，主要表现在锅炉负荷提降过程中，因为总是燃料量先变化，所以无法保证空燃比值始终大于1，也无法满足低空气过剩率值的要求。空燃比值控制中，当蒸汽负荷增加造成蒸汽管网压力下降时，为了获得良好的燃烧效果，应先增加空气量，后增加燃料量；反之，负荷减小使蒸汽管网压力上升时，应先减小燃料量，后减小空气量。

在这里应用选择性控制系统，对空燃比进行改进。本方案增加了一个低选器LS、一个高选器HS，使得空气量和燃气量的比值控制动作具有一定的逻辑关系，是具有一定逻辑提降的控制方案。

方案设计图如图4-27所示。蒸汽压力仍然作为主变量，分别以燃料量与空气量作为副变量构成两个串级系统，只是这两个副回路的动作不是同时发生的，而是有一个先后逻辑关系。下面对其控制过程进行分析。确定燃料阀为气开阀，空气阀为气关阀，燃料控制器F_1C为反作用，空气控制器F_2C为正作用，蒸汽压力控制器PC为反作用。当锅炉负荷提升使蒸汽压力下降时，PC输出信号a增大，而此时燃料和空气流量暂不变化。a和燃料流量测量值b比较有$a>b$，经HS选中输出信号到F_2C，使空气流量控制器的设定值增大（输入相对减小），F_2C为正作用，因此F_2C输出也减小；空气阀为气关阀，则空气阀开大会增加空气量。当F_2T测量的空气流量c大到一定值使$a<c$时，再由LS选中输出信号到燃料流量控制器F_1C，使F_1C的设定值增大（输入相对减小），F_1C为反作用，因此F_1C输出反而增大，燃料阀为气开阀，因此燃料阀打开，燃料量增加。这样就实现了提负荷时先增空气量后增燃料量，降负荷时先减燃料量后减空气量的逻辑功能。这种方案保证了良好的燃烧效果。

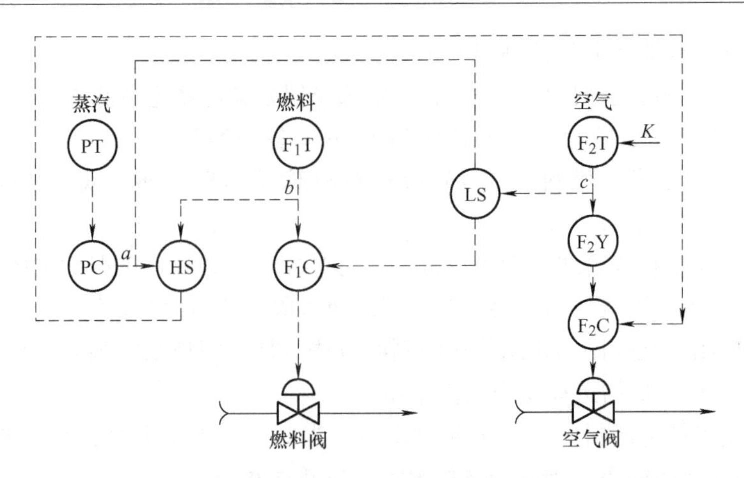

图 4-27　空气量-燃料量具有逻辑提降的比值控制方案

任务实施

本任务主要是以制氢装置的炉前燃料气进料压力控制为研究对象，进行选择性控制系统的设计训练。

制氢装置燃料用气包括燃气和来自 PSA 的燃烧脱附气，其流量恒定是保证转化炉燃烧控制稳定的重要条件。而炉前燃料气进料压力过高或过低都会严重影响转化炉的安全燃烧，主要表现如下。

1）燃料气压力过高时，会使喷嘴出现脱火现象，造成熄火。当燃烧室里形成大量燃料气-空气混合物时，会很容易造成爆炸事故。

2）当燃料气压力过低时，会造成回火现象，可能引起燃料气管道大面积燃烧。

脱附气是补充燃料用气，其流量/压力选择性控制系统仪表流程图如图 4-28 所示。该系统中设置了三台控制器，一台为在正常工况下工作的流量控制器 FIC1043，另外两台均作用

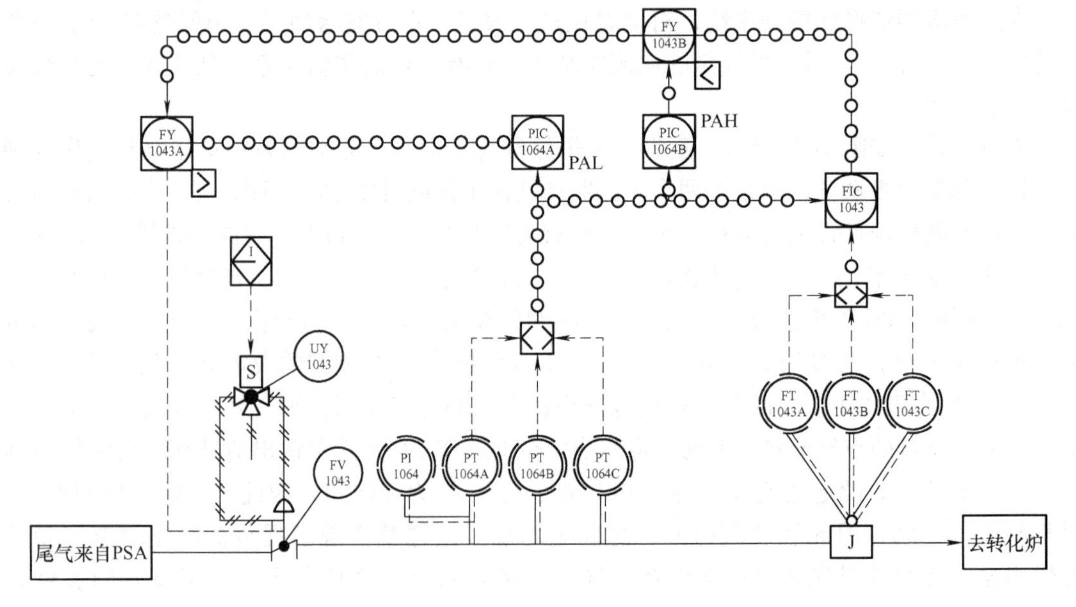

图 4-28　脱附气流量/压力选择性控制系统仪表流程图

于极限工况下，一台是用于高压限制的压力控制器 PIC1064B，另一台则是用于低压限制的压力控制器 PIC1064A。

请根据图 4-28 所示的控制方案，完成以下设计内容。

1. 确定选择器的类型

确定选择器的类型需要做三方面工作。

1）从安全角度考虑，确定脱附气流量控制阀 FV1043 的气开和气关类型。

2）确定正常控制器 FIC1043 和取代控制器 PIC1064A/B 的正、反作用。

正常控制回路和极限取代控制回路是两个独立的回路，不能同时工作，相当于两个简单控制系统，因此按照简单控制系统的确定方法。

3）根据取代控制器的输出信号类型，确定选择器是高选器还是低选器。

2. 确定控制器控制规律

要正确选择控制器控制规律，必须先弄清楚正常回路控制器和取代回路控制器的作用。一般来讲，正常控制器起着保证产品质量的作用；对于取代控制器而言，只要求它在非正常情况时能及时采取措施，以实现对系统的快速保护。

3. 阐明该控制系统的控制过程

思考与讨论

下面是关于选择性控制系统设计的思考与讨论。

1. 图 4-29 所示为一高位槽向用户供水系统。为保证供水流量的平稳，要求对高位槽出口流量进行控制。但为了防止高位槽水位过高而造成溢水事故，需对水位采取保护性措施，根据上述情况设计一连续型选择性控制系统。选择控制阀的开闭形式，控制器的正反作用及选择器的类型，并简述该系统的工作情况。

2. 如图 4-30 所示，热交换器用来冷却经五段压缩后的裂解气，冷剂为脱甲烷塔的釜液。正常情况下要求釜液流量维持恒定，以保证脱甲烷的稳定操作，但是裂解气冷却后的出口温度不得低于 15℃，当低于此温度时，裂解气中所含的水合物就会堵塞管道。设计一个选择控制系统，系统中的控制阀、控制器及选择器应如何选择？

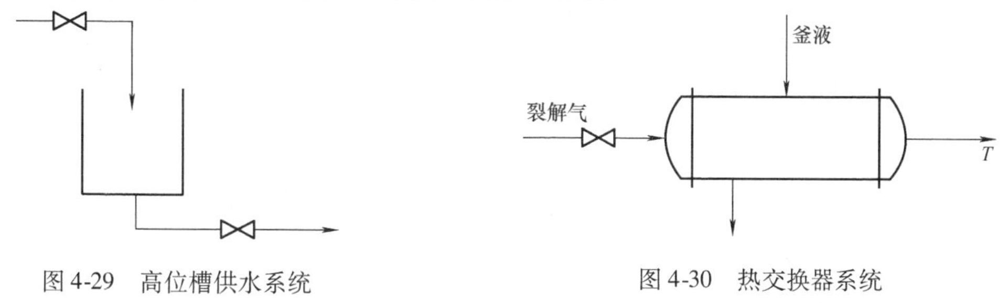

图 4-29　高位槽供水系统　　　图 4-30　热交换器系统

任务 4.5　分程控制与高压蒸汽管网控制方案设计

任务描述

分程控制系统中，一台控制器的输出可以控制两个或两个以上的控制阀，控制器的输出信号被分割成若干个信号范围段，由每一段信号去控制一台控制阀。分程控制设置的主要目的是扩大控制阀的可调范围，以便改善控制系统的品质，或是满足某些工艺操作的特殊需要。学生通过本任务应重点学习分程控制系统在化工工业中的应用及其设计方法。

任务分析

4.5.1　分程控制概述

分程控制系统是将一个控制器的输出分成若干个信号范围，由各个信号段去控制相应的控制阀，即每个控制阀在控制器输出的某段信号范围内做全程动作，从而实现一个控制器对多个控制阀的控制。分程控制的一个显著特点是分程与多阀，本任务中只介绍两个阀的分程控制系统。系统结构如图 4-31 所示。

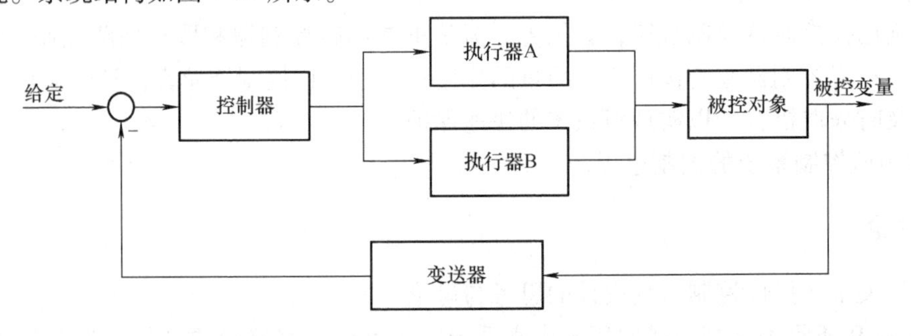

图 4-31　分程控制系统框图

阀的动作信号分段可以通过图 4-32 做进一步理解。

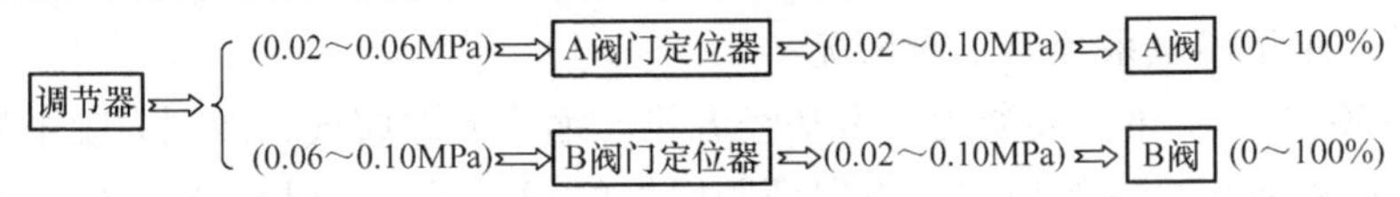

图 4-32　分程控制系统两阀信号分段图

按照两阀的开、关形式，系统可分为以下两类。

1）两个控制阀同向动作，即随着控制器输出信号（即阀压）的增大或减小，两控制阀都开大或关小，如图 4-33 所示。

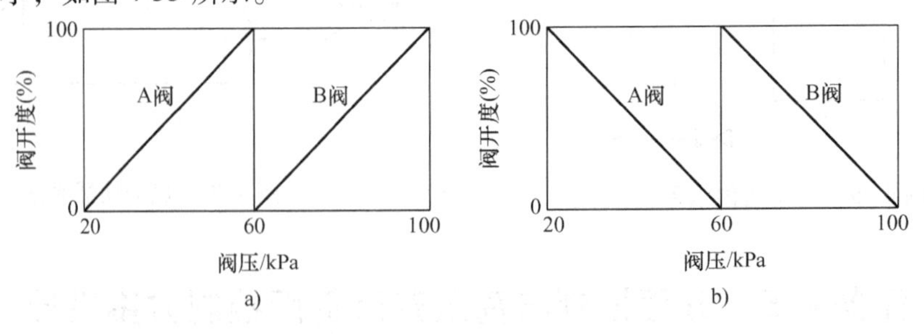

图 4-33　两阀同向动作

2）两个控制阀异向动作，即随着控制器输出信号的增大或减小，一个控制阀开大，另一个控制阀则关小，如图 4-34 所示。

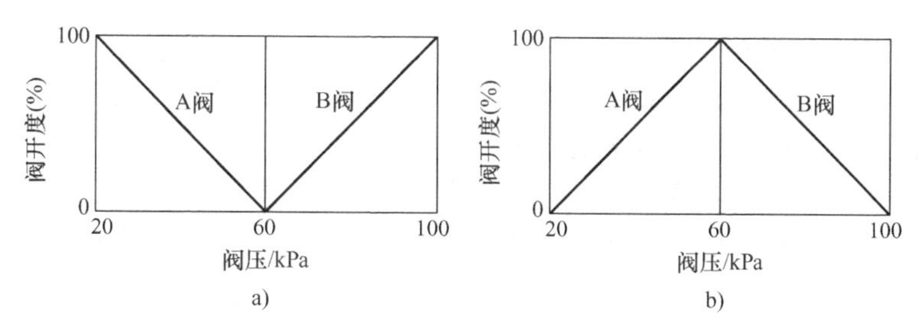

图4-34　两阀异向动作

4.5.2　分程控制的应用

1. 用于控制两种不同的介质，以满足工艺生产的要求

图4-35a所示为一间歇式化学反应器。在反应器聚合物料配置完毕后，先要经历反应前的升温预热过程，促发反应进行。反应开始后，释放出大量的反应热，此时又急需移走热量，否则会使反应越来越剧烈，温度越来越高，进而引发事故。为满足有时加热，有时去热的工艺要求，系统配置了两种传热介质：蒸汽和冷水，并分别安装控制阀。采用分程控制系统，由TC控制两种介质阀，让它们在不同温区动作，以满足工艺要求。

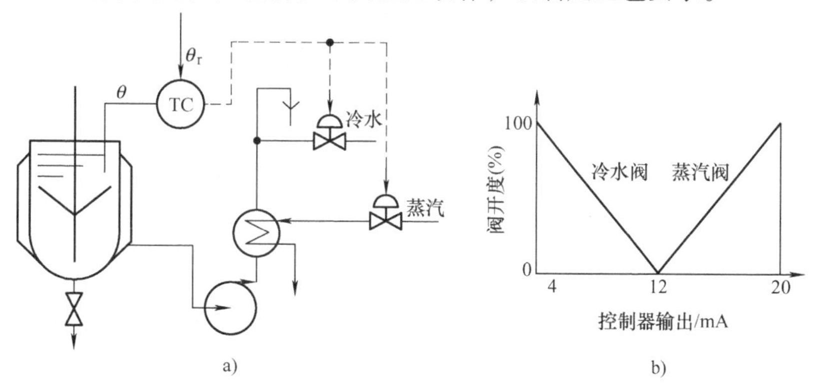

图4-35　间歇式化学反应器分程控制
a）反应器分程控制方案图　b）两阀动作图

该方案中从生产安全角度考虑选择蒸汽控制阀为气开式，冷水控制阀为气关式。因为一旦出现供气中断情况，冷水阀将处于全开，蒸汽阀将处于全关，这样就不会因为反应器温度过高而导致生产事故。根据负反馈原则选择TC控制器为反作用。设反应器温度为θ，温度设定值为θ_r。假设$\theta_r=12\text{mA}$，信号分段为4～12mA（高温区，即反应撤热阶段）、12～20mA（低温区，即反应前升温阶段）。

蒸汽阀在反应前升温阶段全行程动作，冷水阀全关。

$$\theta<\theta_r\rightarrow \text{TC（反作用）输出}\uparrow\rightarrow\begin{cases}\text{冷水阀完全关闭}\\ \text{蒸汽阀}\uparrow\rightarrow\theta\uparrow\end{cases}$$

冷水阀在反应撤热阶段全行程动作，蒸汽阀全关。

$$\theta>\theta_r\rightarrow \text{TC（反作用）输出}\uparrow\rightarrow\begin{cases}\text{蒸汽阀完全关闭}\\ \text{冷水阀}\uparrow\rightarrow\theta\downarrow\end{cases}$$

两阀动作如图4-35b所示。

2. 用作生产安全的防护措施

有时为了安全生产起见，需要采取不同的控制手段，可采用分程控制方案。在实际工业生产中，常常需要在不同的控制方案之间进行切换。

图 4-36a 所示为一油品储罐压力分程控制系统。油品储罐的顶部需要充填氮气以隔绝油品与空气中的氧气，避免发生氧化作用，即氮封。在储罐的顶部填充的氮气压力 p 一般为微正压。在生产过程中，随着液位的变化，p 会产生波动。液位上升，压力增大，超过一定数值，储罐会鼓坏；液位下降，压力减小，降至一定数值，储罐会被吸瘪。

为了储罐的安全，该系统中在进氮管线和出氮管线上分别安装了 A、B 两阀，设计一分程控制系统，由压力控制器 PC 输出信号控制这两个阀在不同信号段全程动作。

出氮阀在储罐注油阶段全程动作，进氮阀完全关闭。

$p > p_r$→PC（反作用）输出↓→A 阀全关，B 阀打开→放空氮气→p↓

进氮阀在储罐抽油阶段全程动作，出氮阀完全关闭。

$p < p_r$→PC（反作用）输出↑→B 阀全关，A 阀打开→补充氮气→p↑

两阀动作如图 4-36b 所示，控制阀 A 选气开阀，控制阀 B 选气关阀，压力控制器 PC 选择反作用方式。控制器输出信号转换成 0.02～0.1MPa，分程信号段分为 0.02～0.058MPa、0.062～0.1MPa，0.058～0.062MPa 是安全压力区间，两控制阀均处于关闭状态不动作。之所以设置这样的安全区间，就是为了避免控制阀频繁转换动作，使系统更加稳定。

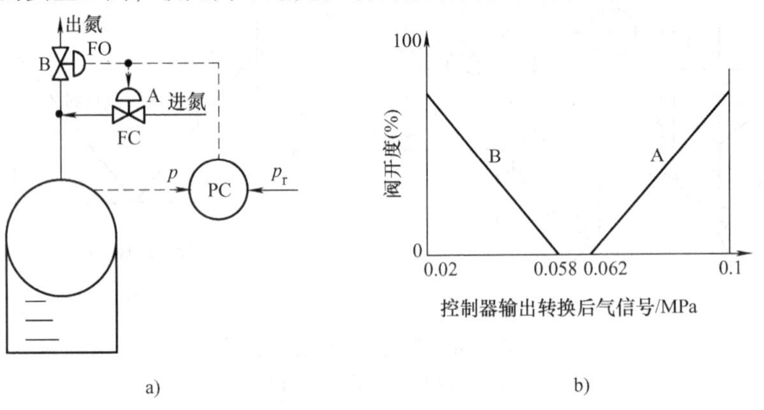

图 4-36　油品储罐压力分程控制系统

a）油品储罐分程控制方案图　b）两阀动作图

3. 用于扩大控制阀的可调范围，以改善控制品质

设阀的可控制最小流量为 q_{min}，可控制最大流量为 q_{max}，则有如下定义：

$$R = \frac{q_{max}}{q_{min}}$$

式中　R——控制阀的可调比或可调范围。

大多数国产控制阀的 R 值等于 30，在有些场合不能满足需要，希望提高可调比 R，以满足负荷大范围变化的要求，提高控制精度，改善控制品质。同时生产的稳定性和安全性也可进一步得以提高。

以管式加热炉原油温度出口温度控制方案设计为例进行介绍。工艺上有瓦斯气和燃料油两条燃料供应管线，而工艺要求尽量采用瓦斯气供热，如果仅采用简单控制系统，通过操纵瓦斯气量控制温度，当温度过低，瓦斯气量不足时，简单控制系统无法满足控制要求。所以这时采用分程控制方案，设计图如图4-37所示，由温度控制器输出控制安装在瓦斯气管线和燃料油管线上的A、B两个阀，当瓦斯阀全开、燃料油阀全关时温度达到设定值θ_r。当瓦斯气量不足以提供热量时，才打开燃料油控制阀作为补充，这样大大提高了系统的可调范围，满足了工艺要求。

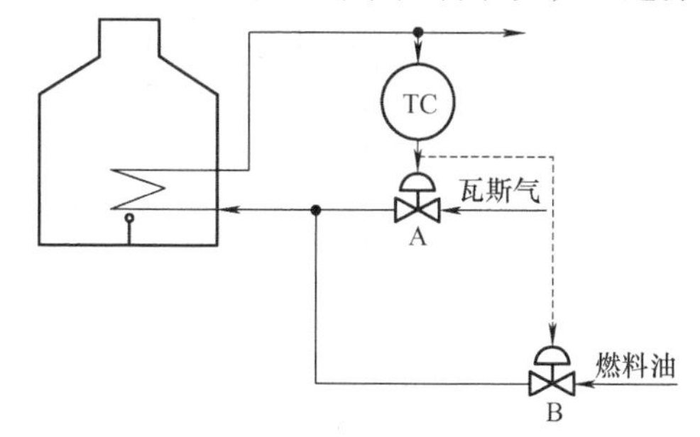

图4-37　管式加热炉原油出口温度分程控制流程图

4.5.3　分程控制系统设计重点

1. 调节器输出信号的分程

在分程控制中，调节器输出信号究竟需要分成几个区段、每一区段的信号控制哪一个调节阀、每个调节阀又选用什么形式，以上这些都取决于工艺要求。

2. 调节阀选择时注意的问题

（1）正确选择调节阀类型　根据工艺要求及设备安全选择同向工作或异向工作的调节阀。

（2）正确选择控制阀的流量特性　分程控制中，控制阀流量特性的选择异常重要。如果用两只流通能力不同的调节阀组合起来构成分程控制，从组合后的总流量特性来看，两阀分程信号的交接处流量变化并不是平滑的。

改善总流量特性平滑性的方法如下。

1）选择流量特性合适的调节阀，一般尽量选用对数阀，如果两个控制阀的流通能力比较接近，且阀的可调范围不大时，可选用线性阀使两阀的流量特性衔接成直线。

2）使两个阀在分程点附近有一段重叠的调节器输出信号（见图4-38），这样不用等到小阀全开，大阀就已经开始启动，从而使两阀特性衔接平滑。

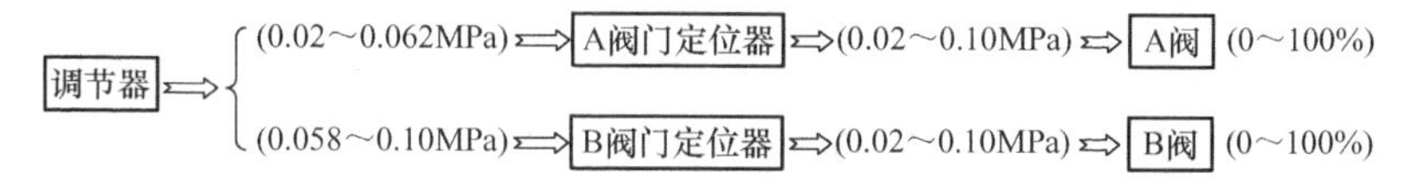

图4-38　两阀信号重叠分段图

（3）控制阀泄漏问题　在分程控制中，阀的泄漏量大小是一个很重要的问题。当分程控制系统中采用大、小阀并联时，若大阀泄漏量过大，小阀将不能充分发挥其控制作用，甚至起不到控制作用。因此，要选择泄漏量较小或没有泄漏的控制阀。

（4）控制器参数整定问题　分程控制系统本质上仍是一个简单控制系统，有关控制器控制规律的选择及其参数整定，可参考简单控制系统处理。

以图4-36a所示的油品储罐压力控制系统为例，其结构图如图4-39所示。

进氮阀和出氮阀都控制同一对象，因此两阀的控制通道特性是相同的。如果两只控制阀的动特性和放大倍数又比较接近，那么可以按两个通道中的任一通道进行控制器参数整定，

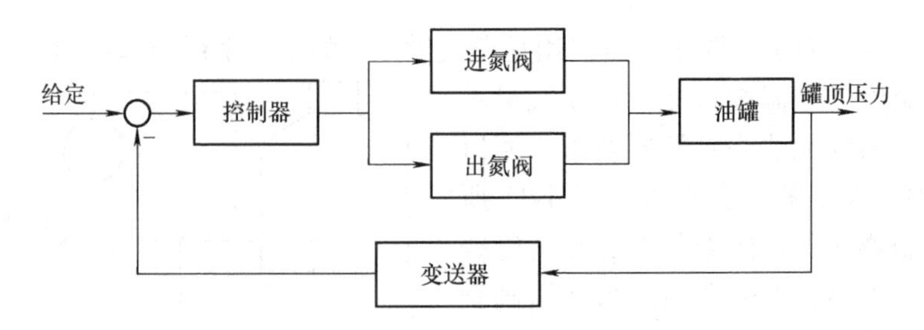

图 4-39　油品储罐压力控制系统结构图

结果都能使系统获得比较满意的控制品质。

但是当两阀的控制通道特性不相同时，上述方法就不合适了。

以图 4-35a 所示的间歇式反应器温度分程控制系统为例，其结构图如图 4-40 所示，冷水阀和蒸汽阀的通道特性不同。要找出一组控制器参数，使得对应于两个通道的过渡过程都是最佳的是不可能的。这时就要采取折中的办法，选择一组合适的控制器参数，使之能兼顾上述两个通道特性的情况。一般情况下，应照顾正常情况下的对象特性，按正常工况整定控制器的参数，另一个阀只要在工艺允许的范围内工作即可。系统整定时可按同一方法考虑。在这个例子中蒸汽阀只在反应前升温阶段动作，而冷水阀则在反应期间动作，这时应重点考虑冷水阀通道的特性。

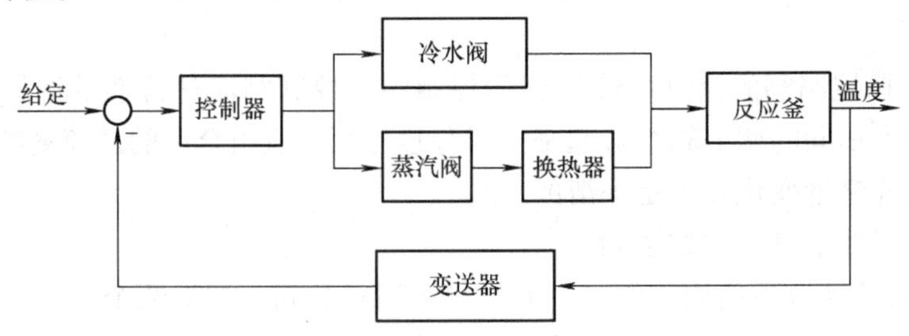

图 4-40　间歇式反应器温度控制系统结构图

4.5.4　高压蒸汽管网控制方案设计

锅炉产生的高压蒸汽（10MPa）要根据用户需要进一步分压成中压（4MPa）和低压蒸汽。考虑到高压减为中压时用一根管线和一个阀控制，在用户端负荷量变大时，即便阀全开，可能中压压力也达不到 4MPa，因此蒸汽减压系统采用了分程控制方案，方案设计图如图 4-41 所示。具体设计方法不再赘述。在正常情况下，即小负荷时，B 阀关闭，A 阀起控制作用；当大负荷时，A 阀虽已全开但仍满足不了蒸汽量的需要，这时 B 阀也开始打开，以弥补 A 阀全开时蒸汽供应量的不足。

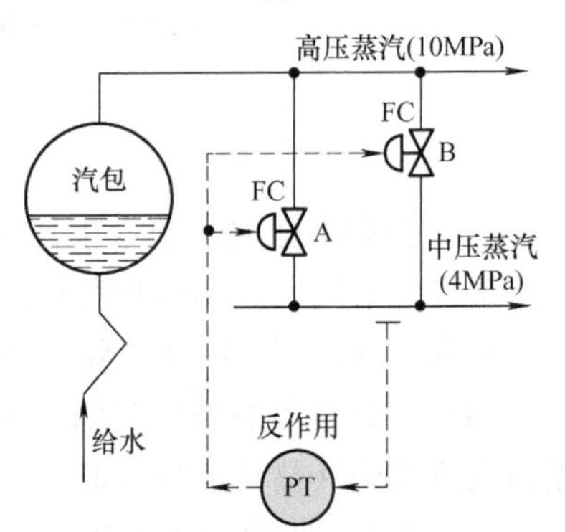

图 4-41　锅炉蒸汽减压系统分程控制方案图

任务实施

本任务可从水槽或锅炉中任选一个对象，完成水槽液位的分程控制和锅炉出口过热蒸汽温度分程控制的方案设计。

上交设计报告，内容应包括：

1）阐明该对象采用分程控制系统方案的理由。

2）选一款合适的组态软件，绘制工艺流程组态画面（带控制点）。

3）画出两个阀的分程动作图，分析分程控制过程。

思考与讨论

1. “分程调节系统是一个调节器的输出控制两个或两个以上的调节阀动作的控制系统。”这句话对吗？为什么？

2. 针对图 4-37 所示的管式加热炉原油出口温度分程控制系统，请进一步讨论 A、B 两个控制阀的开闭及每个阀的工作信号段（假设分程点为 0.06MPa），以及控制器的正、反作用。

附　　录

附录 A　乙烯精馏塔管道及仪表流程图

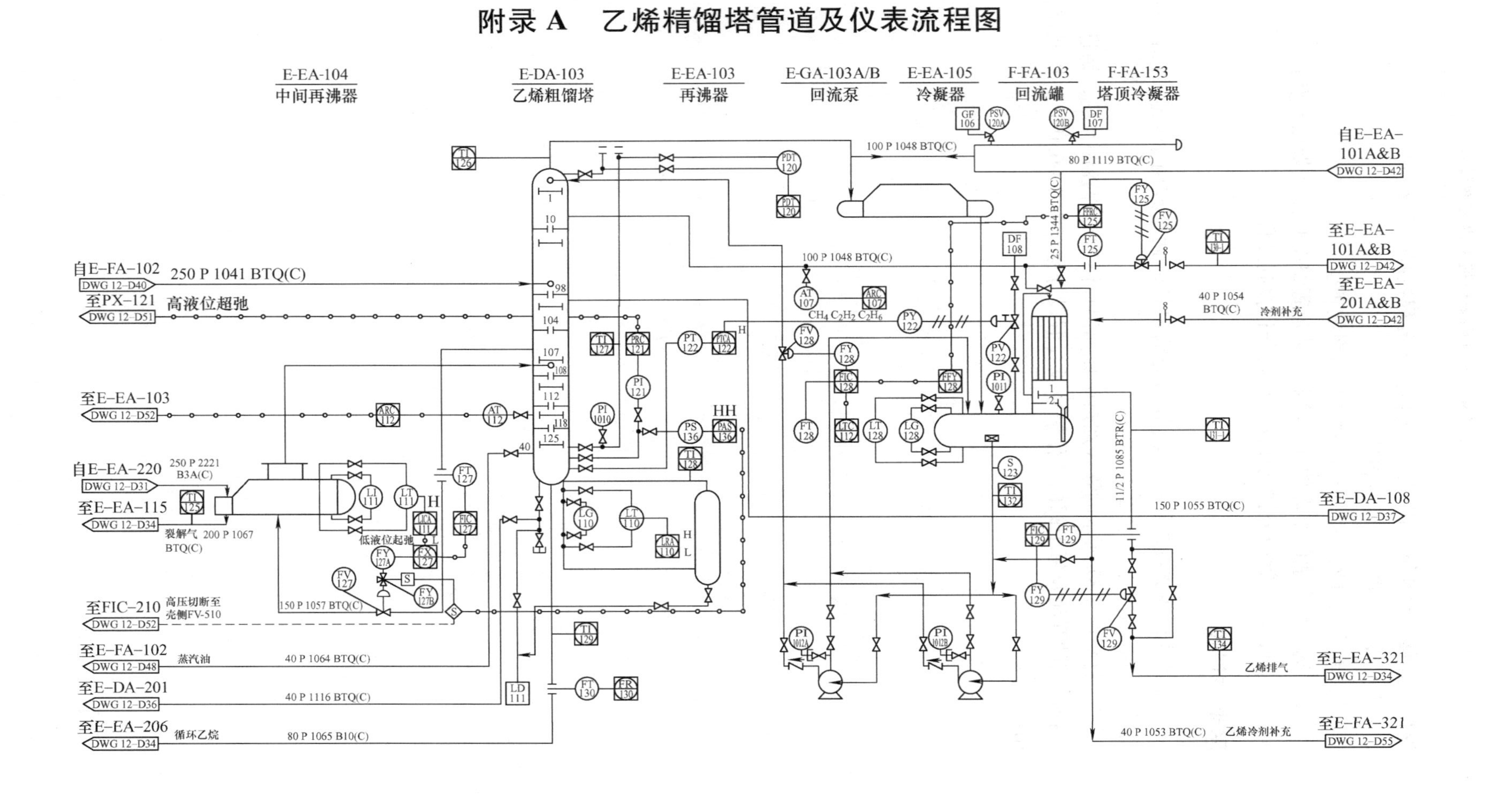

附录B　工艺锅炉管道及仪表流程图

P1001A/B	C1001A/B	E1001	V1001	F1001	V1002	E1003	E1002	E1004	E1005	E1006	E1007	P1002A/B
给水泵	送风机	换热器	汽包	锅炉	联箱	一段过热器	减温减压器	二段过热器	省煤器	空气预热器	渣油预热器	渣油泵

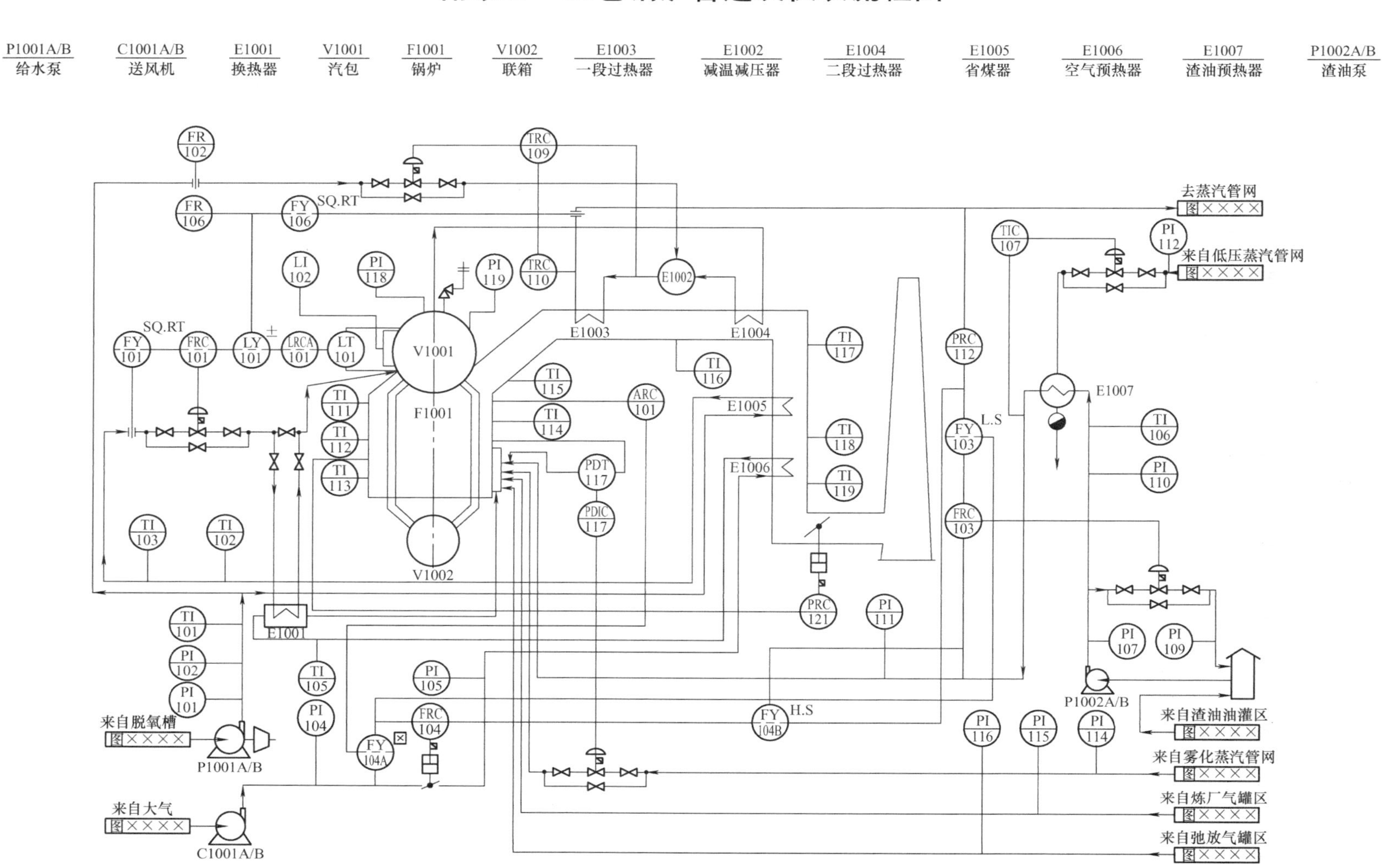

参 考 文 献

[1] 王爱广，黎洪坤. 过程控制技术[M]. 2版. 北京：化学工业出版社，2009.
[2] 林德杰. 过程控制仪表及控制系统[M]. 北京：机械工业出版社，2009.
[3] 张德泉. 仪表工识图[M]. 北京：化学工业出版社，2006.
[4] 厉玉鸣. 化工仪表及自动化[M]. 5版. 北京：化学工业出版社，2011.